PRÉCIS ÉLÉMENTAIRE

DE

CHIMIE AGRICOLE.

PRÉCIS ÉLÉMENTAIRE

DE

CHIMIE AGRICOLE

PAR

LE Dr F. SACC,

Professeur à la Faculté des Sciences de Neuchâtel en Suisse.

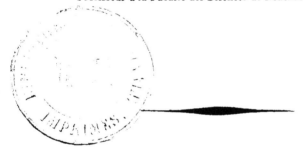

PARIS

LIBRAIRIE AGRICOLE DE LA MAISON RUSTIQUE,

RUE JACOB, Nº 26.

—

1848

A Son Excellence

Monsieur le Général de Pfuel,

GOUVERNEUR ET LIEUTENANT GÉNÉRAL DE LA PRINCIPAUTÉ
DE NEUCHATEL ET VALANGIN.

En entrant dans ce pays, il y a dix-sept ans, V. E. y apporta la paix, qu'elle y a maintenue. C'est sous son égide bienfaisante que s'est développée l'Académie de Neuchâtel, à la fondation de laquelle V. E. a si puissamment contribué, et dont elle suit le développement avec un intérêt pour lequel tous ses membres sont pénétrés envers elle de la plus vive gratitude.

Admirateur zélé de la nature, scrutateur infatigable de ses mystères, V. E. voit avant tout, dans l'œuvre adorable de la création, l'homme pour lequel elle a été faite.

Le but de l'ouvrage que je fais paraître aujourd'hui est de faciliter à l'homme, en lui en exposant les éléments, l'exploitation de la terre, dont il tire tout ce qui est nécessaire à sa vie matérielle. J'ai voulu, en le publiant, m'associer aux vues élevées de cette paternelle bienfaisance dont V. E. ne cesse de donner des preuves à tous les Neuchâtelois.

A ce double titre de protecteur des sciences et de l'agriculture, la dédicace de cet ouvrage lui appartenait, et je suis heureux de penser que, quoique je sois demeuré bien au-dessous de la tâche que je m'étais proposée, V. E., ne tenant compte que de mes intentions, a bien voulu l'accepter.

Recevez, Monsieur le Gouverneur, l'assurance de mon profond respect et de l'inaltérable reconnaissance avec laquelle je suis

de Votre Excellence

le serviteur le plus dévoué.

F. SACC.

PRÉFACE

Chargé par le gouvernement de donner à l'Académie, pendant les années 1845-46, et 1847-48, un cours de chimie appliquée à l'agriculture, nous ne pouvions être longtemps embarrassé sur le plan à lui assigner, puisqu'il fallait avant tout éclairer des praticiens ou guider à leur début de jeunes agronomes. Nous devions mettre de côté les hautes théories scientifiques, les questions purement chimiques; il fallait surtout rejeter toutes espèces d'hypothèses et ne présenter que des faits avérés.

Toutes ces considérations réunies nous engagèrent à métamorphoser le cours de chimie appliquée à l'agriculture, qu'on nous avait demandé, en un cours d'agriculture expliquée par la chimie; l'expérience prouvera si, en suivant cette voie, nous avons mieux réussi que d'autres chimistes à mettre cette science à la portée de tous.

Appliqué essentiellement à la culture des terres de la principauté de Neuchâtel et Valangin, notre cours a dû subir quelques légères additions et beaucoup de retranchements, avant de pouvoir être livré à une publicité que nous n'aurions point osé lui donner, si nous n'avions pas été convaincu que l'explication chimique des phénomènes qui s'offrent à l'agriculteur ne lui serait réellement utile qu'autant qu'elle s'étendrait, comme on l'a fait dans cet ouvrage, sur tout le domaine qu'il exploite, depuis le sol jusqu'à la plante et aux animaux.

Ce précis renferme trois divisions traitant : la première, de la chimie du sol ; la seconde, de la chimie des plantes, et la troisième, de celle des animaux. Il devait avoir une quatrième division relative à la chimie de l'homme ; mais nous l'avons retranchée dans la crainte de rendre trop volumineux cet ouvrage, qui ne pouvait d'ailleurs contenir que les éléments les plus indispensables de la science agricole, dont l'étude de l'homme peut être séparée sans graves inconvénients, pour rentrer d'une façon plus immédiate dans un précis d'économie humaine et domestique.

Chaque division contient plusieurs chapitres relatifs à la composition générale, aux soins à donner, aux maladies, à l'étude et à la conservation des terres, des végétaux, des animaux et de leurs produits.

On trouvera peut-être que, dans un ouvrage aussi élémentaire que celui-ci, l'auteur aurait pu ne pas exposer avec autant de détails les considérations générales sur la connexion existant entre tous les phénomènes naturels, et sur leurs rapports avec le plan de la création ; mais nous pensons, au contraire, que ces réflexions étaient indispensables pour faire saisir l'ensemble de cet ouvrage, et lui donner un attrait qui manque toujours aux traités purement didactiques. Les ouvrages destinés à interpréter les phénomènes de la nature doivent autant que possible être calqués sur elle, et présenter comme elle des lois immuables et sévères, mais toujours couvertes de feuilles attrayantes et parées de fleurs. Heureux si nous avons réussi à faire mieux connaître l'une des faces de cette sublime nature, dont l'étude et la contemplation ouvrent à l'homme une inépuisable carrière de bonheur aussi pur que sa céleste source.

Neuchâtel en Suisse, 1er mars 1848.

TABLE DES CHAPITRES.

TROISIÈME PARTIE. — CHIMIE DES ANIMAUX.

FIN DE LA TABLE DES CHAPITRES.

PRÉCIS ÉLÉMENTAIRE

DE

CHIMIE AGRICOLE.

PREMIÈRE PARTIE.

CHIMIE DU SOL.

CHAPITRE Iᵉʳ.

Formation du sol.

Le sol de notre planète est formé tout entier par les débris des roches qui composent essentiellement sa masse, ainsi qu'il est facile de s'en assurer lorsqu'on étudie les diverses formations de son écorce, et qu'on les voit toutes se détruire plus ou moins facilement sous l'influence continue de l'atmosphère. Les roches les plus dures, les plus compactes, ne résistent point à l'action des agents répandus dans l'air ; et nous voyons toutes ces fières montagnes, dont la dureté semblait défier l'action des siècles, abandonner au soc du cultivateur leurs flancs réduits en poussière. Bien plus,

arrive souvent que des montagnes entières glissent avec fracas sur leurs fondements ébranlés, tombent dans les vallées et les remplissent de leurs débris, qui ne tardent point à se couvrir de vertes prairies.

Toute terre susceptible de porter des plantes est le produit de la destruction des roches, quelles qu'elles soient; la nature de la terre est donc en relation directe avec la composition de la pierre qui lui a donné naissance. On peut remonter de l'une à l'autre par l'analyse, et apprendre si une terre a été formée sur le lieu même où elle se trouve, ou si elle a été prise dans un autre endroit, et d'où elle a été amenée.

Deux genres de forces contribuent à détruire les roches : les unes sont des forces physiques, les autres des forces mécaniques.

Parmi les forces physiques, on compte l'action de l'eau et celle de l'air. L'air, et quelquefois aussi l'eau, agissent par frottement; ils entraînent avec eux les particules minérales, et l'action de ces deux agents ne diffère, sous ce point de vue, que par le degré de son intensité. On sait effectivement que l'eau, et surtout la glace, peuvent charier au loin d'énormes blocs de pierre, tandis que l'air n'entraîne que les particules les plus ténues; ce qui ne l'empêche pas d'en amasser de véritables montagnes, ainsi que le prouvent les dunes de la Gascogne, l'envahissement rapide de la Judée par les sables du désert, et ces nuages de sable que tous les voyageurs disent avoir observés

dans le Sahara, dont la surface poudreuse, sans cesse
remuée par les vents, rappelle les vagues des mers et
ressemble à une tempête pétrifiée.

C'est l'action mécanique de l'air réunie à celle de
l'eau qui transforme si rapidement en roc nu la terre
des forêts qu'on abat sur le sommet des montagnes,
parce que, rien ne la retenant plus après qu'on en a
enlevé les arbres, elle cède facilement à l'action réunie
de ces deux agents de destruction, auxquels il ne faut
souvent que peu d'heures pour enlever jusqu'à la dernière trace d'un sol produit par la végétation successive de plusieurs mille générations de plantes.

Après avoir arraché aux flancs des montagnes la
terre formée par leur décomposition lente, l'eau l'entraîne dans les vallées, dans les lacs et les rivières qui
entourent leur pied ; elle les comble et y forme ces
fertiles plaines dont la culture est si fructueuse qu'elles
sont un des éléments essentiels de la conservation de
la société.

L'air aussi forme des plaines, comble des vallées et
des lacs, ainsi que le prouve une grande partie de l'an-
tique Egypte, si fertile jadis, maintenant couverte de
sables arides amenés par le vent du désert. Ces sables
ne sont pas stériles par eux-mêmes, mais parce que
l'eau ne vient jamais les fertiliser. Les sables du désert proviennent, comme la terre des plaines les plus
fertiles, de la décomposition des roches ; ils portent
donc avec eux l'essence de la fertilité, et ne diffèrent de la terre arable qu'en ce qu'ils ne contiennent
pas de détritus organiques, parce que, dépourvues
d'eau, leurs particules infiniment déliées n'ont aucune

espèce de lien et obéissent au moindre vent ; ce qui
empêche les plantes, même les plus petites, les plus
légères, de se développer à leur surface, et, par conséquent, d'y laisser ces débris organiques qui sont la
condition essentielle du développement des plantes
d'un ordre plus élevé.

Les sables du désert seraient fertiles s'ils étaient humides ; et l'expérience vient appuyer ici les prévisions
de la théorie, puisque les oasis et les rivières sans eau
de l'Algérie sont de la plus grande fertilité, quoique
leur sol ne diffère absolument de celui du désert qu'en
ce qu'il contient au-dessous de sa surface assez d'eau
pour alimenter les végétaux, dont les graines peuvent
alors s'y développer sans peine. Supposons qu'une
cause quelconque vienne ensevelir une de ces fertiles
oasis sous 2 ou 3 mètres de sable, et alors toute
trace de végétation disparaîtra, parce que les racines
des plantes ne pourront plus aller puiser l'eau au travers de cette couche épaisse et brûlante qui dessèche
les racines au moment où elles pénètrent dans son intérieur. Ce sable est donc fertile, mais à condition
qu'il soit arrosé. Il en est ici absolument de même que
d'un pot à fleur qui, placé sur une fenêtre au grand
soleil et sans jamais recevoir d'eau, restera constamment stérile, quoiqu'il ait été rempli avec la meilleure
terre ; il suffit de l'arroser pour que les plantes s'y développent avec une vigueur très-grande.

Il y a quelques années que les débordements du
Rhône ont couvert de graviers plusieurs contrées fertiles ; toute végétation disparut, et le soleil échauffait
les pierres qui les couvraient au point de brûler toutes

les plantes qui élevaient entre elles leurs tiges amai-
gries. On eut l'idée de creuser ces graviers jusqu'au
sol fertile, dans lequel on planta des mûriers qui pros-
pérèrent à merveille, parce que ces mêmes pierres
qui détruisaient les plantes à la surface du sol retenaient au-dessous d'elles cette eau si utile au développement des mûriers, et que le soleil du Midi leur aurait bientôt enlevée sans cette couverture impénétrable
à ses rayons.

La stérilité des sables secs rappelle d'une manière
frappante l'aridité de la terre rappelée par l'Ecriture
sainte avant que l'Eternel eût fait tomber la pluie sur
elle ; la terre tout entière a donc eu une fois l'aspect
du Sahara. Bien plus, il est probable que c'était une
masse solide, et si compacte qu'il a fallu, sans doute,
l'action continue et prolongée de bien des siècles pour
diviser une partie de sa surface de manière à permettre aux végétaux ébauchés et imparfaits, que nous
appelons lichens et mousses, de s'y fixer, de décomposer les substances carbonées répandues dans l'atmosphère, et de préparer, en se décomposant, une
véritable terre où se développèrent, plus tard, des
plantes mieux conformées, telles que les fougères, les
palmiers et tant d'autres encore, après lesquelles
vinrent enfin des végétaux parfaits, et analogues ou
identiques à ceux qui décorent maintenant notre planète.

Au commencement, la terre tout entière a donc dû
être une masse de rochers absolument semblable à
celle que nous offre de nos jours une foule de montagnes qui n'ont pour l'homme d'autre utilité directe

que celle de lui fournir de la pierre de construction. Peu à peu cet immense bloc de pierre s'est altéré, s'est divisé à sa surface, et bientôt il s'est formé du sable et ensuite de la terre.

L'action mécanique de l'atmosphère, et surtout celle des eaux, tend donc sans cesse à augmenter l'étendue des plaines, parce que, semblable à ces petits vers presque imperceptibles qui coupent et renversent les digues les mieux construites, elle abaisse et détruit lentement les montagnes les plus élevées. Un jour arrivera infailliblement où les montagnes, descendues dans les vallées, feront de la surface du monde une plaine immense dont l'horizon sans bornes sera aussi monotone que celui de l'Océan. Ce moment est loin de nous, quoique chaque minute nous en rapproche, ainsi que l'attestent les nombreux dépôts terreux qu'on observe partout à la base des sommets à pic des rochers de toutes espèces, et, chose remarquable, surtout autour de ces montagnes de granit et de basalte qui, bien qu'excessivement dures, se détruisent avec la plus grande rapidité.

On peut se faire une idée de l'énormité de la masse de terres qu'entraînent avec elles les eaux, lorsqu'on sait que, dans ses grandes crues, cent livres d'eau du Rhin en contiennent plus d'une de débris de rochers.

L'eau exerce une action bien plus puissante encore sur toutes les roches dont la structure n'est pas assez compacte pour l'empêcher de les pénétrer, parce que, passant alors, sous l'influence du froid, à l'état de glace, son volume augmente beaucoup, en sorte qu'agissant sur les pierres avec une force immense et comparable à celle du coin qu'on enfonce dans une pièce de bois, elle fait sauter les pierres poreuses en mille éclats, et les réduit en une poussière si fine qu'au moment de la fonte des neiges elle forme avec l'eau qui en provient une boue épaisse qui descend dans les vallées, qu'elle va fertiliser au loin. Telle est la cause de la destruction si active de toutes les roches calcaires, telles que celles qui forment la chaîne du Jura, et plusieurs autres encore. La boue formée de cette manière est si ténue qu'elle s'introduit sans peine entre les couches de rochers, qui glissent facilement alors l'une sur l'autre, et produisent tous ces affreux éboulements dont le touriste trouve en Suisse tant de tristes exemples.

Le feu souterrain des volcans engloutit aussi des roches; c'est donc encore un des agents de leur disparition. Mais s'il les anéantit d'un côté, il les reproduit de l'autre, après les avoir rendues infiniment plus compactes qu'elles ne l'étaient auparavant. Les volcans, au lieu de former de la terre, la détruisent en la transformant en lave, qui n'est qu'une espèce de terre sur laquelle l'air et l'eau doivent agir pendant de longues années avant de la changer en terre fertile et cultivable, telle que celle des jardins si productifs qu'on trouve à la base du cratère de beaucoup de volcans. Pour s'expliquer cette action, il suffit de se rappeler que l'argile molle et ductile devient dure comme de la pierre après avoir passé dans le four du potier.

Les terres qui proviennent de la destruction des laves étant très-fertiles, on doit croire que le feu souterrain est peut-être la cause de l'équilibre de fertilité du sol, auquel il rend les principes actifs que les eaux lui enlèvent, et qui sont ces alcalis et autres bases qu'on trouve en si grande quantité dans les laves.

L'action du feu favorise cependant dans certains cas l'action mécanique des eaux, en produisant de nouvelles combinaisons insolubles qui permettent aux parties solubles de se séparer d'avec elles. C'est sur la production de ce nouvel arrangement des molécules qu'est basée la méthode de fertilisation des terres connue sous le nom d'écobuage. Toutes les fois qu'on l'emploie, on doit se garder avec soin de calciner trop fortement la terre, parce qu'au lieu d'en rendre les alcalis solubles on les ferait entrer dans de nouvelles combinaisons beaucoup moins solubles qu'elles ne l'étaient auparavant, en les transformant en une espèce de verre ou de porcelaine.

L'eau agit également comme véritable dissolvant, et c'est ainsi qu'elle attaque toutes les roches très-chargées d'alcalis, comme les feldspaths, auxquels elle enlève de la potasse, en même temps que, d'autre part, elle produit avec les autres principes de cette roche une terre blanche, le kaolin, avec lequel on fait la porcelaine. C'est à la présence du feldspath dans les granits qui composent toute la chaîne des Alpes que cette pierre, quoique d'une excessive dureté, doit de se détruire aussitôt qu'elle reçoit de l'eau.

L'eau est un des agents les plus actifs de l'épuisement des terres, sur lesquelles elle produit sans cesse, mais en petit, l'effet désastreux qu'elle exerce lorsque, sous forme de torrent impétueux, elle entraîne tout devant elle, c'est-à-dire que l'eau entraîne sans cesse avec elle les particules solubles du sol. Comme ces parties solubles sont précisément aussi celles qui agissent avec le plus d'énergie sur les plantes, il est clair qu'une terre trop fortement irriguée ne peut plus fournir d'aliments à la végétation.

Si les forces physiques qui tendent à augmenter la masse du sol sont puissantes, les forces chimiques qui s'ajoutent à elles sont presque aussi énergiques, quoiqu'elles dépendent essentiellement d'un seul corps gazeux, de l'oxygène.

L'air et l'eau contenant tous les deux une très-forte proportion d'oxygène, ils contribuent beaucoup à la décomposition de toutes les espèces de pierres qui contiennent des principes oxydables, tels que les oxydes ferreux et manganeux. C'est sous l'influence de l'oxygène que les laves, ainsi que les basaltes, qui sont les laves de volcans éteints aujourd'hui, se transforment en une terre fertile à mesure que les oxydes qu'ils contenaient, absorbant davantage d'oxygène, font sauter la roche en milliers d'écailles qui, en se réunissant, produisent bientôt une terre très-fertile.

Nous verrons plus tard que l'oxygène de l'air et de l'eau est une des conditions essentielles de la vie des végétaux et des animaux.

L'oxygène de l'air agit d'une manière bien plus palpable encore sur les sulfures simples des métaux qui, comme le fer, décomposent l'eau en présence des acides même les plus faibles. Ces corps, doués d'une belle teinte jaune et d'un éclat métallique qui les fait prendre pour de l'or par des personnes inexpérimentées, ne tardent pas à se diviser en paillettes ternes et grises, qui bientôt se changent en une poussière blanche cristallisée et soluble dans l'eau, qui est du sulfate ferreux ou vitriol vert. Ce vitriol vert absorbe une nouvelle quantité d'oxygène, en sorte que, de vert qu'il était, il devient de plus en plus brun et laisse déposer de l'oxyde ferrique. C'est à cette transformation qu'est due la teinte rouge que prend le sol partout où du sulfure de fer se trouve soumis au contact de l'air.

Comme presque tous les vastes dépôts de charbon renfermés dans les entrailles de la terre, et appelés houilles et lignites, contiennent du sulfure de fer, il s'ensuit qu'au moment où ces minerais arrivent à l'air ils lui enlèvent de l'oxygène, et en quantité telle que l'air de beaucoup de mines de cette nature devient tout à fait irrespirable. Lorsque des lignites, qui sont des débris d'arbres enfouis depuis des siècles dans des marais, contiennent beaucoup de sulfure de fer, on ne peut plus les brûler ; mais, profitant de la rapidité avec laquelle ils se décomposent au contact de l'air, on les y laisse exposés en grands tas, qui, au bout de quelques mois, sont transformés en sulfate ferreux et en cendres très-riches en alcalis, en sorte que le tout devient un engrais excessivement puissant.

Comme tous les calcaires sont pénétrés de débris de matières organiques, il est bien probable aussi que leur destruction au contact de l'air est due à l'oxydation de ces matières, qui produisent en se gazéifiant des vides dans lesquels l'eau arrive sans peine, et détruit rapidement les fondations de cette nature, comme on peut l'observer sur toute la chaîne du Jura.

De nombreuses analyses nous ont prouvé l'existence de ces débris organiques, qui sont bien faciles à obtenir, parce qu'ils se présentent presque toujours sous forme d'une huile douée d'une odeur plus ou moins prononcée d'asphalte.

La plus grande partie de l'écorce du globe est formée de roches très-dures, et beaucoup plus compactes en général que le calcaire. Ces roches sont des silicates, c'est-à-dire des composés d'acide silicique, de sable, avec des bases, qui sont de la chaux, de l'alumine, de la potasse ou de la soude; en sorte qu'on peut les regarder comme des espèces de verres, dont ils diffèrent cependant beaucoup en ce que, s'étant refroidis très-lentement, ils sont bien cristallisés, et ont entre les parois de leurs cristaux des espaces vides qui, quelque petits qu'ils soient, permettent toujours à l'air d'y pénétrer et d'agir sur les cristaux, ce qui n'aurait pas lieu s'ils avaient été aussi compactes que du verre. Tous ces silicates, nés sous l'influence du feu souterrain, ont été d'abord, suivant toutes les probabilités, à l'état de liquide, ou, tout au moins, de pâte très-molle et homogène. En se refroidissant, les molécules des silicates, obéissant à leurs affinités spéciales, se sont unies les unes aux autres dans des proportions telles qu'elles ont donné naissance à une foule de composés bien différents entre eux par la plupart de leurs propriétés physiques.

Les éléments des silicates sont capables de former plusieurs combinaisons successives, ainsi que nous l'avons vu pour le feldspath, par exemple, qui, né d'abord d'une pâte fondue et homogène, s'en est séparé, et peut se décomposer ensuite pour produire de la terre à porcelaine.

La cause des changements qui se passent dans les roches silicées est la différence existant entre leurs bases relativement à leur solubilité dans l'eau ; ainsi, la potasse qui s'y trouve ayant une grande tendance à se combiner avec l'acide carbonique de l'atmosphère, elle s'y unit, se dissout alors sous l'influence de la première ondée qui tombe sur elle, et disparaît peu à peu du rocher dont elle faisait partie constituante. C'est à la portion d'alcalis qu'elles tiennent en dissolution que les eaux qui passent, descendant des flancs des montagnes de cette nature, doivent d'exercer une influence si salutaire sur la végétation, ainsi que le prouvent les plantes qui croissent le long des bords de la plupart des rivières des Alpes.

Quand les alcalis ont disparu des roches silicées, vient le tour de la chaux, qui est la base la plus soluble après eux. Cette terre ne tarde pas à être emmenée par les eaux pluviales, qui, étant chargées d'acide carbonique, la dissolvent après l'avoir transformée en bicarbonate, qui est soluble dans l'eau. Cette dissolution chimique se détruit au moment où elle arrive au contact de l'air ; il s'en dégage de l'acide carbonique, en même temps qu'elle laisse déposer ce carbonate calcique, connu partout comme formant le tuf, et ces incrustations qu'on nomme improprement pétrifications. Il est très-facile d'étudier la manière dont s'opère ce phénomène en l'observant dans certaines grottes à la voûte desquelles suinte une eau parfaitement limpide, qui ne tarde pas à laisser déposer quelque peu d'une substance blanche ou jaunâtre, qui est du carbonate calcique. Comme ces gouttes d'eau se succèdent les unes aux autres, et que le résidu qu'elles laissent s'ajoute continuellement, elles finissent par former ces belles stalactites que nous admirons à la voûte de la plupart des grottes placées dans des terres calcaires, telles que celles du Jura.

.Les alcalis ne doivent pas être toujours enlevés aux roches silicées à l'état de carbonates, et il est positif qu'ils s'en séparent souvent sous forme de silicates alcalins solubles dans l'eau. Filtrant à travers les rochers, cette dissolution finit par s'arrêter dans des cavités où le contact de l'air et de l'eau lui enlève ses alcalis, en laissant l'acide silicique pur, qui, en se desséchant dans diverses conditions qui ne sont pas encore connues, produit le cristal de roche, l'opale, l'agathe, la pierre à fusil et une foule d'autres minéraux de cette nature.

La soude, cet alcali si puissant, qui n'existe plus qu'en fort petite quantité dans les diverses roches de la croûte terrestre, doit y avoir été unie, et il est probable même que c'est elle qui leur a été enlevée d'abord par l'action de l'acide chlorhydrique, qui au commencement du monde a dû remplir l'atmosphère de ses vapeurs. Une fois que le chlorure sodique, ou sel de cuisine, eut été formé de cette manière, l'eau qui arriva sur lui le dissolvit, et d'immenses torrents d'eau salée descendirent dans les plaines et dans les vallées, où se formèrent les mers. Quelques-unes de ces mers se sont desséchées, en laissant d'immenses lits de sel qu'on retrouve dans beaucoup d'endroits.

Quoique, par cette soustraction de la plus grande partie de leur soude, les roches fussent devenues bien plus solides, et surtout moins attaquables à l'air et à l'eau, elles retenaient encore beaucoup trop de matières basiques pour pouvoir subsister ; l'acide carbonique de l'air eut pour tâche de faire le reste et d'amener les choses au point où elles en sont maintenant.

Depuis les beaux travaux de M. Brongniart, il est universellement admis que l'atmosphère antédiluvienne était tout autrement composée que la nôtre ; elle contenait alors, sous forme d'acide carbonique, c'est-à-dire de gaz, tout le charbon qui existe à présent, sous forme solide, à la surface du globe. Cet acide carbonique, dissous dans l'eau, enleva aux silicates à base de chaux cette terre, tant qu'ils ne la retinrent pas avec une énergie supérieure à la sienne, et la tint en dissolution jusqu'à ce que, les eaux venant à être fortement agitées ou chauffées, elles fussent contraintes à la laisser déposer sous les diverses formes que le minéralogiste assigne au calcaire, formes extrêmement variées, et qui ne proviennent guère que de la lenteur plus ou moins grande avec laquelle le dépôt s'est opéré. Ces dépôts de calcaire sont probablement postérieurs à la formation des sels qui existent dans les eaux des mers, puisqu'ils renferment beaucoup de débris d'animaux inférieurs et de plantes qui doivent avoir existé déjà depuis assez longtemps.

Le carbonate de chaux qu'on prépare dans les laboratoires avec des carbonates alcalins fixes retient toujours, quoi qu'on fasse pour le lui enlever, une forte proportion de l'alcali qui a servi à le précipiter. C'est à cette utile propriété qu'on doit attribuer, en partie, la fertilité des terres produites par la décomposition des montagnes calcaires. Le carbonate calcique s'unit si intimement aux carbonates alcalins qu'il forme avec eux plusieurs espèces minérales bien nettement déterminées.

Tous les calcaires qui ne sont pas chimiquement purs, et ce sont de beaucoup les plus nombreux, contiennent d'assez fortes proportions d'alumine, entraînée, sans doute, mécaniquement par eux. Les calcaires qui sont unis à une forte proportion de cette terre sont, de tous, ceux qui résistent le moins à l'action des intempéries de l'air, parce qu'ils sont aussi ceux qui retiennent la plus forte proportion d'alcalis, que l'alumine entraîne avec plus d'énergie encore que le calcaire. Toutes les fois que l'alumine n'est pas absolument pure, on trouve avec elle beaucoup d'alcalis, ce qui donne à penser qu'elle leur était unie sous forme d'aluminate, composé qui s'est lentement détruit plus tard dans les eaux, au contact de l'acide carbonique qu'elles contenaient, et qui lui enleva une grande partie de ses alcalis.

De toutes les substances connues, l'alumine est une de celles qui retiennent l'eau avec le plus d'énergie : c'est ce qui fait qu'aussitôt que de l'eau arrive sur un calcaire alumineux son alumine s'en empare, la retient, et forme avec elle un composé consistant et visqueux, sur lequel glissent facilement les roches compactes placées au-dessus ; après quoi, recevant de nouvelles quantités d'eau, cette alumine, unie à la poussière du roc, s'écoule en formant une espèce de

ces célèbres torrents boueux au choc puissant desquels
rien ne résiste, quoique leur marche, analogue à celle
des laves, soit en général assez lente. Nulle part on ne
peut découvrir ce genre de décomposition plus net,
et agissant sur une plus grande étendue, que sur la
route de Bâle à Soleure, par le Hauhenstein ; partout
la roche est détruite et partiellement métamorphosée
en boue si forte qu'elle renverse la route sur tous les
points où elle arrive en quantité un peu considérable.

Les terres qui proviennent de la décomposition des
roches alumineuses sont extrêmement fertiles lorsqu'elles ne sont pas inondées ; car, dans ce cas-là, elles
se transforment facilement en marais, tandis que sur
les hauteurs elles sont très-utiles à raison de la force
avec laquelle elles retiennent l'eau et de leur grand
liant, deux propriétés qu'elles doivent à l'alumine,
et qu'on communique aux terres légères en leur donnant de l'alumine, c'est-à-dire en portant sur elles
de la marne, qui n'est pas autre chose qu'un calcaire
très-chargé de ce principe.

Dès que l'eau eut enlevé aux roches leur excès d'alcalis, l'équilibre s'établit, et les silicates ne retenant
plus que la quantité de base justement suffisante à
leur existence, ils cristallisèrent tous, chacun à leur
façon, en produisant cette multitude d'espèces minérales dont la beauté et la variété nous pénètrent d'ad-
miration.

CHAPITRE II.

Composition générale des sols.

La plus grande partie des roches actuellement exis-
tantes à la surface du sol est formée de granits, de
calcäires, de grès, et de basaltes ou de laves.

Les granits sont composés de feldspath, de mica et
de quartz. Peu de roches ont une composition plus
variée et plus compliquée que celle des granits ; aussi
se présentent-ils sous les aspects les plus divers. Le
quartz, ou acide silicique, étant formé seulement de
silicium et d'oxygène, c'est-à-dire qu'il est un composé
binaire du premier ordre, sa composition ne peut pas
changer : elle est immuable ; il en est tout autrement
du feldspath et du mica, ainsi qu'on pourra en juger
par ces quelques analyses :

	FELDSPATH			
	adulaire.	de Norwége.	du Mont-d'Or.	du Vésuve.
Acide silicique.	64	65,00	66,1	65,52
Alumine.......	20	20,00	19,8	19,15
Potasse.	14	12,25	6,9	»
— et soude.	»	»	»	14,73
Chaux.........	2	traces.	»	0,60
Oxyde ferrique.	»	1,25	»	»
Eau..........	»	0,50	»	»
Soude.........	»	»	3,7	»
Magnésie......	»	»	2,0	»
	100	99,00	98,5	100,00

Ces quatre analyses font voir que les feldspaths renferment une proportion d'alcalis assez forte pour s'é-
lever de 10 jusqu'à 15 pour 100 de leur poids total,
ce qui est énorme ; aussi les feldspaths sont-ils, de
toutes les espèces minérales actuelles, celles dont la
décomposition marche le plus rapidement.

Les principes constituants des micas varient encore plus que ceux des feldspaths ; les plus répandus d'entre eux sont à base de potasse et de magnésie ; ceux qui sont à base de lithine étant fort rares, nous n'en dirons rien.

	MICAS A BASE DE POTASSE		
	d'Uton, en Suède.	d'Okhotsk.	de Cornouailles.
Acide silicique.....	47,50	47,19	36,54
Alumine..........	37,20	33,80	25,47
Oxyde ferrique.....	3,20	4,47	27,06
Oxyde manganique.	0,90	»	»
— et magnésie.	»	2,58	1,92
Potasse...........	9,60	8,35	5,47
Fluoride hydrique..	0,56	0,29	2,70
Eau.............	2,63	4,07	0,93
Chaux...........	»	0,13	»
	101,59	100,88	100,09

	MICAS A BASE DE MAGNÉSIE		
	de Sibérie.	de New-York.	de Stockholm.
Acide silicique.....	42,50	40,00	42,646
Alumine..........	11,50	16,16	12,862
Oxyde ferrique.....	22,00	7,50	»
— ferreux.....	»	»	7,105
Magnésie.........	9,00	21,54	25,388
Oxyde manganique.	2,00	»	»
— manganeux..	»	»	1,063
Potasse..........	10,00	10,83	6,031
Perte.............	3,00	»	»
Fluoride hydrique...	»	0,53	Fluor. 0,619
Acide titanique.....	»	0,20	0,000
Eau.............	»	3,00	3,170
Magnésium........	»	»	0,356
Aluminium........	»	»	0,102
	100,00	99,76	99,342

Les micas sont, comme les feldspaths, très-riches en alcalis ; leur décomposition est cependant moins rapide que celle de ces derniers, parce que, leur surface étant plus polie et leur structure feuilletée, l'eau ne peut pas les pénétrer facilement. Ils ne se trouvent qu'en petite quantité relativement au feldspath. Les terres produites par la destruction des micas doivent être aussi fertiles que celles qui viennent des granits.

Les grès sont des matières arénacées, à grains plus ou moins fins, réunis entre eux, tantôt par simple accolement, tantôt par un ciment terreux ou cristallin. Les roches de cette nature sont essentiellement formées d'acide silicique pur ; aussi ne se décomposent-elles que très-difficilement pour former un sable plus ou moins fin, dont on peut apprécier la stérilité dans plusieurs endroits, le long des bords de la Moselle et dans le canton de Berne, près d'Anet. Les terrains qui proviennent de la décomposition des grès et des molasses ne peuvent être fertiles qu'autant que, placés au-dessous d'autres formations riches en alcalis, ils peuvent les recevoir de celles-ci avec l'eau qui leur est indispensable, puisqu'ils la laissent filtrer avec la plus grande facilité.

Les calcaires, quoique essentiellement formés de chaux et d'acide carbonique, contiennent cependant toujours avec eux des quantités plus ou moins considérables d'alumine, d'alcalis, de magnésie, d'acide phosphorique et d'autres principes de cette nature qu'on trouve dans toutes les terres fertiles. La structure des roches calcaires est presque aussi variée que celle des granits ; ils sont tous plus ou moins bien cristallisés et plus ou moins purs. On les trouve rarement parfaitement cristallisés ; cela n'arrive que lorsqu'ils sont, comme le spath d'Islande, absolument purs. Les calcaires sont habituellement accompagnés de dépôts considérables d'oxyde ferrique, de peroxyde manganique, ou manganèse, et de sulfate calcique ou plâtre, ainsi qu'on le voit dans le Jura, dans le grand-duché de Hesse-Darmstadt, et aux environs de Paris. Celui des composés qui nous occupe qu'on trouve le plus fréquemment dans le Jura est l'oxyde ferrique, ou mine de fer pisiforme, qu'on exploite en grand dans l'évêché de Bâle pour la fabrication du fer. Ce minerai paraît avoir été apporté par les eaux; au moins a-t-il tout l'aspect de ces petits cailloux roulés qu'on trouve dans le lit de toutes les rivières.

Les terres qui sont formées par la décomposition des calcaires sont les plus fertiles de toutes, quelles que soient les circonstances dans lesquelles elles se trouvent placées, parce qu'il n'y a qu'elles qui contiennent assez d'alcalis pour saturer tous les acides qui sont secrétés par les racines des plantes, et surtout ceux qui proviennent de la fermentation de leurs débris. Il n'y a qu'elles non plus qui, chargées d'acide carbonique, peuvent fournir aux racines des plantes ce précieux gaz que les autres sols ne renferment point. Une terre formée de calcaire pur serait trop légère. La nature a paré à ce défaut grave, pour les expositions sèches, en faisant accompagner le calcaire par une quantité d'alumine suffisante pour lui donner du liant et pour augmenter encore la tendance qu'il a à retenir l'eau. Les terres calcaires sont répandues en grande quantité à la surface du monde, où on les voit partout se charger abondamment des récoltes les plus variées.

Les basaltes, produits, comme toutes les laves actuelles, par l'action des volcans, forment, dans beaucoup de pays, non pas seulement des plaines, mais aussi des montagnes, dont il est très-aisé de suivre le procédé de décomposition, à cause de leur couleur noire. On trouve disséminés dans les masses basaltiques de petits groupes cristallins de diverse nature. En général, cependant, les basaltes ont une structure assez homogène et assez compacte pour qu'on puisse les envisager comme une espèce spéciale, et non pas comme formés, ainsi que les granits, de divers minéraux bien distincts entre eux. Les basaltes offrent en général une structure hexagonale qu'ils ont prise parce qu'ils se sont fortement contractés en se refroidissant. La nature présente peu de spectacles aussi majestueux que celui qui frappe les yeux lorsqu'on pénètre dans une carrière de basaltes. Pour s'en faire une idée, qu'on se figure une grotte, une immense excavation formée de colonnes de marbre noir, à six faces droites et unies, s'élevant à vingt ou trente mètres au-dessus du sol, les unes debout, les autres renversées ; d'autres enfin, arrêtées dans leur jet par de puissantes masses de terre, se sont courbées, pliées, comme de faibles roseaux, jusqu'à revenir toucher le sol presque à leur point de départ. En face de cet étonnant spectacle, on se prend à rêver et à songer à ces gnomes dont le poétique esprit des nations du Nord s'est plu à peupler les cavités souterraines, et auxquels il croyait confié le sceptre et la puissance sur tout le règne minéral.

Les basaltes n'offrent pas tous la structure columnaire ; quelques-uns ne l'ont que d'une façon grossière ; d'autres enfin se présentent sous forme d'énormes coulées compactes, à cassure amorphe et assez semblable à celle du verre. C'est justement cette variété-là que nous avons soumise à une étude spéciale qui nous permettra de parler de son mode de décomposition avec un peu plus de détail que nous ne l'avons fait pour les espèces minérales précédentes.

Il est probable que les basaltes cristallisés sont ceux qui se sont refroidis le plus lentement, puisque ceux qui se trouvent à la surface du sol sont toujours amorphes.

La différence essentielle entre les basaltes et les laves provient de ce que les premiers contiennent un peu d'eau qui manque totalement aux secondes. On voit par là qu'il est nécessaire de les placer dans le même groupe, d'où il est absolument impossible de les sortir lorsqu'on considère tous leurs autres caractères. Lorsqu'on soumet les basaltes à un feu très-violent, ils se fondent en un verre vert foncé et compacte, qui ne diffère plus du tout des laves, et rappelle, par sa couleur et sa cassure, le verre vert à bouteilles. Examinons à présent la composition de quelques-unes de ces roches.

	BASALTES		
	de Stetten.	de Vickenstein.	de Giessen.
Acide silicique.....	43,241	43,55	45,597
Alumine..........	8,956	19,05	9,073
Oxyde manganique..	0,963	»	»
Chaux............	14,309	12,45	7,774
Strontiane........	0,056	»	»
Magnésie.........	11,783	6,48	2,385
Ferrate ferreux.....	8,008	»	»
Oxyde ferreux......	»	8,05	29,627
— ferrique.....	4,692	»	»
Soude............	1,632	6,95	3,998
Potasse...........	0,602	0,71	1,470
Eau..............	3,265	3,45 non dosée.	
	97,507	100,69	99,924

Ces trois analyses de basaltes suffisent pour faire voir que ces roches renferment tous les éléments d'une terre fertile.

Lorsqu'on laisse exposé au contact de l'air et de l'eau un morceau de basalte noir et compacte récemment extrait de la carrière, on l'y voit se couvrir rapidement de petites taches blanchâtres, qui s'étendent toujours plus, et finissent par couvrir toute la surface de la pierre, qui bientôt s'exfolie et tombe en poussière. Au bout de peu d'années, des blocs de basalte peuvent se détruire ainsi et se changer en un sol fertile. La cause de la rapide métamorphose de ces roches gît, suivant nous, dans la transformation de leur oxyde ferreux en oxyde ferrique, transformation qui a lieu avec absorption d'oxygène et augmentation de volume, en sorte que la pierre se brise et tombe en pièces.

Tout ce qu'on a dit des basaltes est applicable aux laves, qui leur ressemblent en tous points, à ceci près qu'en général elles contiennent un peu plus d'alcalis. Les laves reproduisent de nos jours les roches telles qu'elles ont dû être lors de la création du monde, avant que les êtres animés aient apparu à sa surface.

Après avoir parlé des principes minéraux les plus répandus, cherchons maintenant de quelle manière la terre arable est née de leurs débris, et, pour pouvoir le faire, reportons-nous aux temps primitifs, au moment où, les acides ayant complétement cessé d'agir sur les roches, commença leur destruction mécanique et chimique, telle qu'elle a lieu encore dans la période actuelle. Comme, à cette époque, l'atmosphère était très-

chargée d'acide carbonique, et que le sol devait posséder alors une température plus élevée qu'à présent,
il offrait aux plantes cryptogames, telles que les mousses et les lichens, les conditions les plus favorables à
leur développement. En conséquence, ces plantes,
ébauche imparfaite de celles qui parurent ensuite, se
développèrent sur un sol dont l'aspect devait avoir
beaucoup d'analogie avec celui de tous les vastes
éboulements ; et on peut juger, par l'aspect de déso-
lation qu'offrent longtemps ces derniers, de la difficulté qu'eurent les cryptogames à se fixer à la surface
de la terre, où ils ne trouvèrent alors que des substances minérales. Peu à peu, cependant, et à mesure
que ces plantes moururent, la végétation de celles
qui leur succédèrent, soutenue et excitée par les
détritus de la génération précédente, prit un accroissement plus rapide, et disposa mieux le sol
à recevoir des végétaux d'un ordre supérieur. Du
moment que, sur la croûte terrestre, il se fut formé,
par la destruction des plantes, quelque peu de terreau,
la végétation prit un élan énorme ; alimentée par l'immense quantité d'acide carbonique répandu dans
l'atmosphère à cette époque, elle devint infiniment
plus luxuriante qu'elle ne l'est de nos jours, et en-
gendra bientôt en prodigieuse quantité ces magnifiques monocotylédonés terrestres et aquatiques, ces
palmiers, ces nénuphars, et tant d'autres encore, dont
les larges feuilles tendaient à dépouiller rapidement
l'air atmosphérique de son excès d'acide carbonique,
et par conséquent à le rendre propre au développement et à l'alimentation de la vie des êtres doués

d'une organisation plus compliquée, c'est-à-dire des animaux.

Les choses en étaient là lorsqu'une brusque révolution, bouleversant la surface du globe, enfouit sous une couche de terre ou sous d'immenses nappes d'eau la plus grande partie des produits de cette gigantesque végétation, qu'elle transforma de cette manière en lignite et en houille, c'est-à-dire en ces puissantes couches de charbon minéral qu'on exploite dans presque toutes les parties du monde. Il existe encore d'autres espèces de charbon minéral ; on les appelle diamant, graphite et anthracite. Les houilles, et surtout les lignites, ont seuls, parmi toutes ces variétés du même principe, conservé l'aspect des plantes auxquelles elles doivent toutes, très–probablement, leur existence. On trouve très-souvent, au milieu des lignites, des arbres tout entiers, tels que ceux qu'on retire des tourbières, et si bien conservés qu'on peut, sans aucune hésitation, reconnaître en eux des palmiers, des fougères, et surtout, dans les lignites du grand-duché de Hesse-Darmstadt, des noyers analogues à ceux qu'on trouve dans l'Amérique du Nord. Toutes ces plantes n'existent plus à la surface du globe ; elles appartenaient à la flore d'une autre atmosphère et ne pouvaient subsister dans la nôtre.

Les arbres et les plantes herbacées qui composent la masse des lignites sont trop bien conservés pour qu'on puisse ne pas admettre qu'ils appartiennent à une époque plus rapprochée de la nôtre que celle où se sont formées les houilles. Ces dernières ont presque toujours une texture si compacte, si homogène, qu'elle

est presque analogue à celle d'une résine fondue, ce qui
lui a fait donner le nom de charbon de terre ou de
pierre. Quant à l'anthracite et au graphite, ce sont des
charbons presque purs, qui ont, sans aucun doute, été
produits, comme le diamant, par l'action du feu sur
des corps organisés, hors du contact de l'air. Ce qui le
prouve, c'est la production du graphite, avec toutes
ses propriétés et sa forme cristalline, dans les hauts-
fourneaux.

Quand on étudie attentivement la constitution physique de la houille, et sa composition chimique surtout,
on est tenté de croire qu'elle est due à la destruction,
à la putréfaction de grandes masses de ces végétaux
cellulaires à tissu mou, algues et conferves, qui s'accumulent en si grande quantité dans les eaux dor-
mantes. Nous pensons, en conséquence, que la houille
est le tombeau de la première végétation aquatique
et tout embryonnaire du monde, tandis que les lignites sont les débris de cette même première végétation, mais terrestre, ou bien peut-être aussi représen-
tent-ils les plantes qui ont immédiatement succédé
aux précédentes. Les principes constituants des lignites
ne sont pas totalement dissociés, tandis qu'il n'en est
pas de même des houilles, qui sont une masse assez
compacte, formée essentiellement d'un charbon péné-
tré d'hydrogènes carbonés ou d'huiles, ainsi que d'ammoniaque et de composés du soufre. La quantité
d'ammoniaque que renferme la houille est si considérable qu'elle est une nouvelle et bien forte preuve
de l'origine que nous avons assignée à la houille,
puisque l'ammoniaque se trouve surtout dans les

plantes cellulaires et en général dans toutes celles dont le tissu est mou et aqueux. La houille qui sert à préparer le gaz d'éclairage de Paris produit chaque jour assez d'ammoniaque pour alimenter une fabrique de produits chimiques qui livre journellement au commerce plusieurs quintaux d'un sel appelé sulfate d'ammoniaque, et qu'on emploie à la fabrication de l'alun.

Tous les dépôts souterrains de charbon n'ont pas contribué à la formation de la terre, mais bien à la purification de l'atmosphère, à laquelle ils ont enlevé du charbon jusqu'à ce que l'air n'en ait plus contenu que la proportion utile pour la nutrition des plantes actuelles.

Puisqu'il n'y a aucune raison de penser le contraire, il est très-probable que les végétaux des périodes antérieures à la nôtre se sont développés de la même manière que ceux qui nous entourent, et qu'ils ont enlevé à l'air et à la terre le carbone sous forme d'acide carbonique, l'hydrogène sous celle d'eau et d'hydrogènes carbonés ; puis enfin l'azote, libre ou à l'état d'ammoniaque, ou d'acide nitrique.

Le phosphore que contiennent tous les êtres organisés leur a été présenté par le sol sous forme d'acide phosphorique, ou bien plutôt sous celle de phosphates, puisque ces sels se forment toutes les fois que l'acide phosphorique se trouve en présence des bases. Le phosphore est un des principes les plus abondamment répandus dans la nature, où il doit jouer un grand rôle, puisqu'il n'y a, pour ainsi dire, pas une terre, et surtout pas une plante, pas un animal, où on ne le retrouve, quoique souvent en assez petite quantité. La

nature possède une foule de composés phosphatés dont
le plus abondant est, sans contredit, ce phosphate calcique qui forme en Espagne des montagnes entières.
Presque tous les minerais de fer sont phosphatés, ce
qui rend cassants les fers qui en proviennent lorsqu'on
ne les purifie pas avec soin. Il est probable que tous
ces phosphates doivent leur origine au phosphore qui
a pu exister pendant quelques instants sous forme de
vapeur dans l'atmosphère, lorsqu'au commencement
toute la terre était en vive incandescence. Ces vapeurs
de phosphore, au moment où elles arrivaient dans
l'air, lui enlevaient son oxygène, et, passant à l'état
d'acide phosphorique, elles y restaient en suspension
jusqu'à ce qu'un refroidissement subit les eût fait tomber et se disséminer sur toute la surface de la terre, où
elles ont été absorbées sur-le-champ par les bases qui
s'y sont unies.

Le soufre est encore plus abondamment répandu
dans la nature que le phosphore. Comme l'air n'exerce
aucune action sur le soufre à la température ordinaire,
ce métalloïde existe souvent à l'état natif autour des
volcans, quoiqu'on le trouve essentiellement sous
forme de sulfate de chaux, comme l'acide phosphorique à l'état de phosphate de chaux. Le sulfate calcique forme des montagnes entières; il est très-ré-
pandu et accompagne presque toujours les diverses
espèces de calcaires, ainsi que les bancs de sel gemme,
qui paraît s'être formé en même temps que lui. Quand
on chauffe assez fortement le soufre au contact de
l'air, il s'enflamme et brûle en répandant une odeur
suffocante due à un gaz, l'acide sulfureux, qui s'unit

facilement aux bases, et passe alors à l'état d'acide sulfurique, en absorbant un tiers d'oxygène de plus qu'il n'en contient déjà ; c'est de cette manière que se sont formés tous les sulfates.

Quant au fer et au manganèse, qui se trouvent dans la plupart des êtres organisés, quoiqu'en très-petite quantité, ils proviennent des oxydes de ces métaux, qu'on ne trouve presque jamais à l'état natif, à l'exception du fer seulement, mais en très-petite quantité et dans des conditions toutes spéciales de réduction, telles que le voisinage de matières organiques en décomposition. Si on ne trouve presque jamais les deux métaux en question à l'état métallique, c'est qu'aussitôt qu'ils se trouvent en présence de l'eau aérée, et par conséquent chargée d'acide carbonique, ils absorbent de l'oxygène et passent à l'état d'oxydes.

La terre arable, abstraction faite des débris des substances organiques, est formée d'acides silicique, chloride hydrique, phosphorique, sulfurique et carbonique ; puis d'oxydes calcique, aluminique, magnésique, ferrique, manganique, potassique et sodique, ainsi que d'eau ou d'oxyde hydrique, et d'azote libre ou combiné. En un mot, tous les principes inorganiques fixes contenus dans les êtres organisés proviennent du sol d'où ils les tirent, et auquel ils les rendent après leur mort, sans en avoir augmenté ni diminué le poids. Il en est de même des principes de l'air ; en sorte qu'une longue série de siècles ne changera rien à l'état actuel de la surface du globe.

C'est encore la terre qui fournit à la vie ces matières minérales, carbone, hydrogène, azote et oxygène, qui forment tous les êtres organisés, ainsi qu'on le verra plus tard en faisant l'étude des plantes et des animaux.

Dans les terres cultivées, l'acide silicique est si intimement uni avec les alcalis qu'il ne s'en sépare qu'avec la plus grande peine, et seulement sous l'influence d'actions fort énergiques, telles que la division mécanique, et l'action de l'acide carbonique de l'air et de l'acide acétique que sécrètent les racines des plantes.

CHAPITRE III.

Classification des sols.

Nous avons étudié la manière dont tous les terrains se sont formés ; nous les avons vus naître des débris des roches, et nous avons prouvé qu'en conséquence toutes les terres, cultivées ou non, sont des roches pulvérisées, et pas autre chose. Tous les sols sans exception sont essentiellement formés d'acide silicique, de chaux, d'alumine, d'alcalis, et quelquefois aussi de magnésie. Ce qui fait que les sols diffèrent entre eux, c'est, outre les conditions physiques dans lesquelles ils se trouvent placés, seulement la différence existant dans la proportion des éléments déjà nommés. Voyons maintenant comment les agriculteurs ont classé leurs terres ; ils les ont partagées en quatre grandes divisions, renfermant elles-mêmes huit sections, qui se subdivisent à leur tour en vingt et une espèces :

I. — Terrains renfermant du calcaire :	loams	{	inconstants. meubles. tenaces.	
	argilo-calcaires	{	argileux. calcaires.	
	craies	{	fraîches. sèches.	
	sables	{	meubles. inconstants.	
II.— Terrains ne renfermant pas du calcaire:	siliceux	{	secs. frais.	
	glaiseux	{	inconstants. meubles	{ micacés. schisteux. volcaniques. sablonneux.
			tenaces.	
III. — Argiles.				
IV.—Terreaux	doux.			
	acides :	{	terre de bruyère. terre de bois. tourbe.	

Cette classification, qui est bonne au point de vue pratique, ne vaut absolument rien au point de vue chimique, où il faut quelque chose de plus positif; car nous ne pouvons pas, par exemple, diviser les craies de la section I en fraîches et en sèches, puisque les premières ne diffèrent des secondes que parce qu'elles contiennent de l'eau; nous ne pouvons pas non plus partager les terreaux en doux et en acides, ces derniers devenant doux aussitôt qu'ils se trouvent en présence de substances qui, comme la chaux et les cendres, sont capables d'en absorber l'acide, et ainsi de suite.

Le chimiste agriculteur divise les terres suivant le principe qui y domine:

I Terres siliceuses,   III Terres alumineuses,

II Terres calcaires,   IV Terres humifères.

Pour pouvoir différencier entre elles ces diverses espèces de sols, on doit avoir un point de départ, qui ne peut être que très-arbitraire , puisqu'il y a de l'un à l'autre un passage tout à fait insensible. On peut prendre pour type de chacune de ces espèces de terres celles qui contiennent plus de 50 pour 100 de l'une de ses parties constituantes. Toute terre qui renferme plus de 50 pour 100 de carbonate calcique sera une terre calcaire. Quand tous les éléments d'un sol se trouvent au-dessous de 50 pour 100, on devra le ranger dans la section du corps qui y prédomine, quoique cela n'ait plus grande utilité, puisque, dans ce cas-là, la terre présente les caractères des quatre sections.

Pour pouvoir apprécier l'influence qu'exercent l'acide silicique, le calcaire, l'alumine et l'humus sur les terres, étudions-la sur des sols qui contiennent l'une ou l'autre de ces parties constituantes lorsqu'elle s'y trouve à peu près seule.

Les terres siliceuses sont excessivement meubles, souvent mouvantes ; elles laissent filtrer les eaux avec la plus grande facilité : aussi sont-elles d'autant plus mauvaises qu'elles contiennent moins d'alumine, parce que cette terre est le seul principe qui puisse leur donner un peu de stabilité. Lorsqu'elles sont susceptibles d'être arrosées et qu'elles ont été très-fortement fumées, les terres sablonneuses sont essentiellement propres à la culture des récoltes racines. Nulle part on n'a des carottes, des raves, des pommes de terre, des oignons, et surtout des asperges, aussi belles que dans les sols siliceux, où ces racines peuvent se développer sans peine dans tous les sens à cause de leur grande mobilité. Les terres formées d'acide silicique pur sont absolument stériles lorsqu'elles sont inondées ou tout à fait privées d'eau. Ces terres-là peuvent devenir très-utiles pour la fertilisation des argiles, qu'elles divisent et qu'elles rendent assez poreuses pour permettre aux plantes de s'y développer. Au reste, il n'est question ici que des terres siliceuses proprement dites, et non de celles qui en ont l'air, et qui cependant peuvent être fertiles lorsque, au lieu d'être formées d'acide silicique, elles contiennent aussi de l'alumine et des alcalis, comme celles qui sont formées de débris de feldspath, de mica et de plusieurs autres espèces de roches. Les terres sablonneuses de ce genre-là servent de transition entre les roches et les terres fertiles qui s'en forment dès que leurs débris ont passé de l'état de sable à celui de poudre impalpable, telle que celle qui constitue toutes les terres arables.

Les terres calcaires, lorsqu'elles sont pures, sont tout aussi meubles et aussi légères que les terres sablonneuses, dont elles n'ont toutefois jamais la stérilité, parce qu'elles sont toujours un peu plus compactes et moins mobiles à raison de l'énergie avec laquelle elles retiennent l'eau. Ces terres sont d'une prodigieuse fertilité quand elles sont bien arrosées, parce qu'elles ne deviennent jamais acides. Dans ces conditions-là, ainsi que le font toutes les autres espèces de sols, elles doivent cette heureuse propriété au carbonate calcique qui les forme presque seul, et en présence duquel aucun acide ne peut exister, parce qu'ils s'y combinent tous à mesure qu'ils le rencontrent. On attribue aux terres crayeuses une espèce de stérilité, quoiqu'elles soient presque uniquement formées de carbonate calcique; mais ces terres sont tout aussi bonnes que les autres de cette nature dès qu'elles sont assez profondes, et qu'on a porté sur elles assez de fumier ou de terre de couleur foncée pour diminuer un peu leur couleur blanche, qui, renvoyant tous les rayons solaires, rend ces terres très-froides. Les terres calcaires sont de toutes celles qui supportent le mieux toutes les expositions et toutes les conditions possibles. En général cependant, comme elles laissent assez facilement passer l'eau, elles ont besoin d'être arrosées, ou tout au moins de porter des récoltes assez riches en feuilles pour ombrager la terre, de manière à empêcher une évaporation trop rapide de l'eau. Les terres calcaires sont les seules de toutes leurs congénères qui, à la fois, laissent passer l'eau et la retiennent, au moins en partie, non point entre, mais bien dans leurs molécules. Ces terres sont propres à toutes espèces de récoltes : c'est sur elles que réussissent le mieux le sainfoin et plusieurs autres plantes encore. En général, on peut admettre que les terres calcaires sont toujours bonnes lorsqu'elles contiennent une certaine proportion de débris organiques et d'eau.

Les terres alumineuses ne valent absolument rien lorsqu'elles sont très-fortement arrosées, parce qu'elles ne laissent pas passer l'eau, ce qui permet aux débris des substances organisées qui s'accumulent à leur surface de fermenter en produisant des acides, qui nuisent à la végétation de toutes les plantes et tuent la plupart d'entre elles. Quand ces terres sont pures, elles ne produisent rien du tout, tandis que, lorsqu'elles sont mélangées avec une quantité de sable suffisante pour les diviser, et avec assez de calcaire pour les empêcher de devenir acides, elles deviennent très-bonnes pour les froments et pour toutes les plantes dont les racines, petites et déliées, s'étendent à la surface du sol. Elles ne peuvent pas porter des plantes à racines charnues, non plus qu'à racines plongeant profondément au-dessous de la surface terrestre, parce qu'elles ne laissent pas les premières s'étendre facilement en tous sens, et qu'elles empêchent l'air d'arriver à toutes espèces de racines, parce que ces terres sont tellement compactes et si fermes qu'elles ont partout reçu le nom de *terres fortes*, par opposition aux terres sablonneuses et calcaires, qu'on appelle *terres légères,* de même aussi que les terres très-riches en humus ou terreau. Une autre propriété bien grave des terres argileuses et glaiseuses, c'est de se dessécher sous l'influence d'une chaleur continue ; elles se contractent alors, se gercent en tous sens, et, si la sécheresse continue, elles se fendent, entraînant avec elles les racines des plantes, qu'elles brisent, tordent et écrasent de manière à tuer les végétaux qu'elles sont destinées à nourrir. Comme les terres fortes retiennent beaucoup d'eau, l'effet inverse au précédent se présente en hiver, parce qu'en passant à l'état de glace ce fluide augmente tellement de volume qu'il soulève de toutes parts la superficie de la terre avec les plantes qu'elle porte. Quand le dégel survient, la glace, repassant à l'état d'eau, tombe avec la terre qu'elle imbibe, laissant en l'air les racines des plantes. Survient-il deux ou trois gels et dégels successifs : les végétaux sont bientôt tout à fait déracinés. Cette curieuse action se voit sur une échelle immense lorsqu'on observe les froments d'automne après un hiver doux, et dans lequel les gelées et les dégels se succèdent d'habitude en assez grand nombre. C'est à la même cause qu'il faut attribuer l'arrachement spontané des primevères et des auricules, dont se plaignent tous les amateurs de ces jolies plantes.

Après avoir signalé les nombreux inconvénients des terres fortes, disons aussi qu'elles possèdent à un haut degré la faculté de conserver les engrais, parce qu'étant imperméables à l'eau elles n'en laissent pas descendre les parties solubles dans le sous-sol, et surtout parce qu'elles ne permettent pas, comme les terres légères, à l'air d'arriver de toutes parts sur les engrais, et de les brûler si rapidement que les plantes auxquelles ils étaient destinés n'ont quelquefois pas le temps d'absorber tout l'acide carbonique qui s'en dégage alors et va se perdre dans l'atmosphère.

Semblable au rocher sur lequel aucune plante ne peut fixer ses flexibles racines, le charbon, de quelque espèce qu'il soit, est absolument stérile lorsqu'il est sous forme de gros morceaux. Réduit en poussière et surtout combiné avec d'autres substances provenant d'êtres doués de la vie, il constitue un des éléments les plus actifs de la terre labourable. Bien des plantes peuvent vivre dans de la poussière de charbon seule ; toutes poussent avec vigueur lorsqu'on l'incorpore dans la terre où elles végètent.

Dans tous les essais de culture qu'on fait avec du charbon, il faut tenir compte de l'espèce de ce principe dont on se sert. Nous avons dit plus haut que le charbon n'agit que lorsqu'il est en poudre ; d'où on conclut directement que plus le charbon employé sera lourd, c'est-à-dire plus il sera compacte, moins, par conséquent, il présentera de pores ou petites ouvertures, moins aussi ses effets seront sensibles. C'est ce qui arrive ; car, de tous les charbons, les moins actifs sont ceux qui, comme le charbon de sucre et la houille, sont lourds et à demi fondus ; les plus actifs, par contre, sont aussi les plus légers et les plus poreux, c'est-à-dire ceux d'os et ceux de bois, et, parmi ces derniers, ceux de sapin, de tilleul et de peuplier. Nous avons appelé les terres riches en charbon terres humifères, parce qu'elles le contiennent habituellement sous la forme d'humus et d'acide humique. Cet humus est d'un brun plus ou moins noir ; on le trouve dans les sols en quantité d'autant plus grande qu'ils sont plus fertiles ; il contient toujours une assez forte proportion d'ammoniaque, de ce principe que nous verrons plus tard rendre tant de services aux plantes. Cet humus se produit toutes les fois que des êtres organisés se putréfient ; c'est lui seul qui constitue cette terre noire et légère qu'on trouve dans le tronc des saules creux et des vieux arbres, dans lesquels elle se forme aux dépens de leur bois, dont elle ne diffère qu'en ce qu'elle contient moins d'eau, et par conséquent aussi plus de charbon que lui. Les tourbes qui comblent la plupart des marais sont formées d'humus et de débris organisés provenant des plantes qui ont vécu dans ces vastes étendues d'eau dormante. Plus l'humus est âgé, plus il est noir, parce qu'à mesure que son âge avance il devient toujours plus riche en charbon. C'est à cette cause que les tourbes doivent d'être d'autant plus noires qu'elles ont été prises à une plus grande profondeur au-dessous du sol. Le corps des animaux se transforme en humus ; le fumier qu'on porte sur les champs est un véritable amas d'humus ; l'humus est la dernière expression des êtres organisés, qui passent immédiatement après lui à l'état d'acide carbonique, d'eau et d'azote, tous trois faisant partie intégrante de la nature privée de vie.

Outre son action si utile sur la végétation, l'humus en a une autre sur le sol lui-même, celle de le diviser, et, comme tel, il est utile surtout aux terres argileuses ou fortes, qu'il rend alors perméables aux gaz et à l'eau. A ce taux-là, on pourrait croire que ce principe augmente encore la légèreté des terres qui, comme les sables et les calcaires, ne le sont déjà que trop ; ce qui aurait infailliblement lieu si la nature prévoyante n'avait pas doué l'humus de la propriété de retenir l'eau avec beaucoup de force ; en sorte que l'humus est utile à la fois à toutes espèces de terrains, comme il est indispensable à toutes espèces de plantes. Plus une terre contient d'humus, plus elle est riche, plus aussi elle le devient, parce que l'humus est une des seules substances capables d'absorber l'azote de l'atmosphère pour former avec lui de l'ammoniaque, ce principe indispensable au développement de tous les végétaux. Le secret de l'agriculture consiste à produire de l'humus ; plus elle en fabrique, plus aussi elle est avancée. Cette vérité n'est pas unique ; elle est liée à une autre que nous avons déjà signalée : c'est la production des bases, qui paraissent être sinon indispensables, au moins utiles au développement des plantes.

On tomberait cependant dans une grave erreur si on se figurait toutes les terres telles que nous venons de les dépeindre ; car elles se mélangent toutes entre elles, souvent d'une manière si peu sensible qu'on finit par ne plus savoir laquelle prédomine dans ces terrains ; ce qui n'empêche pas que la division des terres que nous avons proposée ne soit applicable à tous les terrains, sans aucune exception autre que celle de leur mélange.

On a cherché à connaître la nature des terres à l'aide des espèces de plantes qu'elles portent ; mais les essais qu'on a faits jusqu'ici dans ce but n'ont pas été fort heureux, parce qu'on n'a pas tenu compte de l'humidité du terrain ni de sa hauteur, deux circonstances qui exercent une très-grande influence sur la nature de la végétation. En général, on peut dire cependant que les renoncules caractérisent les prairies humifères humides ; les joncs, les terres sablonneuses ; l'esparcette ou sainfoin, les terres calcaires ; les prêles et les tussilages, les terres argileuses ; et les bruyères, les terres calcaires, humifères et sèches. Toute division des terres exclusivement basée sur les espèces de plantes qui s'y développent ne peut être vraie, parce qu'il n'y a peut-être pas une seule espèce végétale qui ne puisse venir dans toute espèce de terre, pourvu qu'elle y rencontre certains principes dont elle a besoin, et qui sont susceptibles d'être remplacés par d'autres plus ou moins analogues ; les données fournies par les plantes sur les

espèces de terrains ne peuvent donc être qu'approxi-
matives.

Le sous-sol communique souvent aux terres des
propriétés toutes différentes de celles qu'elles devraient
avoir d'après la nature de leur surface. C'est ainsi, par
exemple, qu'une terre argileuse deviendra fertile lorsqu'elle sera placée au-dessus d'un sous-sol pierreux
qui laissera facilement passer l'eau ; qu'une terre riche
en humus sera très-fertile au-dessus d'un sous-sol riche
en calcaire, tandis qu'elle sera aride ou marécageuse
suivant qu'elle sera placée au-dessus d'un sous-sol
imperméable de rocher ou d'argile ne laissant pas filtrer l'eau. Les plantes à longues racines pivotantes périssent, quelle que soit la fertilité de la terre dans laquelle elles vivent, lorsqu'elles sont placées au-dessus
d'un sous-sol dur, formé par un rocher, parce qu'elles
n'y peuvent pénétrer de manière à y puiser les substances
dont elles ont besoin. En échange, les terres légères
deviendront fraîches et fertiles lorsqu'elles se trouve-
ront au-dessus d'un sous-sol peu perméable, qui, retenant l'eau, en fournira une quantité convenable à la
terre placée au-dessus de lui. Quelle que soit la nature
du sous-sol, il est toujours nuisible aux plantes lorsqu'il est imperméable, en sorte que les plantes ne prospèrent dans les terres qui reposent sur des rochers
que lorsque ces derniers sont assez inclinés pour permettre à l'eau de s'écouler facilement. Une condition
essentielle à la fertilité des terres, c'est de reposer sur
un sous-sol assez perméable, sans l'être trop. Il y a des
sous-sols qui agissent comme poisons sur les végétaux ;
ce sont, à ce qu'il paraît, ceux qui sont formés de sul-

fate calcique, ou gypse, et qui sont, heureusement, fort
rares, ainsi que ceux qui contiennent des sels métalliques, de quelque espèce qu'ils soient, pourvu qu'ils s'y
rencontrent en quantité un peu considérable. Du moment que le sous-sol, quoique imperméable, ne contient pas de substances directement nuisibles aux plantes, on peut, dans la plupart des cas, cultiver la terre
qui le couvre ; il ne s'agit que de savoir en faire écouler
l'eau surabondante par des saignées ou des puits, et
d'y jeter assez de calcaire pour qu'elle ne puisse jamais devenir acide. Les marais, qui sont des terres à
sous-sol imperméable ordinairement formé d'argile, deviennent des terres de la plus grande fertilité lorsqu'on
parvient à leur enlever l'eau qui les inonde, soit directement par des saignées, soit en exhaussant le sol, ce
qu'on fait en y jetant des pierres, qui s'y enfoncent bientôt et permettent à l'eau de filtrer en se glissant entre
elles, en même temps qu'elles élèvent le niveau du sol.

L'exposition exerce sur la nature de la terre une influence tout aussi grande que le sous-sol, parce qu'elle
aussi contribue à les rendre sèches ou humides. D'ailleurs c'est de l'exposition que dépend la quantité de lumière et de chaleur que reçoivent les terres, et l'on
verra bientôt que, sans cette action, toute végétation
est absolument impossible. Deux terres également fertiles, placées l'une au nord, l'autre au midi, donneront
des produits tout différents, et la végétation de la première sera constamment plus retardée que celle de la
seconde, dont tous les produits seront d'ailleurs plus
abondants et plus succulents. L'exposition décide encore la nature des vents qui soufflent à la surface des

sols, et ces mouvements de l'air sont tellement impor-
tants qu'ils empêchent ou favorisent telle ou telle culture ; ainsi, par exemple, il est impossible de cultiver
des plantes à larges feuilles, telles que le tabac, dans les
contrées où les vents sont fréquents et violents.

La hauteur des localités est une dernière subdivision
de l'exposition, qui n'agit que par le degré de chaleur
qu'elle fournit aux plantes ; il faut donc en tenir
compte toutes les fois qu'on veut juger de la fertilité
d'un sol et de la nature des produits qu'il peut fournir.

CHAPITRE IV.

Composition des sols arables.

Après avoir fixé les conditions physiques et chimiques capables de transformer les débris de rochers en
terre, on peut chercher à établir quelle doit être dans
toutes espèces de circonstances la composition d'une
terre très-fertile. Relativement à sa position, une terre
type de la perfection, et fertile par excellence, doit reposer sur un sous-sol assez perméable ; elle doit être tour-
née au midi ou au levant, afin d'avoir le plus possible
de soleil et de chaleur ; elle doit recevoir, et surtout
en été, une quantité d'eau suffisante pour y maintenir
une légère humidité ; enfin, il faut qu'elle soit autant
que possible abritée contre les vents violents, défendue
contre l'irruption des eaux, et placée à une hauteur
moyenne, et telle qu'elle soit également à l'abri de

chaleurs trop ardentes et de froids trop vifs. Quant à la composition chimique, la terre fertile par excellence sera formée d'une très-forte proportion d'humus ; elle renfermera aussi de l'acide silicique, pour la diviser et l'empêcher, à la fois, de se dilater sous l'influence des gelées et de se contracter sous l'action de la sécheresse ; de l'alumine, pour lui donner de la consistance et y retenir l'eau ; du calcaire, pour la maintenir alcaline, et enfin des alcalis, pour fournir aux plantes ceux dont elles ont besoin. Mais les terres telles que celles dont on vient de lire la description sont excessivement rares, et il leur manque presque toujours plusieurs des conditions énoncées de fertilité. Quand le sous-sol est imperméable, la meilleure terre se gâte ; elle ne porte pas de belles récoltes lorsqu'elle est exposée au nord, aux vents, ou placée trop haut sur les flancs des montagnes. Trop de sable la rend sèche et mobile, de même que trop d'humus sans eau ; trop d'eau y détruit la végétation et enlève les sucs nutritifs ; trop d'alumine la rend froide et si compacte que les racines des plantes ne peuvent y pénétrer ; trop de calcaire, enfin, la rend sèche et aride quand l'eau ne vient pas la rafraîchir et en unir les particules mobiles. On reviendra sur l'important sujet de l'amélioration des sols en s'occupant des soins à leur donner et de leurs maladies.

On possède beaucoup d'analyses de terres arables ; une seule peut donner une idée de leur composition.

Il y a dans le midi de la Russie de vastes plaines appelées Tchornoï-zem, dont le sol est composé de grains noirs mélangés avec du sable ; le tout constitue une terre si fertile qu'elle produit la plus grande par-

tie du magnifique froment qu'envoie la Russie en si
prodigieuse quantité dans toute l'Europe. Il suffit de
laisser cette terre remarquable en jachère, c'est-à-dire
inculte, pendant une ou deux années après la récolte,
pour qu'elle reprenne toute sa vigueur primitive, sans
qu'on y conduise aucune espèce d'engrais. En admettant que la récolte enlève au sol seulement de l'ammoniaque et des alcalis, on comprend sans peine la cause
de cette fertilité qui renaît si vite; car l'ammoniaque
est reformée de toutes pièces par cette terre à l'aide de
son humus et aux dépens de l'azote de l'atmosphère,
tandis que les alcalis viennent du sol lui-même, au-
dessous duquel il paraît qu'il s'en trouve un vaste
réservoir sous forme de chlorure sodique ou sel de
cuisine. Comme ce sel a la singulière propriété de se
transformer en carbonate sodique absorbable par les
plantes, tant sous l'influence des substances organiques en décomposition que sous celle de l'argile et
du calcaire, il ne cesse pas de se produire et de venir
s'effleurir à la surface du sol à mesure qu'après avoir
imbibé l'argile elle perd son eau sous l'influence des
chaleurs de l'été.

La terre de Tchornoï-zem est formée de :

Matière organique (Contenant 2,45 d'azote pour 100.)	6,95
Acide silicique	71,56
Oxyde aluminique	11,40
— ferrique	5,62
— calcique ou chaux	0,80
— magnésique	1,22
Chlorures alcalins	1,21
Traces d'acide phosphorique.	
Perte (À reporter probablement sur l'alumine, à cause de sa solubilité dans l'ammoniaque.)	1,24
	100,00

La terre de Tchornoï-zem ne diffère pas des alluvions fertiles ; elle ressemble beaucoup aux terres tourbeuses desséchées, en sorte qu'on est d'autant plus disposé à lui attribuer cette origine qu'on trouve souvent, dans l'intérieur des terres, des sols formés d'une manière analogue, et placés, comme celui qui nous occupe maintenant, sur le bord des fleuves, dans des bas-fonds où ont dû exister des tourbières. Si on desséchait une tourbière, qu'on laissât arriver sur elle les eaux débordées d'un fleuve, et qu'on les en éloignât ensuite, on reproduirait une espèce de terre de Tchornoï-zem essentiellement composée d'acide silicique, d'alumine et d'humus. Ce qui corrobore fortement notre opinion sur l'origine de cette terre, c'est la grande quantité d'humus qui s'y trouve, et qu'on rencontre dans tous les marais sous forme d'une espèce de gelée composée de crénate et d'apocrénate ferrique ; deux sels qui, en se détruisant lentement sous l'action réunie des eaux et de l'air, produisent ces minerais de fer dits limoneux et pisiforme qu'on trouve partout où il a pu exister des marais, et qui se forment continuellement dans leur sein.

Toutes les terres, quelles qu'elles soient, sont formées surtout par les eaux, ainsi qu'on l'a vu en étudiant la manière dont elles se produisent aux dépens des roches. Comme d'ailleurs la plupart des terres cultivées se trouvent sur les flancs ou bien au pied des montagnes, il est clair que les eaux qui en descendent amènent sur ces terres toutes les parties solubles qu'elles ont rencontrées sur leur passage, ce qui est pour elles une source de fertilité en même temps que la cause pour laquelle les terres cultivées n'ont presque jamais une composition identique à celle des roches qui les ont formées. Des terres formées par alluvion seulement sont celles qui ne sont limitées que par les eaux, telles que la plupart de celles de Hollande, ainsi que de la Camargue à l'embouchure du Rhône. Ces terres n'ont point de composition constante; elles sont formées des débris les plus légers de tous les pays parcourus par les eaux qui les ont produites. On reconnaît bien vite les sols formés de cette manière à ce qu'ils sont un mélange de sable excessivement fin et de matières organiques, dans lequel il ne se trouve jamais *une pierre,* parce que l'eau n'est point assez forte pour charrier au loin des débris aussi lourds, des rochers, dont ils emportent facilement au loin les parties les plus ténues et les plus légères.

Une terre arable et fertile du Sénégal était formée de :

Acide silicique et sable	87,0
Oxyde aluminique	3,6
— ferrique	3,4
Carbonate calcique	traces
Matières organiques et eau	4,4
Perte	1,6
	100,0

La grande proportion de sable existant dans cette terre fait penser qu'elle est due, comme la précédente, aux effets de l'alluvion; ce qui doit être aussi, puisque presque toutes les terres cultivées du Sénégal ont été formées de cette manière. Cette analyse est fautive sous plusieurs rapports : on n'y a pas dosé les alcalis, et on ne s'est pas occupé de la nature du sable qui accompagne l'acide silicique, et qu'on a dosé en même temps que lui, quoiqu'il puisse être d'une nature fort différente, et qu'il puisse même constituer un des éléments essentiels de la fertilité du sol. Cette analyse n'a donc pas d'autre utilité que de prouver approximativement que toutes les terres fertiles ont une composition analogue, quoiqu'elles proviennent souvent de pays très-éloignés et différents entre eux presque sous tous les rapports.

Une terre arable du Coromandel était formée de :

Acide silicique.	22,0
Oxyde aluminique.	59,0
— ferrique.	2,5
Carbonate calcique.	3,5
Matière organique azotée. . . . . , ...	5,0
Eau et perte.	8,0
	100,0

On le voit, ce sont toujours les mêmes éléments groupés entre eux dans des proportions souvent variables; ce qui fait que deux terres, quoique composées des mêmes principes, peuvent avoir des propriétés assez différentes. En général on remarque que les terres qui sont fertiles dans les pays chauds, quoiqu'elles ne reçoivent que peu d'eau, sont très-riches en alumine, comme la précédente. Ce principe était indispensable à leur fertilité, puisqu'il est le seul qui retienne l'eau avec une grande énergie. Toutes les terres qui, placées dans des circonstances analogues, sont fertiles, quoiqu'elles ne contiennent pas d'alumine, le doivent à la présence d'un sous-sol humide qui leur fournit toute l'eau dont elles ont besoin.

Tous les sols arables, quels qu'ils soient, présentent

une composition analogue à celle des divers terrains
dont nous venons de donner l'analyse ; ils ne diffèrent
entre eux que par le rapport existant entre leurs éléments, qui, du moment qu'il est convenable, constitue
une terre *chimiquement* fertile, mais dont la fertilité
est soumise à des *causes physiques* dont on a pu apprécier ailleurs toute l'importance.

L'expérience a appris que les terres de l'Europe centrale, qui ne sont pas trop élevées ni trop exposées aux
vents, et qui reposent sur un sous-sol de perméabilité
moyenne, sont fertiles lorsqu'elles présentent la composition indiquée par le petit tableau ci-dessous. dans
lequel la valeur agricole de la terre a été appréciée par
la nature de la récolte qu'il peut donner, et dont la
plus importante est partout, sans contredit, celle du
froment.

	Argile.	Sable.	Carbon. calcique.	Humus.
Bonne terre à froment.	74	10	4	14,5
Prairies.	14	49	10	27
Bonne terre à orge. . . .	20	67	3	10
Terre à avoine.	23,5	75	»	1,5
Terre à seigle.	14	85	»	1

Deux choses frappent dans ce tableau, savoir : que,
plus la terre est riche, plus elle contient d'argile et
d'humus, et ensuite que la quantité de sable peut varier dans de certaines limites sans changer en rien la
nature du sol. Le nombre 27, qui indique la quantité
d'humus contenue dans la terre des prairies, semble
témoigner contre l'assertion qui nous faisait dire que,
plus la terre est fertile, plus elle contient d'humus ;
mais, en songeant que le sol des prairies n'est pas
complétement dépouillé des récoltes qu'il portait, on

comprend que l'erreur n'est ici qu'apparente, et qu'on ne peut pas établir de comparaison sous ce rapport-là entre un champ couvert de récoltes épuisantes et un pré qui ne porte que des plantes fertilisantes, à peu d'exceptions près.

Si la quantité de sable peut varier dans de certaines limites sans changer beaucoup la nature de la terre, c'est qu'il n'a pas d'action sur la végétation; bien peu de plantes se l'approprient, et il ne joue, pour la plupart d'entre elles, aucun rôle chimique; il n'est là que pour diviser la terre, de manière à permettre aux racines des plantes de la traverser sans peine.

Pour comprendre que les nombres inscrits sur ce tableau ne sont que des vérités relatives et non pas absolues, il est indispensable de savoir de quelle manière on les a obtenus. Le mode d'analyse dont nous allons parler ne peut donner que des approximations de la vérité à laquelle sa nature même l'empêche d'atteindre jamais. On prend un poids connu de terre séchée à l'air, on la broie avec de l'eau, et ce qui tombe au fond du vase après avoir été lavé à plusieurs reprises est pesé sous le nom de *sable*.

Une autre portion pesée de cette même terre est traitée par du chloride hydrique ou esprit de sel; on verse de côté la solution; on lave bien le résidu qu'on dessèche et pèse; son poids correspond à celui de l'*argile*. La perte qu'a éprouvée cette terre après le traitement par l'acide exprime son contenu en *carbonate calcique*.

Pour trouver combien un sol contient d'*humus* ou de débris de substances organiques, on en pèse une portion qu'on réduit en poudre fine, et qu'on calcine fortement jusqu'à ce que son poids ne change plus.

Voyons maintenant pourquoi ce mode d'analyse des terres est imparfait. En dosant le sable, comme on ne s'assure point de sa nature, on pèse comme tel toutes les parties lourdes de la terre, telles que les petites pierres, qui ne sont bien souvent que du carbonate calcique, ou même des composés d'acide silicique et d'une base quelconque, composés qui exercent une influence très-heureuse sur la végétation, à laquelle l'acide silicique est presque inutile. C'est sans doute une erreur de ce genre qui a fait que l'auteur du dernier tableau n'a point trouvé de carbonate calcique dans les terres à seigle et à avoine.

En dosant le carbonate calcique, on pèse avec lui la magnésie, certains sels terreux et une partie de l'alumine et des alcalis.

En dosant l'humus par calcination, on obtient toujours des nombres trop élevés ou trop bas, suivant qu'on chauffe très-fortement, ou bien que la terre contient un composé à base d'oxyde ferreux. Dans le premier cas, on déplace l'acide carbonique des carbonates alcalins, à la base desquels s'unit l'acide silicique, tandis que, dans le second cas, le poids de l'oxyde ferreux augmente à mesure qu'il absorbe l'oxygène de l'air en passant à l'état d'oxyde ferrique.

Toute analyse faite de cette manière fournit des approximations trop vagues pour pouvoir contenter un agriculteur scrupuleux et capable d'apprécier la portée d'une analyse exacte et de comprendre qu'elle seule peut amener à découvrir la relation positive qui unit le sol aux plantes.

Comme des analyses exactes des terres manquaient, on n'a pas eu la patience de les faire, et on s'est figuré parvenir plus vite au but à l'aide de la synthèse, c'est-à-dire en faisant des sols avec des substances inorganiques à composition plus ou moins bien connue ; en sorte qu'on tombe de mal en pis, puisqu'il est de beaucoup plus difficile de fabriquer une terre que d'analyser l'une de celles que la nature nous fournit avec tant de profusion. Les seules expériences de cette nature ont été faites à Paris, il y a longtemps déjà, par Tillet, qui plaçait les terres dont nous allons indiquer la composition dans des pots à fleurs qu'il enfonçait jusqu'au niveau de leurs bords, les uns à côté des autres, dans un carreau de jardin. Ces expériences ont donc une grande valeur relative, mais pas d'autre, puisque la nature des mélanges employés n'a pas été étudiée par l'opérateur.

Le premier de ces mélanges était composé de :

$\frac{3}{8}$ terre à poteries,

$\frac{3}{8}$ carbonate calcique en morceaux,

$\frac{2}{8}$ sable de rivière.

Le froment s'y développa parfaitement bien pendant les trois années que fut continuée cette expérience.

Le second mélange était composé de :

$\frac{2}{8}$ terre à poteries,

$\frac{3}{8}$ carbonate calcique en morceaux,

$\frac{3}{8}$ sable grossier ;

et produisit aussi en abondance de fort beau et bon

froment. Il n'en fut pas de même pour le froment
qu'on sema dans le troisième mélange, et qui, après
avoir bien réussi la première année, déclina à la seconde et périt à la troisième. Ce mélange était formé
de :

$\frac{3}{8}$ terre à poteries,

$\frac{3}{8}$ carbonate calcique en morceaux,

$\frac{2}{8}$ sable fin.

Ce fait est bien extraordinaire, puisque le troisième
de ces mélanges est composé identiquement comme
le premier, qui était fertile. Il fallait que le sable fin de
cette dernière expérience fût de l'acide silicique pur,
tandis que le sable grossier des deux premiers devait
contenir, sans doute, des alcalis. Nous pensons toutefois qu'il est bien plus probable qu'il est arrivé un ac-
cident à ce mélange, sur lequel il est bien possible
qu'on ait jeté involontairement quelque substance
nuisible, ou bien dans lequel s'étaient peut-être logés
des vers, des insectes, ou toute autre espèce de petits
animaux qui nuisent aux blés. A l'humus près, les
terres fabriquées par Tillet contenaient toutes les parties utiles à la végétation : elles avaient une composition analogue à celle de la terre des meilleurs champs.
Mais on ne peut pas conclure de ces expériences que
l'humus est inutile aux terres ; il suffit pour s'en convaincre de se rappeler que les pots contenant les mélanges étaient enfoncés dans une terre de jardin qui
devait leur céder beaucoup de ses principes solubles,
parmi lesquels devaient se rencontrer aussi des substances organiques en décomposition.

Plus d'une fois déjà on a vu que les alcalis sont indispensables au développement des plantes ; ils ne peuvent donc pas manquer dans un sol fertile. Cependant, quoiqu'ils ne s'y rencontrent souvent qu'en quantité fort petite, les plantes n'en végètent pas moins avec vigueur, parce qu'elles trouvent dans le sol de la chaux et de l'ammoniaque qui les remplacent parfaitement bien dans toutes leurs fonctions. Il n'y a donc de sols absolument stériles que ceux dans lesquels se trouvent de véritables poisons pour les plantes ; tous les autres sols sont fertiles, mais à des degrés fort différents, et que nous sommes peu disposé à expliquer par la quantité relative des alcalis, soit de potasse ou de soude, qu'on y rencontre, puisque ces deux alcalis peuvent être remplacés par la chaux qu'on trouve dans tous les sols, et par l'ammoniaque que l'air renferme, et que les plantes forment aux dépens d'un de ses principes gazeux nommé azote. Nous pensons, au contraire, que la potasse et la soude sont beaucoup moins nécessaires pour la fertilité d'un sol que la chaux, qui, par contre, ne peut absolument pas manquer dans aucun d'eux, sous peine de le voir devenir acide et ensuite stérile.

Dans toutes les plantes on trouve de l'acide phosphorique qui doit provenir du sol, et dans lequel on le trouve souvent. Il est facile à découvrir dans les terres calcaires, schisteuses et granitiques ; nous n'avons en échange point réussi à en manifester la présence dans les terres formées par la décomposition des basaltes de Giessen ; ce qui vient, sans doute, de la difficulté qu'on éprouve à le séparer d'avec la grande quantité d'oxyde ferrique à laquelle il est uni dans ces roches ; néanmoins il doit s'y trouver, puisqu'on le rencontre dans les cendres des plantes qui croissent à sa surface. Le rôle que joue le phosphore dans les végétaux est aussi mystérieux que dans les animaux ; aussi ne peut-on l'envisager comme principe indispensable à la vie des uns et des autres qu'en se basant sur sa présence chez eux tous, en attendant que des faits viennent prouver qu'ils peuvent s'en passer ; ce qui ne sera probablement pas le cas.

Presque tous les sols, et surtout les eaux qui les arrosent, renferment des composés du soufre qu'ils cèdent aux plantes, dans lesquelles on les retrouve dans certaines combinaisons organiques, ou bien à l'état de sulfates.

Les terres formées des éléments que nous venons de passer en revue sont capables de produire des récoltes, mais bien faibles, qui rapporteront tout au plus ce qu'elles ont coûté, mais qui, d'autre part, ont plus tard une grande influence sur la végétation à venir, parce qu'elles laissent dans le sol leurs débris, qui ne tardent pas à noircir, à se changer en humine et ses congénères, qui, en présence de l'eau et de l'air, se métamorphosent bientôt en deux espèces de gommes solubles dans l'eau après qu'elles se sont unies avec l'ammoniaque, et qu'on appelle acides crénique et apocrénique, dont il a déjà été question lorsque nous nous sommes occupé de la formation des minerais hydratés de fer. De cette manière le sol reçoit pour la première fois *un engrais* qui le dispose à porter une nouvelle génération de plantes dont les produits paieront largement les frais de premier ense—

mencement destiné à préparer le second. Ce seul
exemple suffit déjà pour faire sentir toute l'immense
utilité des engrais, qui ont pour but de fournir aux
plantes plus d'ammoniaque, d'acide carbonique et
d'eau, que ne leur en fournit l'atmosphère. Les débris
de substances organiques ont encore une autre utilité,
celle de retenir l'eau avec force, et de diviser les
terres compactes de manière à les rendre beaucoup
plus productives. Un des buts de tout sage ménage
des champs doit donc être de fournir au sol le plus
possible de ces débris organiques, puisqu'on engraisse
par là le sol, absolument de même qu'on dispose les
vaches à donner plus de lait à mesure qu'on augmente
leur nourriture. Rien de plus abusif, rien de plus im-
prévoyant que l'habitude de semer plusieurs récoltes
successives et non fumées dans les terres dont la couleur foncée indique l'abondance en humus ; elles s'é-
puisent bientôt, et il faut beaucoup d'années pour réparer un malheur que des soins bien faciles auraient
pu éviter sans peine.

L'humus et les engrais en général ne se conservent
pas aussi bien dans les terres légères que dans celles
qui sont fortes ou argileuses, parce que, poreuses
comme elles le sont, elles laissent passer l'air, qui a
bientôt brûlé une partie de l'engrais. Les terres fortes
enveloppent, au contraire, l'humus, le défendent
contre l'action de l'air, et ne le cèdent qu'aux
racines des plantes, qui le transforment bientôt en
acide crénique et en son dérivé, que les plantes absorbent. L'acide crénique et l'acide ap●énique sont retenus avec force dans les terres par l'alumine qui s'y

trouve, et qui s'y combine pour former des sels absolument insolubles; c'est ce qui fait que les sources jaillissant des terres de cette nature sont beaucoup plus pures en général que celles qui sortent des terrains calcaires, parce que les premières ne peuvent pas contenir des substances organiques que l'alumine retient avec force, tandis que le calcaire les laisse passer sans peine.

Nous passons sous silence les propriétés et les caractères des éléments des sols, parce qu'ils ne sont pas d'une utilité directe pour notre sujet, et qu'on les trouve en détail dans tous les traités de chimie.

Nous ne parlerons pas non plus de l'analyse chimique exacte des terres, qu'on trouvera parfaitement indiquée dans le *Précis d'Analyse quantitative,* par Frésénius, auquel nous renvoyons; nous ne pouvons nous occuper ici que des moyens de juger rapidement et avec une certaine sûreté des propriétés d'une terre : ces moyens-là ne sont jamais que des approximations auxquelles un peu d'expérience donne bien vite un degré de certitude suffisant pour la plupart de leurs applications.

Avant d'examiner un sol, il faut d'abord se faire une idée nette de ce que cet examen doit apprendre. Il doit résoudre un si grand nombre de questions qu'il n'y a pas un seul ouvrage d'agriculture qui ne propose quelque nouveau moyen d'apprécier la valeur des sols. Nous verrons que, dans cette appréciation, il faut tenir compte de la nature physique des sols, parce qu'elle a ▮r la végétation une si grande influence qu'un des premiers chimistes de France en est venu à dire que le simple lavage d'une terre en apprenait davantage sur sa nature que l'analyse la plus exacte, parce qu'on sait rapidement de cette manière combien le sol contient de parties solubles, de parties qui peuvent le devenir, et de sable qui est insoluble. On apprend ainsi quelle est la quantité d'alcalis et de substances organiques que le sol peut fournir aux plantes, en même temps que celle des matières très-divisées qui peuvent les nourrir plus tard, et enfin celle du sable, qui est la partie nécessaire à la division des sols, et, par cela même, une des causes indirectes de fertilité de toutes les terres compactes analogues à celles qui appartiennent au célèbre chimiste qui a fait cette observation. Si ce fait est juste sous beaucoup de rapports, il ne l'est point pour tous ; il suffit, pour s'en convaincre, de savoir que, de deux graines qu'on sèmera dans des pots remplis, l'un avec du sable de feldspath, et l'autre avec du sable pur ou acide silicique, la première végétera avec force, tandis que la seconde périra peu de temps après avoir levé, parce qu'elle ne trouvera pas, comme la première, à sa portée, les alcalis qui sont indispensables à son développement. L'analyse d'une terre doit donc comprendre l'étude de ses propriétés physiques et chimiques réunies ; l'une ne doit pas exclure l'autre : elles doivent s'accompagner et se compléter réciproquement. Pour bien connaître une terre, il faut donc en faire l'analyse physique, ou plutôt mécanique, en même temps que l'analyse chimique.

Comme les éléments qui forment un sol peuvent s'y trouver sous plusieurs états, et en faire varier de cette

manière à l'infini les propriétés physiques, il est clair
qu'on doit répondre par l'analyse d'un sol, non pas
seulement en donnant le nom et le poids relatif de
chacune de ses parties constituantes, prise isolément,
mais aussi en indiquant de quelle manière elles étaient
combinées entre elles. Pour faire saisir toute la nécessité qu'il y a à procéder de cette manière, supposons
qu'on ait à analyser un sol quelconque, et qu'on y
trouve une forte proportion d'alumine ; or, comme l'a-
lumine retient l'eau avec beaucoup d'énergie, on en
conclura que le sol examiné est compacte et fort apte
à retenir l'eau ; que, par conséquent, il sera fertile sur
des hauteurs, infécond, marécageux et froid dans des
bas-fonds. Eh bien, cette conclusion peut être absolument fausse, et cela simplement dans le cas où l'a-
lumine, au lieu de se trouver disséminée dans la terre
elle-même, fera partie du sable dans lequel elle peut
se trouver sous forme de combinaison insoluble, et,
par conséquent aussi, sans influence sur les propriétés
physiques du sol.

Pour être complète, l'analyse d'une terre doit répondre à toutes les questions suivantes, abstraction
faite de sa composition élémentaire, faisant partie de
son analyse chimique exacte, dont nous ne parlerons
pas. L'analyse d'un sol doit faire connaître son poids
spécifique, sa cohésion ou ténacité, sa perméabilité, la
force avec laquelle il absorbe l'eau, celle avec laquelle
il la retient, sa contraction, la force avec laquelle il
absorbe l'humidité et les gaz répandus dans l'atmosphère, et enfin la force avec laquelle il absorbe et
retient la chaleur.

Le poids spécifique d'un sol est sa pesanteur comparée à celle d'un même volume d'eau à + 4° C. On a
adopté pour poids normal celui d'un litre d'eau, qui,
à cette températire, pèse 1,000 grammes, soit 1 kilogr.;
au-dessus et au-dessous de + 4° C., l'eau pèse moins, en
sorte qu'il faudra mesurer le vase dans lequel on veut
faire les essais en y pesant 1 kilogr. d'eau à + 4° C.
On marquera avec soin le point où s'élève l'eau dans
son intérieur, et on aura ainsi une mesure normale
donnant des résultats comparables entre eux, puisqu'ils seront tous relatifs au poids d'un même volume.
Il suffit donc, pour connaître le poids spécifique d'une
terre, de l'introduire dans le vase arrangé comme
nous venons de le dire, où on en met jusqu'à ce
qu'elle arrive au niveau de la ligne qu'affleurait la surface d'un kilogramme d'eau à + 4° C. On conçoit sans
peine que, pour pouvoir obtenir de cette manière des
résultats vrais, il faut dessécher d'abord les sols qu'on
veut peser, afin que la quantité d'eau qu'ils retiennent n'entre pas en ligne de compte et ne vienne pas
fausser les résultats.

La manière la plus facile de dessécher les terres consiste à les diviser autant que possible, et à les répandre
en couche mince sur une toile qu'on expose au soleil
ou bien à la chaleur du four, après le pain, jusqu'à ce
que, en en pressant quelque peu entre les doigts, on
n'y découvre plus trace d'humidité, ou, ce qui vaut
mieux, jusqu'à ce que son poids cesse de diminuer.
Dès que la terre est parfaitement sèche, on la réduit
en poudre aussi fine que possible en la divisant avec la
main, ou bien, dans un mortier ordinaire, avec un pi-

lon de bois. On fait bien de la passer auparavant à travers un tamis grossier pour en séparer les petits cailloux qu'on réunit ensuite à la terre pilée, et dans laquelle on les introduit de manière à faire du tout une masse aussi homogène que possible, qu'on introduit alors dans la mesure, où on la tasse aussi fortement que possible avec un large pilon de bois. Ce mode de détermination du poids spécifique des terres est un peu plus long, mais beaucoup plus exact que celui qui est généralement adopté. C'est en opérant d'une manière analogue à celle que nous venons d'indiquer qu'on a trouvé le poids spécifique des parties constituantes des terres tel que nous allons le dire, en faisant observer que ces nombres n'ont qu'une vérité relative et non pas absolue, puisqu'ils ont été obtenus avec des terres qui, n'ayant pas été préalablement desséchées, retenaient, par conséquent, des quantités très-variables d'eau.

Eau	1000	Argile privée de sable.	2590
Sable calcaire	2822	Terre calcaire fine	2468
Sable siliceux	2753	Terre de bons prés	2462
Glaise maigre	2700	Terre de jardin	2332
Glaise grasse	2652	Humus	1225

Ce tableau fait voir que la partie la plus lourde des terres est le sable calcaire, et que la partie la plus légère en est l'humus, et après lui l'argile; ce qui fait immédiatement comprendre tout le parti qu'on peut tirer de la détermination du poids spécifique des terres. En effet, plus le poids spécifique de la terre qu'on examine se rapproche de 2822, plus aussi il contient de sable, tandis que plus il s'en éloigne, plus il contient d'humus ou d'argile. Ceci fait comprendre pourquoi le poids spécifique d'une terre fournit des données assez précises sur sa nature, ainsi que vont le prouver les quatre exemples suivants. Un litre de

Terre glaise sablonneuse de la Drôme pèse.. 2630
Terre argilocalcaire de la Camargue.......... 2600
Terre des champs d'Hofwyll................ 2320
Terre riche en humus d'Orange............. 2120

Toutes les différences observées dans la densité des terres qu'on a examinées jusqu'à ce jour n'affectent que ses centièmes, sans jamais s'élever jusqu'aux millièmes, ainsi que le prouvent les quatre exemples ci-dessus, dans lesquels on retrouve toujours intact le chiffre 2000. Les centièmes en échange varient de 1 à 6, suivant que la terre contient plus ou moins d'humus et d'argile.

La connaissance de la densité des terres est d'une utilité réelle, et si incontestable qu'elle peut remplacer, dans la majeure partie des cas, l'analyse chimique exacte, lorsqu'on ne veut connaître qu'approximativement la valeur, ou plutôt la nature d'un terrain, pour savoir à quelles plantes il sera propre dans l'exposition où il se trouve.

La ténacité d'un sol est en relation directe avec la quantité d'argile libre qu'il contient, en sorte qu'après en avoir pris la densité on peut déjà prévoir en quelque sorte son degré de ténacité. Plus une terre renferme d'alumine, plus elle est tenace. Un essai bien facile amène promptement au but ; c'est de faire simplement avec la terre des boulettes de la même grosseur, et de les sécher ensuite au soleil ou dans un four. Quand ces boulettes sont sèches et qu'on les serre

4

entre les doigts, elles s'écrasent d'autant plus facilement qu'elles contiennent plus de sable ou d'humus ;
plus elles résistent, plus elles sont riches en alumine.
Les terres qui renferment beaucoup de sable ne supportent pas cette épreuve : elles tombent en miettes en
s'affaissant sous leur propre poids, parce que leurs
particules ne sont pas du tout liées entre elles. Les
terres excessivement fertiles, c'est-à-dire riches en humus, s'écrasent presque aussi facilement que celles qui
sont sablonneuses, et les terres ordinaires s'écrasent plus
facilement que les argiles, qui, de toutes, sont les plus
difficiles à écraser ; c'est au point qu'il faut souvent se
servir du marteau pour y parvenir. La connaissance de
la ténacité des terres est très-utile, et, lorsqu'elle est
jointe à celle de leur densité, elle amène à des conclusions assez sûres pour qu'on doive regretter que ce
mode d'examen des terres ne soit pas plus généralement usité. Pour donner plus de précision à la manière de trouver la ténacité d'une terre, on pourrait
se servir d'un petit levier fixé sur une table par un bout,
et portant à l'autre un plateau de balance destiné à recevoir des poids. On ferait avec la terre, à l'aide d'un
moule, de petits cubes qu'on dessécherait et placerait
ensuite sous le levier, toujours à la même distance de
son point d'attache ; chargeant alors le plateau de
poids, on trouverait combien il en faut pour écraser le
cube de terre, dont on exprimerait le degré de ténacité
par le poids dont on se serait servi pour le rompre.

S'il est utile pour un sol qu'il ait une grande cohésion lorsqu'il est placé dans une exposition sèche, il
n'en est plus de même quand il est arrosé ; dans l'un

et l'autre cas, la ténacité du sol ne doit jamais être excessive, parce qu'elle rend son travail souvent très-
difficile, à raison de la force avec laquelle il adhère
aux instruments d'agriculture qu'il charge de manière
à nécessiter un tirage beaucoup plus fort.

La perméabilité des sols est si intimement liée à l'é-
nergie avec laquelle ils absorbent l'eau qu'on ne peut
pas les séparer l'une de l'autre, en sorte qu'on déter-
mine ensemble l'intensité de toutes les deux. On appelle perméable tout sol qui laisse facilement passer
l'eau. Pour connaître la perméabilité du sol, ainsi que
la force avec laquelle il retient l'eau, on le pulvérise et
le dessèche dans un four à une douce chaleur, jusqu'à
ce qu'il cesse de perdre de l'eau, c'est-à-dire jusqu'à ce
que son poids ne diminue plus. On en prend alors un
kilogramme qu'on divise autant que possible, et qu'on
met dans un entonnoir dont on a bouché le bec avec
du verre réduit en poudre grossière. Le bec de l'entonnoir est ensuite introduit dans le col d'une carafe.
On a une seconde carafe contenant un poids connu
d'eau qu'on verse sur la terre par petites portions, et
en la renversant doucement avec une petite pelle d'os
jusqu'à ce qu'elle soit parfaitement imbibée d'eau et
qu'il s'en écoule une goutte par le bec de l'entonnoir ;
on cesse aussitôt de verser de l'eau, et en repesant la
carafe où elle se trouvait, on trouve combien il y en a
eu d'absorbée par un kilogramme de terre. Pour connaître la perméabilité du sol après l'avoir saturé d'eau,
comme on vient de le dire, on verse doucement et en
une fois sur lui un ou deux kilogrammes d'eau ; puis
on place l'entonnoir sur une carafe vide et dont on

connaît le poids. Une heure après, on repèse la carafe, et la quantité d'eau qui y est tombée indique le degré de perméabilité du sol essayé. C'est en opérant d'une manière analogue qu'on a trouvé que :

100 parties de sable siliceux	retiennent	25 parties d'eau.
100	—	d'argile riche en calcaire	70	—
100	—	de terre calcaire	85	—
100	—	de terre de jardin	89	—
100	—	d'humus	190	—

d'où l'on conclut que, de toutes les terres, ce sont celles qui contiennent le plus de sable qui retiennent le moins d'eau, et qu'elles la retiennent en proportion d'autant plus grande qu'elles sont plus riches en humus. Comme il est très-facile de répéter cette expérience, ce doit être une raison de la faire toutes les fois qu'on devra améliorer un sol et qu'on voudra connaître avec certitude la substance qu'il faut y ajouter pour en changer les propriétés. Si le sol est trop perméable, on devra y mêler des argiles ou toute autre terre riche en alumine, tandis que, dans le cas contraire, on devra le mélanger avec du sable ou une terre calcaire bien divisée. Le petit tableau sur lequel nous basons ces réflexions présente une lacune sensible, puisqu'il n'y est pas question des argiles pures, non plus que des marnes, qui retiennent l'eau avec beaucoup d'énergie.

Les autres propriétés physiques des terres, telles que leur retrait par la dessiccation, leur capillarité, la force avec laquelle elles absorbent l'humidité de l'air, etc., sont en rapport direct avec leur perméabilité, c'est-à-dire que plus un sol sera perméable, moins il se contractera en se desséchant, moins grande sera sa force capillaire et celle avec laquelle il absorbe les gaz ; nous n'en dirons donc plus grand'chose ici.

Tous les sols ne s'échauffent pas avec une égale facilité et ne conservent pas non plus également bien la chaleur qu'ils ont reçue ; plus ils sont blancs, moins ils absorbent de chaleur, parce que, de toutes les couleurs, c'est le blanc qui renvoie le plus fortement les rayons calorifères. C'est à cette cause que les terres noires doivent de donner les récoltes les plus précoces, et que les terres blanches doivent d'être en retard sur les autres. Plus une terre est fine et divisée, mieux elle retient la chaleur une fois qu'elle l'a reçue, moins facilement aussi elle la reçoit ; le tout sous l'influence d'une seule et même cause, de l'air interposé entre les molécules de la terre, et qui est un fort mauvais conducteur de la chaleur. Plus une terre est lourde et compacte, plus elle s'échauffe et se refroidit promptement, parce qu'elle se conduit comme ces rochers qui, brûlants tant qu'ils reçoivent les rayons du soleil, se refroidissent dès qu'il descend à l'horizon. Les terres humides ne s'échauffent qu'avec beaucoup de peine, parce que l'eau qu'elles contiennent les refroidit sans cesse à mesure qu'elle se transforme en vapeur ; en sorte que ces terres méritent bien leur nom de terres froides, par opposition aux terres légères qu'on appelle aussi terres chaudes.

La perméabilité des sols fait connaître d'une manière indirecte leur tendance à absorber l'oxygène de l'air, parce que les terres absorbent d'autant plus de ce principe qu'elles contiennent plus d'eau et de débris de substances organiques. Dans le premier cas, la dissolution est purement physique, c'est-à-dire que l'oxygène n'est que mêlé à l'eau, dont il se sépare dès qu'on la chauffe. Dans le second cas, l'oxygène est chimiquement absorbé, et il disparaît en s'unissant aux débris de matières organiques, qu'il transforme en acide carbonique, en acide crénique et en eau. L'argile se conduit absolument de la même manière que l'eau ; cette terre retient aussi mécaniquement de l'oxygène, qui s'en dégage lorsqu'on la chauffe, mais pas en totalité ; car elle en retient une portion qui s'unit chimiquement avec son oxyde ferreux, qu'elle change en oxyde ferrique. Cette propriété des terres d'absorber l'oxygène est une des plus utiles que la sage Providence leur ait attribuée ; car ce gaz était nécessaire pour que les débris organisés qui s'y trouvent pussent être assimilés par les plantes. Sous l'influence de l'oxygène, ces débris brunissent d'abord et se changent en ulmine et ses dérivés, en même temps qu'ils produisent de l'acide carbonique et de l'eau ; puis, sous l'influence d'une nouvelle quantité d'oxygène, l'ulmine elle-même se transforme en une gelée, composée d'acides crénique et apocrénique, que les racines des plantes absorbent dès qu'elle est devenue soluble dans l'eau, après s'être unie avec une certaine quantité d'ammoniaque. Telle est la manière dont s'opère la nutrition des végétaux par leurs racines, nutrition qui a une grande influence sur le développement de la plante, quoiqu'elle puisse se soutenir, ainsi que nous le verrons plus tard, avec la seule nourriture que lui fournissent ses feuilles.

Nous pensons que les nombreuses conclusions qu'on

vient de tirer de l'étude de la densité et de la perméabilité des sols prouvent que ces deux données
suffisent amplement pour indiquer avec toute la précision nécessaire au cultivateur toutes celles de leurs
propriétés physiques et la plupart de celles de leurs
propriétés chimiques qui peuvent l'intéresser.

Occupons-nous maintenant de quelques causes qui
modifient aussi sensiblement les propriétés des terres,
et dont l'une d'entre elles, le vent, en rend quelques-
unes tout à fait stériles.

Le rayonnement nocturne, c'est-à-dire la propriété
qu'ont les objets échauffés pendant le jour de céder
à l'air, pendant la nuit, la chaleur qu'ils ont reçue, est
une des causes les plus actives du refroidissement de
toutes les terres découvertes, telles que celles qui sont
placées au haut des montagnes et des collines. C'est
cette cause qui fait que, même au milieu de l'été, ces
terres-là sont sujettes aux gelées blanches, si dangereuses dans cette saison. Il est beaucoup favorisé par
la transparence du ciel.

Les vents contribuent beaucoup à refroidir les terres,
de la même manière que le rayonnement nocturne;
ils agiraient même avec plus d'intensité que lui, parce
qu'ils enlèvent aussi beaucoup de vapeur d'eau, s'ils
ne compensaient pas, par la chaleur qui leur est propre, tous les inconvénients qu'ils traînent à leur suite.
Lorsque les vents soufflent sur des terres humides, ils
les rafraîchissent au point d'arrêter la végétation et
d'y causer des gelées pour peu que la température du
vent lui-même ne soit pas très-élevée; c'est ce qui arrive en automne, où l'on voit toutes les gelées blan-

ches apparaître d'abord sur les terres humides et ne gagner que beaucoup plus tard les terres sèches des collines. En général, les terres très-exposées aux vents sont infécondes, parce qu'elles sont toujours excessivement sèches ; les plantes qui s'y développent avec vigueur, au printemps, ne tardent pas à se dessécher et à périr. Il est impossible de cultiver dans ces terres-là des plantes à feuilles larges, telles que les betteraves et surtout le tabac, parce qu'offrant une certaine prise aux vents elles sont rapidement déchirées, en sorte que la plante qu'elles devaient nourrir périt de faim. C'est une chose curieuse à étudier que le développement du feuillage des tilleuls et marronniers placés de manière à recevoir directement le choc des vents ; au printemps, leurs feuilles poussent avec vigueur ; puis, en été, quand l'impétueux vent du nord ou d'est souffle, leur tissu mou et lâche ne résiste pas à son action : il se déchire et brunit ; enfin, quand l'été est sur son déclin, il ne reste de tout ce beau et frais feuillage que le canevas décharné de ces mêmes feuilles que nous admirions quelques semaines auparavant. Placé dans ces conditions-là, l'arbre végète pendant quelques années, dépérit et meurt. Certains vents sont beaucoup plus secs que d'autres ; tels sont ceux du nord et surtout celui du nord-est, qui dessèchent tout. Sous l'influence de leur souffle, on voit les plantes à tissu mou se faner, les raisins se flétrir, la peau nue des animaux se durcir et se gercer ; l'homme même ne peut se défendre de leur action, et l'évaporation extraordinaire qui se fait à la surface de sa peau lui cause un sentiment de froid que n'explique point l'abaissement du thermomètre, parce que la surface aride de cet instrument n'est pas humectée d'eau comme la peau humaine. Si en échange on entoure la boule du thermomètre avec un linge humide, bientôt on le voit baisser rapidement et indiquer pourquoi les vents secs produisent un froid si sensible, quoique la température de l'air ne soit pas très-basse.

A la suite de la question des vents vient se placer naturellement celle des *abris*.

Nous venons de voir que les vents diminuaient considérablement la fertilité des sols, tant en les refroidissant qu'en gâtant les plantes, et qu'ils déchiraient leurs feuilles de manière à les rendre inaptes à remplir les fonctions physiologiques qui leur appartiennent. C'est parce qu'elles sont abritées contre les vents et traversées seulement par des courants d'air que certaines vallées tournées au midi sont si chaudes qu'elles rappellent dans les parties tempérées de l'Europe le climat du nord de l'Italie. C'est parce qu'ils sont abrités contre les vents que les espaliers rapportent plus de fruits et en donnent plus régulièrement que les arbres de même espèce qu'on tient en plein vent. Quand, par un vent d'est froid et piquant, on traverse une forêt, on est tout surpris de la trouver chaude, parce que les arbres qui la composent coupent le vent, l'arrêtent, et abritent ceux qui sont dans l'intérieur de la forêt de manière à leur permettre de se développer plus tôt et avec plus de force que ceux qui sont directement en contact avec le vent. Qui n'a remarqué combien sont chauds les sentiers placés entre deux haies, lorsqu'un vent froid souffle sur la plaine ? De là

vient que c'est toujours au pied des haies que s'épa-
nouissent les premières fleurs au printemps. Dans les
pays plats, où la violence des vents ne trouve rien qui
s'oppose à son action, l'usage des abris est devenu nécessaire, parce que sans eux les arbres fruitiers étaient
brisés ou restaient faibles, et que les plaines les mieux
arrosées et les plus fertiles voyaient leurs riches récoltes courber la tête et se flétrir aussitôt que le vent
s'élevait et venait leur enlever cette eau nécessaire à
leur prospérité. Quand il ne s'agit de défendre contre
les vents qu'un espace restreint, tel qu'un jardin, on
se sert de murs ; pour les plaines, de haies, et pour les
champs et vergers, d'arbres élevés. Les haies d'épines
sont, de toutes, celles qu'il faut préférer, parce qu'elles
croissent vite, qu'elles sont touffues et que les bestiaux
ne les broutent pas. On peut les faire aussi avec des
mûriers blancs, ce qui est très-profitable lorsqu'on a
des vers à soie, dont la nourriture revient alors à fort
peu de chose, parce qu'elle est très-facile à cueillir.
La question se complique lorsqu'on veut abriter des
vergers ou de vastes champs, et qu'il faut choisir alors
des arbres qui, tout en étant très-élevés, n'épuisent
pas trop la terre ; il faudra, dans ce cas, donner la préférence aux conifères, pins, sapins et autres arbres de
cette nature, dont les racines s'étendent surtout de
haut en bas, et non pas horizontalement, comme celles
des chênes et surtout des peupliers. En Normandie,
on entoure les vergers avec des chênes, et on réussit à
les protéger sans épuiser le sol, parce qu'on a soin de
planter ces arbres sur des berges formées par la terre
qu'on retire des fossés creusés tout autour de ces petits

domaines. Le chêne serait plus généralement utilisé dans ce but si sa croissance n'était pas extrêmement lente ; on pourrait lui substituer le mûrier noir, dont la croissance est plus rapide, et dont les produits sont beaucoup plus avantageux, parce qu'on peut utiliser les fruits qu'il donne chaque année en abondance pour faire du vin ou pour nourrir les porcs et la volaille.

Les pluies exercent sur les terres la même action que les arrosements ; les pays dans lesquels elles règnent souvent et où elles sont fort abondantes doivent avoir des terres légères et perméables ; sans quoi ils présentent bientôt tous les inconvénients des marais. Dans ces pays-là, il faut que les terres soient plutôt légèrement inclinées qu'en plaine, sans l'être cependant trop fortement, parce qu'elles sont alors entraînées en partie par les eaux ; dans les plaines l'eau s'écoule beaucoup plus difficilement que dans les sols un peu inclinés. En général, et surtout dans les pays chauds et sur les terres sèches, les pluies exercent une influence très-utile en rendant au sol toute l'humidité que l'air lui enlève et qui est indispensable au développement des plantes. Les pluies purifient l'atmosphère, dont elles enlèvent les miasmes et les substances plus ou moins ténues qu'elle tient en suspension, l'acide carbonique et l'ammoniaque, qu'elles ramènent sur le sol, dont elles augmentent ainsi la fertilité. Quand les pluies se prolongent et qu'elles sont très-abondantes, elles gâtent le sol et lui enlèvent ses parties solubles, utiles aux plantes, qu'elles entraînent d'autant plus facilement dans le sous-sol que la terre est moins compacte et plus poreuse ; d'ailleurs, comme les pluies fournissent de l'eau au sol et que cette eau s'en évapore sous l'influence du moindre vent, il arrive toujours que les pluies refroidissent l'air en même temps que le sol et qu'elles peuvent retarder assez fortement la végétation. Si l'action des pluies est en général plus salutaire aux plantes que celle des arrosements, cela vient des substances nutritives qu'elles tiennent en dissolution, et surtout de ce qu'elles humectent les feuilles en même temps que les racines, en sorte qu'elles présentent de l'eau à toutes les bouches des plantes, qui peuvent ainsi s'en imbiber beaucoup plus rapidement que lorsqu'on ne la verse que sur leurs racines, qui ne représentent que la moitié de ces bouches absorbantes.

La gelée agit sur tous les sols, dont elle divise la surface, en la réduisant en poussière, parce qu'elle brise avec une force à laquelle rien ne résiste les molécules de terre imbibées d'eau. Cette action est d'autant plus sensible que le sol est plus compacte ; aussi les terres fortes se changent-elles en champs de boue lors du dégel, parce que l'eau entraîne avec elle toutes les particules si fines que la gelée a produites à leur surface. La gelée est une des causes les plus actives de destruction de toutes les pierres poreuses qui, imbibées d'eau en automne, se divisent en milliers de fragments en hiver, à mesure qu'elles gèlent, ainsi que nous l'avons déjà vu ailleurs, en examinant de quelle manière se forment les terres.

L'action de *l'électricité* sur les terres est trop mal étudiée pour qu'on puisse en tirer quelques conclusions utiles à l'agriculture. On sait que la terre est le

siége de puissants courants électriques, qui donnent
lieu aux orages, aux aurores boréales et à tous ces admirables phénomènes naturels qui frappent toujours
nos yeux par leur magnificence, quoique nous soyons
habitués à les voir ; cause suffisante cependant pour les
faire oublier s'ils se répétaient plus fréquemment. P en
dant les orages, au moment où l'éclair brûlant sillonne
la nue, il y combine l'azote avec l'oxygène de l'air, en
produisant de l'acide nitrique qui tombe avec la pluie,
dans laquelle alors on en trouve toujours des traces. Il
n'y a pas de doute d'ailleurs que l'électricité ne soit indispensable à la purification de l'air ; tout le monde
sait à quel point les orages le rendent plus facile à
respirer et plus sain ; mais la cause de cette action
a échappé jusqu'ici aux recherches des savants. Il
est possible aussi que la cause des vents soit une action électrique ; bien des faits donnent à le penser, et
la régularité avec laquelle soufflent plusieurs d'entre
eux rappelle l'intensité du courant magnétique, qui
parcourt le globe toujours dans la même direction, et
auquel les boussoles doivent toute leur utilité. Les
vents étaient nécessaires pour conserver à l'atmosphère
toujours la même composition ; ils sont le bras destiné
à la nettoyer et à transporter tour à tour, de l'équa-
teur aux pôles, l'air qui doit être purifié. Sans les
vents, l'atmosphère, quelque mobile qu'elle soit, ne
tarderait pas à devenir irrespirable, ainsi qu'on s'en
assure en voyant combien l'air des bas-fonds est malsain ; cet air est cependant tout aussi mobile que celui
des montagnes ; malgré cela, il reste chargé de miasmes, parce qu'il ne se renouvelle point, parce que les

vents ne peuvent pas le transporter dans des pays capables de le purifier. Il en serait de même de l'air des
villes, si l'instinct humain ne les avait pas placées sur
le cours des rivières, sur le flanc des montagnes, partout enfin où des courants d'air règnent habituellement. On peut donc poser en fait que moins l'atmosphère d'un espace limité est exposée aux vents et aux
courants d'air en général, plus elle est malsaine.

CHAPITRE V.

Soins à donner aux sols.

On appelle *engrais* toutes les substances qui, intro-
duites dans le sol, en améliorent la qualité. En donnant une acception aussi large au mot engrais, il est
clair qu'on doit envisager comme en faisant aussi
partie, ces graviers qui exercent sur certains d'entre
eux une influence si heureuse, quoiqu'elle soit abso-
ment mécanique, puisqu'ils ne font que diviser le sol
sans changer en rien sa nature et ses propriétés chimiques. On peut distinguer deux espèces d'engrais,
suivant qu'ils sont empruntés aux règnes animal et
végétal, ou bien au règne minéral. On appelle les premiers engrais proprement dits ou *fumiers,* et les seconds, *amendements.*

Occupons-nous d'abord des engrais minéraux ou

amendements, auxquels doit se rattacher toute la partie mécanique de la culture des terres. Il y a des sols qui ne sont pas fertiles parce qu'il leur manque une ou deux parties constituantes essentielles, qu'il suffit de leur donner pour qu'ils deviennent très-productifs. Cette pratique est très-facile à expliquer, parce qu'on touche au doigt qu'en portant sur une terre forte de la terre légère on la rendra moins compacte ; qu'en jetant des terres riches en principes organiques sur des terres qui en contiennent peu, on les rendra aptes à donner de belles récoltes, et ainsi de suite. L'amendement qu'on porte le plus habituellement sur les terres, c'est *la marne,* qu'on emploie à divers usages, suivant qu'elle contient beaucoup d'alumine ou beaucoup de calcaire ; appelons les premières, pour plus de clarté, argiles, réservant le nom de marnes pour les secondes. Quand on a affaire à une terre trop légère et trop perméable, on l'améliore avec de l'argile qu'on porte en petite quantité sur elle, en automne. Sous l'influence des gelées, l'argile s'effrite et se pulvérise, en sorte qu'il n'y a rien de plus facile que de la ré—pandre, après la fusion des neiges, sur toute la superficie du champ, et de l'incorporer parfaitement bien avec elle, à l'aide des labours et des hersages. Lorsqu'au contraire on veut diviser une terre forte, et surtout lui fournir des principes capables de l'empêcher de s'acidifier, on y porte de la marne, qu'on traite absolument de même que l'argile ci-dessus. C'est encore de la marne qu'on jette sur les marais desséchés, afin d'atteindre le même but ; quelquefois on y ajoute aussi de l'argile, pour donner quelque corps à ces terres lé-

gères et mouvantes. Il paraît toutefois que ce n'est pas
seulement comme on vient de le voir que les marnes
agissent : elles ont des propriétés fertilisantes toutes
spéciales et très-prononcées, qu'elles doivent, sans
doute, aux nombreux débris d'êtres organisés qu'elles
renferment, et qui y ont laissé de l'acide phosphorique,
de l'acide sulfurique, de l'ammoniaque et des alcalis,
surtout de la potasse, principes qu'on n'y a pas trouvés pendant fort longtemps, par la raison toute simple
qu'on ne les y a pas cherchés. Ceci est une vérité dont
on ne peut pas trop se pénétrer lorsqu'on fait des analyses, surtout de substances aussi composées que les
sols. On trouve dans toutes les marnes et argiles des
coquillages, des os d'animaux supérieurs, qui, tous,
sont formés de phosphate calcique ; or, l'acide phosphorique est un des principes actifs des marnes, parce
qu'elles offrent de cette manière en abondance aux
plantes cet acide qui paraît leur être nécessaire, et que
le sol ne leur offre qu'avec parcimonie. Des expériences
directes entreprises dans le but de prouver l'action favorable que les phosphates exercent sur les récoltes
ont prouvé que tous les phosphates insolubles jetés
dans une *terre fertile* triplaient la récolte de pommes de
terre qu'elle fournissait habituellement. Remarquons à
propos des phosphates que tous les sels alcalins qu'on
jette dans une bonne terre activent beaucoup la végétation des plantes qui y croissent ; mais, comme cette végétation s'effectue aux dépens des débris de substances
organiques existant dans la terre, il est clair qu'elle
l'épuise d'autant plus qu'elle est plus luxuriante ; en
sorte que, si on n'associe point à ces sels une nouvelle

provision de matières organiques en décomposition, le sol s'épuise de plus en plus et finit par devenir *ab-solument* stérile. On ne peut pas plus fumer une terre avec des sels alcalins, phosphates ou tout autre, que nourrir un bœuf avec du sel ; tous les deux sont nécessaires au développement de l'être doué de la vie ; mais ils ne sont utiles que lorsqu'ils sont associés à un excès de *nourriture proprement dite ;* c'est-à-dire, pour les plantes, des débris de matières organisées, et pour les animaux, des substances féculacées, gommeuses, de la fibrine ou chair, etc.

La chaux est souvent utile sur les terres argileuses, qu'elle dispose extrêmement bien à produire une belle végétation. On se sert dans ce but de chaux hydratée, telle qu'on l'obtient lorsque, après l'avoir exposée au contact de l'air, elle est tombée en poussière après s'être saturée d'eau. On introduit cette chaux en poudre dans des sacs, où on la puise pour la répandre à la surface du champ, absolument comme on y sème le grain. Cette chaux agit à la fois sur les parties organiques et sur les principes inorganiques ou minéraux du sol. Lorsqu'elle est en contact avec des débris de substances organisées, elle en favorise beaucoup la décomposition, et les réduit promptement en humus, ou terre noire, qu'elle change ensuite en substances solubles et facilement absorbables par les racines des plantes. C'est sur cette action qu'est basée toute la fabrication des fumiers artificiels, qu'on compose, ainsi qu'on le sait, de débris végétaux : petites branches, pailles et feuilles qu'on arrange dans une fosse, couche par couche, avec un peu de chaux ; on achève le tas

avec un lit de chaux, et on verse sur le tout assez d'eau
pour l'humecter dans toute sa masse, qui n'est bientôt plus qu'un amas très-homogène d'humus presque
pur, et dont le mélange avec de la chaux, c'est-à-dire
un corps alcalin, rend l'action utile, surtout dans les
terres fortes qui ont une tendance à passer à l'acidité.
Rien de plus facile que d'obtenir de cette façon une
abondance de fumier auquel il ne manque rien, pour
ressembler sous tous les rapports au meilleur fumier
de vaches, qu'un peu d'ammoniaque, qu'on lui donne
en versant sur le champ où on l'a porté une quantité
suffisante de sels ammoniacaux, et surtout de sulfates,
dont nous indiquons plus loin l'emploi. Nous pensons
que ce fumier artificiel, sans aucune addition de sels
ammoniacaux, qu'on remplacerait par des sels de potasse, serait éminemment propre à la culture de la vigne, qui n'a pas aussi besoin de sels ammoniacaux que
les végétaux herbacés, mais qui, par contre, semble
exiger beaucoup de potasse, à laquelle il sera peut-être
possible de substituer parfois la soude. C'est un point
que l'expérience doit éclairer, parce qu'il apporterait
une économie notable dans l'usage des sels alcalins. Un
autre genre d'action chimique est celui que la chaux
exerce sur tous les acides existants dans le sol, et
qu'elle sature dès qu'elle se trouve en contact avec
eux, en formant ainsi des sels plus ou moins solubles,
qui, sous l'influence de l'oxygène de l'air, se transforment plus tard en eau, qui s'évapore, et en acide carbonique, qui reste uni avec la chaux. Cette action est
vraiment étonnante dans les marais, dont la chaux
change toute la végétation, pour ainsi dire, du jour au

lendemain : les joncs disparaissent, avec les carex et les renoncules, pour faire place aux graminées ; en un mot, au lieu d'un mauvais fourrage, on en obtient un bon, tant que le sol contient assez de chaux pour saturer les acides qui s'y développent en quantité vraiment prodigieuse.

La chaux agit sur les parties organiques du sol, ou bien en s'y unissant directement, en s'y mélangeant, pour y introduire davantage de calcaire, ou bien aussi, et c'est ce qui arrive le plus souvent, pour forcer ses composés alumineux et siliceux à abandonner plus facilement les alcalis qu'ils contiennent. La chaux agit cette fois tout à fait de même que dans les analyses de nos laboratoires, où on l'emploie pour décomposer les silicates dans lesquels on veut doser les alcalis, c'est-à-dire qu'en s'unissant avec l'acide silicique des silicates, avec l'alumine des aluminates, elle met en liberté les alcalis qui y étaient unis, et qui se dissolvent ensuite sans peine dans l'eau, où ils sont rapidement absorbés par les racines des plantes, qui en sont fort avides.

On emploie souvent aussi la chaux pour détruire la mousse qui gâte beaucoup de prairies, surtout celles qui sont un peu élevées et abritées par des arbres. Il faut se garder de jeter la chaux en trop grande quantité sur les prairies, parce qu'elle en détruit alors la végétation, qui ne peut y reparaître qu'après que cette base s'est saturée d'eau et d'acide carbonique, c'est-à-dire que lorsqu'elle est devenue presque insoluble dans l'eau. Avec la chaux on ne détruit la mousse des prés que pour un temps : elle ne tarde pas à reparaître, parce qu'elle est un indice de la pauvreté du sol, dont on ne peut l'extirper radicalement qu'en le labourant après l'avoir bien fumé.

Le *plâtre* ou sulfate calcique, le sulfate ferreux, ainsi que le sulfate ammonique, sur lequel nous reviendrons plus loin, agissent non pas précisément sur les sols, puisqu'ils en disparaissent, mais surtout, comme les sels alcalins, sur les plantes qui y croissent. L'action des deux premiers de ces sels est encore mal expliquée; elle dépend, sans doute, surtout de leur acide; mais, comme il est uni avec une base, il n'est pas facile de distinguer son action de celle de cette dernière assez bien pour qu'on puisse faire la part de chacune d'elles. Toutefois, il résulte des expériences les mieux faites que l'action des sels en question consiste à fixer dans le sol l'ammoniaque de l'air, qui passe à l'état de sulfate ammonique; ce sel est absorbé par les racines, et fixé par elles dans le corps de la plante, où il se désoxyde en formant du soufre et de l'ammoniaque, de l'amidogène ou du cyanogène, principes que tous les organes des plantes renferment, libres ou combinés. Ce qui semble prouver la vérité de cette manière de voir, c'est qu'on produit directement avec le sulfate ammonique les mêmes effets qu'avec les sulfates calcique et ferreux. L'action du sulfate ammonique est si énergique sur la plupart des plantes qu'en le semant sur elles on les développe au point qu'elles s'élèvent deux à trois fois plus haut que tout le reste du champ, dont elles se distinguent d'ailleurs par leur couleur vert foncé, et par leurs feuilles beaucoup plus larges et plus succulentes. Il n'est pas indifférent de répandre sur les champs les sulfates calcique ou ferreux d'une manière ou d'une autre ; leur action est beaucoup plus rapide si on les emploie en poudre très-fine qu'en petits grains, et celle du sulfate ferreux l'est encore davantage quand on l'emploie dissous dans l'eau. On ne peut malheureusement pas appliquer ce dernier procédé au sulfate calcique, puisqu'il ne se dissout qu'en fort petite quantité dans l'eau, ce qui oblige à s'en servir sous forme de poudre très-fine ou de farine, qu'on jette non pas sur le sol, car il manquerait alors une bonne partie de son effet, puisqu'il serait enterré, mais bien, après la pluie, sur les feuilles des plantes, où il s'attache alors, en sorte qu'il est toujours là, prêt à absorber tout l'ammoniaque de l'air, qu'il cède ensuite à la plante sur laquelle il est fixé.

Comme on sait que le sulfate calcique pur tue toutes les plantes, on a toute raison de s'étonner qu'employé ainsi que nous venons de le voir il soit utile à la végétation, et il n'y a moyen de s'expliquer son innocuité et son utilité dans ce cas—là qu'en admettant qu'il se transforme alors en carbonate calcique innocent, après avoir laissé à la plante son acide sulfurique combiné avec l'ammoniaque de l'atmosphère. Si le sulfate calcique agissait par sa base, son action ne serait pas appréciable sur les terres calcaires, où elle est cependant très-sensible, et on ne produirait pas tout autant d'effet que lui avec le sulfate ferreux, et surtout avec l'acide sulfurique seul. Tout ce qu'on vient de dire du sulfate calcique est applicable au sulfate ferreux, à ceci près qu'il n'est pas sûr que, dans certains cas, la base de ce sel, l'oxyde ferreux, ne puisse point devenir dangereux, surtout dans les terres fortes et un peu acides. Dans ces sols-là, l'oxyde ferrique se dissout dans l'acide, et il nuit aux plantes, dont il contracte et mortifie les petites racines en les bouchant d'une manière plus ou moins totale, ainsi que le prouve l'expérience directe. Il n'y a rien à craindre de ce côté-là dans les terres calcaires, parce que, la chaux qui s'y trouve étant une base beaucoup plus puissante que l'oxyde ferrique, elle décompose tous ses sels en mettant en liberté l'oxyde ferrique, qui est sans action sur les plantes, puisque bien des terres en contiennent de fortes proportions sans que pour cela elles deviennent stériles; il s'en faut même beaucoup; car l'oxyde ferrique, qu'on appelle aussi ocre, divise les terrains, et jouit, dans les terres calcaires, de la propriété d'enlever à l'atmosphère de l'ammoniaque; en sorte qu'en versant sur des terres du sulfate ferreux, c'est d'abord l'acide de ce sel qui leur fournit de l'ammoniaque; puis ensuite sa base, dont l'action peut se continuer pendant des siècles, parce qu'elle ne cède aux racines des plantes que sa partie soluble, tandis qu'elle, oxyde ferrique, reste insoluble. Il n'y a donc pas de doute que le sulfate ferreux n'ait une influence beaucoup plus heureuse, et surtout plus prolongée, sur les végétaux des terres calcaires que de toutes les autres espèces de sols, en sorte qu'il est fort à désirer qu'on substitue dans toutes les terres calcaires le sulfate ferreux au sulfate calcique, qu'il faudrait réserver pour les terres fortes et humides, auxquelles sa base doit être utile en leur fournissant quelque peu de cette chaux qui leur manque.

Sels alcalins. — On comprend sous cette rubrique
les sels potassiques, sodiques et ammoniques. Nous
n'avons rien à dire des sels calciques, qui agissent
tous comme le sulfate dont il a été question plus
haut. Nous n'envisageons pas comme bien prouvé
encore que les plantes aient besoin d'alcalis pour
se développer, et nous pensons bien plutôt qu'elles
peuvent s'en passer en leur substituant d'une part
de la chaux, et de l'autre de l'ammoniaque, que nous
envisageons comme les deux seules bases indispensables au développement de tous les végétaux. Aussi
la prudente nature a-t-elle répandu la chaux dans
tous les sols, et l'ammoniaque dans toute l'immen-
sité de l'atmosphère. Nous ne voulons point dire
par là que la potasse et la soude n'aient pas d'action sur les plantes, car une foule de faits prouvent le contraire; nous disons seulement qu'ils ne
sont pas indispensables, puisqu'il n'y a d'indispensable au développement de tous les êtres organisés
que l'alcali, qui est leur apanage exclusif, que l'ammoniaque. Il y a bien longtemps que de Saussure
a prouvé que les cendres d'une même espèce de
plante contiennent des principes différents lorsqu'on
les fait végéter dans des sols de compositions diverses,
et il a vu que les cendres des pins des Alpes contenaient essentiellement de la potasse, tandis que ceux
du Jura n'étaient presque formées que de chaux.
Comme les plantes ont besoin d'une base puissante
pour saturer leurs acides, et d'une base minérale
pour solidifier leurs tissus si flexibles par eux-mêmes,
nous croyons donc qu'il est rationnel de penser que

c'est à la chaux que ces fonctions ont été départies par
la Sagesse Suprême ; à la chaux, qui est à la fois une
des bases les plus répandues, une des plus puissantes,
et une de celles qui forment le plus de composés stables, durs et insolubles. Dans notre manière de voir,
l'alcali minéral indispensable aux plantes, c'est la
chaux, que la vie fait toujours accompagner par *l'alcali animal, l'ammoniaque*. A la chaux se substituent
souvent la potasse et la soude, deux alcalis bien plus
puissants qu'elle, parce qu'ils sont beaucoup plus solubles dans l'eau ; aussi leur action est-elle bien plus
rapide et bien plus prononcée sur les végétaux que
celle de la chaux.

Il y a bien longtemps déjà que les praticiens savent
que les lessives de cendres, l'eau de savon et les cendres elles-mêmes, exercent sur la végétation une action très-favorable ; c'est le célèbre professeur Liebig
qui en a donné le premier une explication : il a vu en
eux le mobile de la végétation, et a provoqué par là
une foule de recherches qui auront, sans doute, des
suites très-heureuses, mais qui n'ont pas jusqu'ici
amené à des conclusions bien positives. Il paraît cependant que toutes les plantes ne se contentent pas
du même alcali : qu'aux unes il faut essentiellement de
la chaux, aux autres de la potasse, et à d'autres enfin
de la soude. Ce sont des données qui ont toutes besoin
de confirmation, et qui recevront sans doute une solution satisfaisante des expériences que fait actuellement M. Boussingault, agriculteur aussi habile que
savant éminent, et digne sous tous les rapports de continuer les belles recherches commencées par Lavoisier

dans le but d'éclairer les fonctions de nutrition des plantes et des animaux.

Les cendres de bois et de tourbes exercent sur les plantes une action très-remarquable ; elles en favorisent la végétation quand elles sont employées en proportion convenable ; car, lorsqu'on les jette sur les terres en trop grande quantité, elles arrêtent le développement des plantes, qu'elles peuvent même faire périr. On s'explique facilement l'effet des cendres en remontant à leur origine : ces cendres viennent des plantes qui les avaient absorbées, sans doute parce qu'elles leur étaient utiles. Or, en reportant ces cendres sur d'autres plantes, on leur fournit donc un principe qui leur est utile, et l'expérience prouve, en effet, qu'elles en favorisent beaucoup la croissance. On répand des cendres à la main, à la surface du sol, au moment où la pluie va tomber, ou bien même pendant la pluie, et non pas après, afin qu'elles ne s'attachent pas aux plantes, dont elles gâteraient toutes les parties avec lesquelles elles seraient directement en contact, parce qu'elles leur fourniraient assez d'alcalis pour les décomposer et les trouer. Ce n'est pas par les feuilles que les alcalis et les terres passent dans les végétaux, c'est par les racines ; aussi n'est-ce que dans leur voisinage qu'il faut les placer. Les alcalis qui, dans le cas qui nous occupe, sont des carbonates de potasse et de soude, agissent sur le sol tout à fait comme la chaux, c'est-à-dire qu'ils favorisent la destruction des débris des êtres organisés et les transforment en ulmine, puis en crénates et apocrénates solubles, qui sont absorbés par les racines des

plantes. L'action des cendres et des alcalis qu'on
peut leur substituer est sensible sur tous les terrains ; cependant elle est bien plus durable dans
les terres fortes que dans celles qui sont légères et
poreuses, parce que ces dernières les laissent facilement passer dans le sous-sol lorsqu'elles sont fortement
arrosées par les pluies ou de toute autre manière, ce qui
oblige à jeter fréquemment sur eux les alcalis, en petite
quantité chaque fois, tandis qu'on peut les employer
en plus forte proportion dans les terres fortes et ne
pas y revenir si souvent. Comme les alcalis sont très-
solubles dans l'eau, il est clair qu'il faut garder au sec
les cendres, parce que, sans cette précaution, elles
perdraient toute leur partie active. Toutes les fois que
des carbonates alcalins se trouvent en quantité un peu
considérable en présence des racines des plantes, ils
les tuent, parce qu'ils en dissolvent l'extrémité, qui
en est la partie active ; la plante meurt alors, parce
que ses bouches sont détruites : elle meurt de faim.
Ce danger est si grand qu'il limite beaucoup l'emploi
des cendres, ainsi que celui des carbonates alcalins, et
qu'il a engagé à leur substituer des sels alcalins à acides forts ou des sels peu solubles. Ces sels-là exercent
une action tout aussi sensible que celle des carbonates
sur la végétation, tout en n'offrant jamais de danger,
parce qu'il faut qu'ils soient très-concentrés pour nuire
aux plantes, et, comme la cherté de ces sels s'oppose à ce qu'on les jette en trop forte proportion sur
les terres, il est clair qu'il n'y a rien à craindre de ce
côté-là. L'action des sels alcalins n'est point du tout la
même sur toute espèce de terrains ni sur toute es-

pèce de plantes ; sensible surtout dans les terres fortes et sablonneuses, elle l'est beaucoup moins dans celles qui sont calcaires. De là vient que certains agriculteurs prônent beaucoup l'efficacité de cet engrais, que d'autres refusent de considérer comme ayant une utilité quelconque, et regardent même comme nuisible. Tels sont du moins les résultats des expériences entreprises dans presque toute l'Europe avec le sel de cuisine ou chlorure sodique, dont l'utilité a été méconnue d'une façon vraiment curieuse, parce qu'on n'a pas tenu compte des conditions physiques qu'il faut réaliser pour qu'il se décompose. Le sel de cuisine, porté dans une terre sèche ou très-poreuse en même temps que peu riche en humus, ne peut avoir qu'une influence fâcheuse sur la végétation, tandis qu'il sera très-utile dans les sols argilo-calcaires, et dans ceux qui auront été très-fortement fumés, parce qu'il se décompose dans ces conditions-là en chloride hydrique et en soude ; cette dernière est absorbée par les plantes, tandis que le chloride hydrique s'unit, au moment où il se forme, avec la chaux du sol pour produire du chlorure calcique, qui absorbe l'ammoniaque de l'air en formant avec lui du chlorure ammonique dont les plantes se nourrissent, tandis que la chaux de ce nouveau sel reste dans le sol, où elle reprend sa forme primitive de carbonate calcique, ou calcaire.

Il est possible non — seulement que chaque alcali agisse d'une façon toute spéciale, mais aussi que chacun des différents sels du même alcali ait une action particulière et dépendante de son acide ; ce sont

là des prévisions de la théorie auxquelles la pratique
doit faire grande attention.

On est un peu mieux d'accord sur l'action des nitrates alcalins que sur celle du chlorure sodique, et
tous les agriculteurs qui ont employé ces sels-là en ont
obtenu des résultats fort avantageux, et dépendant
sans doute de la facilité avec laquelle l'acide des nitrates, c'est-à-dire l'acide nitrique, se décompose. L'a-
cide nitrique est composé d'azote et d'oxygène ; ces
deux principes, lorsqu'ils sont en présence des détritus de matières organisées en putréfaction, produisent
d'une part de l'ammoniaque, et de l'autre de l'oxygène,
qui, en se portant sur l'humus, le change en acides crénique et apocrénique, absorbables par les racines des
plantes. A mesure que l'acide nitrique du sel disparaît,
sa base, la potasse, disparaît également, parce qu'elle
est aussitôt absorbée par les racines des plantes. On
voit par-là que, si les nitrates sont si utiles, c'est à
cause de la facilité avec laquelle ils se détruisent dans
le sol, et aussi parce qu'ils agissent à la fois par leur
acide et par leur base. On ne s'est servi d'abord, pour
ces essais, que de nitrate potassique ou salpêtre, que
son prix élevé, parce qu'on l'emploie à la fabrication
de la poudre à canon, mettait hors de la portée de la
plupart des agriculteurs. Grâce à l'importation du nitrate sodique des îles de la mer du Sud, cet utile engrais peut être appliqué maintenant à toutes espèces
de cultures, parce que son prix est très-bas.

Les sulfates potassique et sodique, qu'on peut avoir
à très-bas prix dans toutes les fabriques de produits
chimiques, peuvent aussi être employés avec succès à la

culture, surtout à celle des sols calcaires, dans lesquels ils produisent par leur acide du sulfate calcique ou plâtre, dont nous avons exposé ailleurs toute l'utilité. Dans des terres pauvres en calcaire, et où, par conséquent, ils ne se décomposeront qu'avec peine, leur action sera insensible, si tant est qu'elle ne soit pas nuisible.

Un excellent procédé d'application aux terres des sels alcalins à acides forts consiste à les mettre dans le fumier, où ils se décomposent absolument de même que dans le sol, mais avec beaucoup plus de rapidité, ce qui provoque une prompte destruction des débris végétaux qui en forment la majeure partie ; en sorte qu'au bout de quelques semaines les fumiers traités de cette manière sont aussi complétement décomposés qu'au bout de quelques mois par le procédé ordinaire. On peut très-bien employer dans ce but le sel de cuisine dont on sème quelques poignées, entre chaque couche de fumier, en ayant soin de le répandre aussi uniformément que possible à sa surface.

Pour pouvoir apprécier l'action directe qu'exercent les divers sels minéraux sur les divers terrains, il faut ne les y semer qu'après le labour et avant le hersage, afin que cette dernière opération les incorpore aussi bien que possible avec toute la surface du sol. On doit d'ailleurs choisir des terres également bien fumées, et placées dans des circonstances de culture et d'exposition égales, et comparables entre elles, ce qui est presque impossible, en sorte qu'il n'y a pas de doute que ces expériences faites en grand mèneront à des conclusions beaucoup moins nettes que si on les avait faites

en petit, dans des vases, qu'on peut placer absolument
dans les mêmes conditions de culture et d'exposition.

Après avoir parlé des sels alcalins en général, nous
devons nous arrêter tout particulièrement sur une de
leurs espèces qui a acquis depuis quelques années une
très-grande importance : nous voulons parler des
phosphates.

Depuis un temps immémorial on fume les terres
placées à proximité de la mer avec du falun, qui est
une espèce de marne très-remplie de débris de coquillages, et qui, par conséquent, est riche en acide
phosphorique. L'effet de cette terre-là est si puissant
qu'il est impossible d'attribuer toute l'énergie de son
action seulement à la marne qui s'y trouve ; le phosphate calcique qu'on y rencontre doit avoir une influence tout aussi grande que celle de la marne : c'est
ce que l'expérience directe a prouvé. Tous les phosphates favorisent les progrès de la végétation, surtout
de celle des graminées, en leur fournissant avec abondance les phosphates terreux qu'on trouve toujours
dans leurs graines. Toutes les fois qu'on se sert des
phosphates solubles, on doit se garder de les employer
en trop forte proportion, parce qu'ils agissent alors
sur les racines des plantes d'une façon tout aussi fâcheuse qu'un excès de carbonate alcalin. Il vaut mieux
leur substituer les phosphates terreux, tels que celui de
chaux, qui, à raison de leur peu de solubilité, ne sont
absorbés par les racines qu'à la dose qui leur est justement nécessaire, et dont l'action se soutient par cela
même beaucoup plus longtemps. On ignore encore si

les phosphates agissent seulement par leur acide, et, dans ce cas, de quelle manière ils le font. Ce qu'il y a de bien positif, c'est qu'on trouve les phosphates dans toutes les parties des êtres doués de la vie, en sorte qu'il est probable que le phosphore est nécessaire à leur existence; mais ceci est une probabilité et non pas une certitude; car il se pourrait bien aussi que le phosphore n'arrivât, dans les êtres doués de la vie, que parce qu'il est mécaniquement entraîné, et non pas parce qu'il est chimiquement indispensable à leur développement.

L'emploi des sels alcalins n'est pas sans difficulté, car leur solubilité est si grande qu'ils sont facilement entraînés par les eaux, et que leur action est alors complétement annulée. Il n'y a qu'un moyen de parer à ce défaut: c'est de donner à ces sels une forme sous laquelle ils soient moins solubles, et l'exemple de la nature est là pour que nous le suivions. En suivant les leçons de cette Sagesse aussi simple que puissante, on ne risque pas de se tromper; il n'y a qu'à l'étudier assez profondément pour pouvoir la comprendre. Le savant a pour tâche, non pas d'arracher à la nature ses secrets, mais de se les faire donner. Les alcalis existent dans tous les sols à l'état de composés assez peu solubles, qu'on appelle silicates: ce sont précisément ceux qu'il faudra employer, parce qu'ils ne fourniront aux racines des plantes que la quantité d'alcalis qui leur est nécessaire, en sorte qu'ils ne pourront ni les décomposer en arrivant sur elles avec trop d'abondance, ni être entraînés par les pluies. Le verre pilé serait très-utile dans ce but, si son insolubilité était un peu moins grande. Il faudra donc avoir recours à la fritte des verriers, qui n'est pas autre chose que du verre non encore fondu, et un peu plus soluble que ce composé après la fusion. On pourrait lui substituer aussi le feldspath, qui est un composé analogue, qu'on trouve en grande abondance dans presque tous les pays du monde, et dont l'action est doublement heureuse, parce qu'en se décomposant il fournit au sol, outre des alcalis, de l'acide silicique, de l'alumine et de la chaux, en proportions convenables pour améliorer beaucoup les terres, surtout celles qui, comme les terres légères, ne contiennent pas assez d'alumine. Dans une terre forte, on fera bien de substituer la fritte de verre au feldspath.

Le sulfate ammonique surtout, mais aussi les sels ammoniacaux en général, exercent sur la plupart des plantes une action trop favorable pour qu'on ne l'emploie pas toutes les fois qu'on le peut, c'est-à-dire toutes les fois qu'on a des cultures de graminées et de crucifères, telles que froment et choux; car les sels ammoniacaux sont presque sans action sur les légumineuses, trèfles, luzernes et pois, et ils tuent sur-le-champ les épinards, et probablement aussi quelques autres espèces de plantes; ce qui est une énigme dont la solution est du plus haut intérêt pour la théorie de l'action de l'ammoniaque sur les végétaux. On verse le sulfate ammonique sur les prés en employant 4 kilogrammes de sel et 2000 litres d'eau pour arroser un hectare. L'action de ce sel se fait sentir sur-le-champ et dure trois ans. En l'employant à plus haute dose que celle qui vient d'être indiquée, la végétation se fait avec une force telle que les herbes et les blés versent et pourissent si on ne se hâte pas de les couper. L'action du sulfate ammonique dépend surtout de sa base, l'ammoniaque, qui est indispensable au développement de toutes les parties des plantes dans les parties jeunes, desquelles on la trouve toujours en quantité plus ou moins grande, en sorte que les sels de cette base semblent agir en provoquant la plante à développer rapidement ses feuilles et ses tiges, ce qui ne lui donne pas le temps d'absorber des alcalis minéraux capables de leur donner la force dont elles ont besoin pour résister au souffle des vents. Les plantes qui se développent sous l'influence de cette surexcitation ont leurs tissus gonflés d'eau, en sorte qu'elles fournissent un foin léger, mais très-nutritif. Les sels ammoniacaux ne peuvent être utilisés que sur des terres très-riches en humus, parce que les plantes dont ils doublent la croissance ont aussi besoin du double de ce principe. Les sels ammoniacaux sont, comme les sels minéraux, des *excitants* qui engagent la plante à se développer mieux que d'ordinaire, en la contraignant à *manger* plus qu'elle ne fait dans les circonstances où elle se trouve habituellement. Hâtons-nous d'ajouter toutefois que l'ammoniaque est un véritable aliment pour toute espèce de plantes, tandis que cela n'est pas du tout prouvé pour les alcalis.

Après avoir passé en revue les divers moyens chimiques de changer la nature du sol, examinons les procédés physiques ou mécaniques qui conduisent au même but, et qu'on peut appeler procédés de division du sol.

L'écobuage, dont l'action a encore quelque chose de chimique, se présente d'abord. On appelle ainsi l'opération à l'aide de laquelle on donne au sol moins de consistance et on met en liberté ses alcalis. Dans ce but, on enlève les gazons à la surface du sol ; on les entasse les uns sur les autres, en laissant au-dessous d'eux une cavité en forme de four pleine de bois qu'on allume. Le gazon se dessèche et brûle ; la terre tombe en morceaux ; elle se réduit en poussière, et on la jette ensuite sur le sol, que ses fragments durs et poreux comme de la brique divisent et rendent perméable à l'eau. Cette opération du grillage des terres s'explique lorsqu'on songe à ce qui se passe chaque jour dans les fours des potiers. Les vases qu'on y introduit sont fabriqués avec l'argile la plus tenace possible ; après la cuisson, cette argile, bien loin de conserver quelques-unes de ses anciennes propriétés, non-seulement ne s'attache plus aux corps avec lesquels elle est en contact, mais elle a le toucher sec et rude du sable, dont elle possède alors presque toutes les propriétés physiques. Ce n'est pas tout, l'argile qui, avant d'être cuite, ne cédait rien à l'eau, lui abandonne maintenant avec la plus grande facilité les alcalis qu'elle retenait auparavant avec force ; tel est aussi l'effet chimique de l'écobuage, effet auquel il doit de produire des récoltes vraiment miraculeuses, lorsqu'on l'applique aux terres fortes et marécageuses qui sont assez riches en humus pour fournir des aliments abondants à la végétation luxuriante que cet excès d'alcalis développe brusquement dans cette espèce de terres. L'écobuage est inutile et peut devenir dangereux dans les terres légères, dont il augmente la division sans augmenter leur fertilité, puisque les alcalis qu'il y introduit sont très-solubles dans l'eau, qui les entraîne facilement dans le sous-sol à travers cette terre poreuse et incapable de les retenir.

Il arrive assez souvent que des terres, d'ailleurs de bonne nature, sont inaptes à la culture parce qu'elles sont trop compactes, et qu'elles ne peuvent pas être pénétrées par l'air ni traversées par l'eau. Il faut alors les diviser mécaniquement, en y jetant des graviers, ou mieux des fragments de pierre calcaire, qui doivent être assez gros pour ne pouvoir pas faire corps avec le sol, et assez petits cependant pour ne pas gêner la culture, la marche de la charrue et la croissance des plantes. Cette action est toute mécanique, puisqu'on l'obtient avec des substances parfaitement insolubles, telles que des cailloux, et il est vraiment curieux de voir fertiliser une terre stérile avec ces mêmes cailloux, terreur de tous les paysans qui cultivent les terres légères, parce qu'ils augmentent encore la division du sol.

Quand on veut diviser des terres fortes non calcaires, et par conséquent acides ou disposées à le devenir, on se sert de plâtras ou débris de vieilles maisons au lieu de cailloux; l'action devient triplement utile dans ce cas, parce que les débris de démolition ne contiennent pas seulement du gravier, mais aussi de la chaux et de l'acide nitrique sous forme de nitrate de chaux, dont l'action est semblable à celle du salpêtre ou nitrate potassique. Le gravier agit comme les cailloux, en divisant le sol; la chaux sature les

acides qu'il contient et qui proviennent de la fermentation des substances organiques; le nitrato calcique
enfin est absorbé par les plantes auxquelles il fournit
de l'azote, après avoir été réduit par les feuilles. Cette
action multiple des débris de démolition est d'une
activité si merveilleuse qu'il faut l'avoir vue pour s'en
faire une idée. Nous avons visité tout récemment dans
les environs de Strasbourg un marais qui, désert il y a
quatre ans, est à présent couvert de magnifiques récoltes. Cette transformation, ce miracle a été obtenu
avec les décombres des maisons de la ville, qui, tout
en fertilisant cette terre inculte, l'ont solidifiée, élevée,
au point qu'on peut l'exploiter sans peine. Cette terre
est devenue une belle oasis dans ces vastes marais du
Bas-Rhin, où l'œil ne trouve pour se reposer que des
saules, des roseaux, et une herbe courte et fine que
paissent de maigres troupeaux, toutes les fois que les
inondations ne viennent pas la leur disputer.

La division mécanique des terres est une des causes
les plus actives de la prospérité de l'agriculture; son
action dépend de ce que les terres laissent parvenir
aux racines l'air, l'eau et les substances solubles d'autant plus facilement qu'elles sont plus divisées. Comme
d'ailleurs la division du sol favorise beaucoup aussi sa
décomposition, on peut admettre qu'un terrain sera
d'autant plus fertile, toutes choses égales d'ailleurs,
qu'il sera mieux divisé. Si on ne labourait pas les
terres, comme il n'y aurait que leur surface qui serait
soumise à l'action de l'air, elle seule se décomposerait; la terre placée au-dessous d'elle resterait inutile,
et, gorgée de substances solubles, elle n'en céderait

cependant rien aux plantes. La division mécanique
et le retournement des terres sont deux des conditions
essentielles de leur fertilité.

L'opération de diviser le sol à une grande profondeur s'appelle *défonçage;* à une moins grande profondeur, elle s'appelle *labour,* et quand son action ne
s'exerce que sur la superficie du sol, elle prend le nom
d'*ameublissement,* qu'on peut subdiviser en buttage,
hersage, binage, ratelage, etc.

Comme on défonce toujours à la main, il devient
impossible de donner cette façon au sol sur une grande
échelle ; on ne l'applique guère qu'aux vignes épuisées et à l'établissement des jardins potagers. Le défonçage a pour but d'amener à la surface du sol une
terre non encore épuisée par les racines des plantes,
ou bien de soustraire à l'action de ces mêmes racines
une terre épuisée par elles, ou bien encore d'enfouir
assez profondément pour les détruire toutes les plantes
qui végétaient à la surface du sol et qu'on veut en
extirper. Quand le défonçage n'arrive qu'à la profondeur où pénètrent les eaux pluviales, c'est-à-
dire 0^m,80 ou 1 mètre, son effet est très-heureux,
parce qu'il donne en grande abondance aux plantes
les débris organiques solubles, ainsi que les sels alcalins et ammoniacaux que les pluies avaient dissous et
entraînés assez profondément pour les soustraire à l'action des racines. Il n'en est plus ainsi lorsqu'on pousse
le défonçage trop bas, parce qu'on amène à la surface
du sol une terre qui, n'ayant pas encore subi d'une
manière complète toutes les modifications qu'elle doit
éprouver pour devenir fertile, retient encore avec

6

force, sous forme insoluble, ces bases qui permet-
traient aux plantes de s'y développer avec vigueur si
elles y existaient à l'état soluble. On peut juger de cet
effet partout où ont eu lieu des éboulements considérables, puisqu'il faut à ces terrains bien des années d'exposition aux intempéries de l'air avant qu'ils soient modifiés de manière à permettre le développement de
la vie des végétaux supérieurs ; c'est à peine s'il y croit
quelques mousses. Ces terrains ont cependant la même
composition que nos terres arables, dont ils ne diffèrent que par l'état d'agrégation de leurs molécules
constituantes, qui sont trop fortement unies entre
elles pour que l'action des racines puisse les séparer, et
enlever celles qui sont nécessaires au développement
des plantes autres que les cryptogames.

Les Chinois, hommes tout d'expérience, ont basé
leur fabrication de la porcelaine sur l'action lente
qu'exerce l'air sur le kaolin ou argile à porcelaine.
Cette terre est un silicate d'alumine, de potasse, de
soude et de chaux ; lorsqu'on l'emploie telle qu'elle,
elle donne une poterie brillante et demi-fondue qui
plaît à l'œil et reçoit très-facilement les couleurs : c'est
le cas des porcelaines d'Europe. Leur transparence
vient de l'espèce de vitrification qu'elles ont subie,
parce que la pâte avec laquelle on les a faites retenait
beaucoup d'alcalis. En opérant avec une pâte semblable, on obtient une porcelaine d'autant plus fusible,
et, par conséquent aussi, d'autant plus vitrifiée, que
cette pâte est restée moins longtemps exposée au contact de l'air. Ces porcelaines-là sont si compactes
qu'elles ne supportent pas bien le feu, et qu'elles se

brisent presque aussi facilement que du verre. En échange, la porcelaine de Chine est excessivement dure, lourde, presque infusible et à peu près opaque ; elle ne prend les couleurs qu'avec peine. Toutes ces propriétés lui viennent de la petite quantité d'alcalis qu'elle contient, et qui est trop minime pour lui permettre de se fondre. La terre à porcelaine des Chinois ne diffère de celle des Européens que parce qu'on la laisse exposée au contact de l'air pendant des siècles entiers avant de la livrer aux potiers. Continuellement sous l'eau et souvent remuée, elle cède à ce fluide tout l'alcali contenu dans ses silicates, à mesure qu'ils se décomposent.

Les défoncements immédiatement utiles, ceux qui n'atteignent pas les terres placées au-dessous de celles qui sont cultivables, n'ont qu'une utilité relative ; chaque défoncement ramène bien à la surface du sol plus de sels qu'il ne s'y en trouvait précédemment ; mais cette terre finit aussi par s'épuiser, et on peut prévoir l'époque où le nouveau défoncement, qui est de moins en moins fécond, sera tout à fait stérile. Ce sera lorsque les récoltes auront enlevé du sol toutes les bases, et en général tous les principes solubles qu'il contenait. Envisagés sous ce point de vue, les défonçages sont inutiles, puisqu'on peut les remplacer avec avantage en introduisant dans le sol épuisé des phosphates, des sels ammoniacaux et de l'humus, ou, en d'autres termes, en le fumant.

Les défonçages ne sont réellement utiles que pour l'établissement des jardins, dans des sols très-pierreux, parce qu'en criblant la terre à mesure qu'on l'extrait on finit par l'obtenir très-homogène et bien exempte de cailloux.

Les labours sont l'ameublement le plus profond qu'on donne habituellement au sol, hormis les défoncements, qu'on peut envisager comme des exceptions. Cette opération a pour but d'enterrer les engrais et de diviser le sol; il est rare qu'on les donne pour cette dernière cause seulement, et impossible de les faire pour la première sans ameublir en même temps la terre qu'on fume. On fait bien d'exécuter les labours très-profondément, de manière à diviser le sol aussi complétement que possible et à en changer la surface. Dans tous les cas, ils doivent pénétrer un peu au-dessous du point extrême où peuvent atteindre les racines des végétaux auxquels est destiné le champ qu'on prépare, afin qu'aussi loin qu'elles s'étendent elles trouvent toujours une terre meuble, et qui leur permette de recevoir l'action de l'air, de l'eau et des engrais. Tous les labours que n'effectue pas la main de l'homme se donnent à l'aide de la charrue : c'est une opération d'autant plus pénible, mais aussi d'autant plus indispensable et plus utile, que la terre est plus froide et plus compacte, parce que ce sont les sols de cette nature qui se laissent le moins facilement pénétrer par l'air et par l'eau. L'air doit arriver aux racines pour que l'acte de la végétation ait lieu; il faut que son oxygène puisse s'unir aux matières organiques en décomposition du sol, et former avec elles, outre l'acide crénique, cet acide carbonique qui, entraîné par l'eau, traverse la tige et va se fixer dans les feuilles. Dès que la terre s'agglomère et se tasse assez autour des racines pour empêcher l'air d'arriver jusqu'à elles, la plante dépérit et meurt, parce qu'elle ne reçoit plus assez de nourriture, ainsi qu'on l'observe toutes les fois qu'on enterre la tige des arbres, ou bien qu'on place sur leurs racines un pavé assez serré pour empêcher l'eau d'y arriver.

Les labours n'ont jamais moins de $0^m,10$ de profondeur, ni plus de $0^m,30$; les premiers sont les labours qu'on donne aux plantes dont les racines restent, comme celles des céréales, à la surface du sol; on ne donne les seconds qu'aux plantes à racines épaisses et fusiformes, telles que les raves, les carottes, ainsi qu'aux pommes de terre, et en général aux récoltes-racines. On fait habituellement les labours profonds en automne, et on les emploie pour l'enfouissement des engrais, tandis qu'on donne au printemps les labours légers, et destinés à ameublir le sol bien plutôt qu'à le fumer. Il vaut beaucoup mieux fumer les terres en automne qu'au printemps, parce que les engrais qu'on y porte s'incorporent beaucoup mieux à la terre sous l'influence de l'hiver, et qu'il ne s'en dégage pas de parties volatiles comme cela arrive pendant la saison chaude. Au printemps, les plantes, à mesure qu'elles germent, trouvent alors l'engrais tout consommé et prêt à être absorbé, en sorte qu'elles en profitent sur-le-champ, ce qui n'aurait pas lieu s'il n'avait pas supporté toutes les transformations que lui font subir les trois mois d'hiver. On ne laboure en été que quand cela est indispensable, parce qu'en divisant aussi profondément la terre dans cette saison on facilite beaucoup l'évaporation de son eau, et on la dispose

à se dessécher rapidement. Dans tous les cas, les labours d'été ne se font que lorsqu'on prévoit la pluie,
et qu'on est sûr qu'elle pourra réparer le mal causé
par cette opération intempestive.

Comme toutes les terres ne se divisent pas avec la
même facilité, elles n'exigent pas non plus le même
nombre de labours; un seul suffit à une terre sèche,
tandis qu'il en faut deux et trois aux terres argileuses
et humides, dont la pesanteur a bientôt anéanti les
sillons bienfaisants qu'y avait tracés la charrue. On
peut labourer en tout temps, même après les pluies, les
terres sèches, parce que la marche de la charrue y
est toujours facile, tandis qu'on ne doit labourer les
terres fortes que lorsque le sol est à moitié sec ; c'est
alors qu'il offre le moins de résistance à la charrue,
qu'on a peine à en tirer quand il est humide, et peine à
y enfoncer quand il est sec ; car les terres tenaces
quand elles sont humides, deviennent excessivement
dures aussitôt qu'elles se sèchent.

Lorsqu'on laboure des sols secs et inclinés, il faut
donner aux sillons une direction telle qu'ils coupent
celle de la pente du sol, de manière à ce qu'ils retiennent entre eux les eaux aussi longtemps que possible. Dans les sols humides, les sillons doivent, au contraire, être ouverts dans le sens même de l'inclinaison
du sol, parce qu'ils aident beaucoup à l'épuisement
des eaux, dont ils facilitent l'écoulement, parce qu'elles
ne peuvent point séjourner entre eux. Plus le terrain
est humide, plus aussi les sillons doivent être profonds
et les billons élevés, afin de soustraire autant que possible les racines des plantes à l'influence déplorable

d'une eau stagnante. Ce n'est qu'à l'aide des billons
élevés qu'on peut cultiver les plaines marécageuses.

On doit enterrer les fumiers d'autant plus profondément que la terre est plus légère ; d'autant plus super-
ficiellement qu'elle est plus forte et plus humide. Dans
les terres légères, si les fumiers sont à la surface du sol,
ils se dessèchent, ou bien, si l'année est pluvieuse, ils
s'oxydent aux dépens de l'oxygène de l'air, et se changent en produits volatils, qui ne sont pas tous utilisés
par les plantes auxquelles ils étaient destinés ; en un
mot, on perd en vain beaucoup de fumier. Dans les
terres argileuses, le fumier, enterré profondément, totalement soustrait au contact de l'air, se conserve indéfiniment, et n'est pas plus utile aux plantes directement qu'indirectement ; c'est ce qui force à le mettre
assez près de la surface pour qu'il puisse y recevoir
l'action de l'air et se décomposer. Ce qu'il y a de mieux
à faire alors, c'est de n'enfouir l'engrais qu'avec le second labour, qu'on donne moins profond que le premier.

Il est clair que les engrais qui, comme le sang et
les vidanges des fosses d'aisances, se décomposent facilement, devront être enfouis plus profondément que
ceux qui, comme les feuilles et les fumiers mal consommés, se détruisent avec peine.

L'ameublissement ou labour superficiel a pour but
de donner au sol une division plus grande encore que
celle qu'on lui communique avec la charrue, et on y
parvient avec les extirpateurs et les herses, dont les
dents divisent et broient la surface du sol de manière
à la reduire en fragments aussi petits que possible. A

l'aide des râteaux, qui ne sont que des herses à dents
fort rapprochées, on peut réduire la surface du sol
presque en poussière, ce qui n'est utile que dans les jardins et dans les prés qu'on emploie comme pépinière,
et où on élève les plantes qu'on repique lorsqu'elles
sont assez vigoureuses pour pouvoir vivre en plein
champ. La surface du sol doit être d'autant plus divisée qu'il est destiné à recevoir des graines plus menues ;
elle devra, par conséquent, l'être plus pour la cameline
et les pavots que pour le froment et le sainfoin. En général, cependant, il vaut toujours mieux trop pulvériser
la surface du sol que pas assez, ne fût-ce déjà que parce
qu'on peut y répandre alors les graines d'une façon
plus uniforme. En opérant ainsi, on rend la croissance
des jeunes plantes plus facile et beaucoup plus égale.

Il est nécessaire de herser fortement les terres dont
on veut faire des prairies, afin de les rendre aussi
unies que possible. On ensemence alors ; puis, pour
enterrer les graines et empêcher le vent de les enlever,
on fait passer sur le champ un rouleau très-lourd, qui
remplit parfaitement le but qu'on veut atteindre. Dans
le cas où la nature argileuse du sol empêche de diviser
sa surface de cette manière-là, parce que la chaleur l'a
durcie, on y fait passer avant la herse un rouleau
garni de cercles en d'os d'âne, qui cassent et brisent
toutes les parties dures du sol, en sorte qu'elles se prê-
tent sans peine ensuite à l'action de la herse. Tous ceux
qui possèdent des terres fortes devraient avoir deux
rouleaux brise-mottes : l'un gros et très-court pour
l'usage dont il vient d'être question ; l'autre plus léger,
destiné à briser la couche dure de terre qui se forme

autour des racines des jeunes semis de céréales, lorsqu'ils sont exposés à la sécheresse après les pluies. L'action du rouleau couche alors un peu les plantes, mais elles se relèvent bien vite pour pousser avec vigueur.

On divise le sol des cultures sarclées à l'aide de buttoirs, qui sont des charrues légères, avec un soc et deux versoirs qui rejettent la terre à droite et à gauche, de manière à former des billons aussi élevés qu'on le veut; il ne s'agit que d'enfoncer plus ou moins profondément la pointe du soc et de répéter le buttage deux ou trois fois de suite. En général, on n'applique cette opération qu'à la culture des pommes de terre, et on a tort, parce qu'elle serait tout aussi utile à celle des raves, carottes, betteraves et autres fourrages-racines, qui veulent être enterrés pour produire beaucoup et pour devenir succulents. Dans les sols légers et secs, l'action du buttage se borne au nettoyage du sol, qu'il débarrasse de toutes les mauvaises herbes, et à donner à la terre une division assez grande pour permettre aux tubercules de se développer sans peine dans tous les sens. Le buttage est plus utile encore dans les terres humides que dans celles qui sont sèches, parce qu'en élevant les billons, et par conséquent aussi les racines, au-dessus du niveau du sol, il fournit aux dernières une quantité de terre égouttée et sèche suffisante pour leur permettre de se développer sans se pourrir.

Le buttage, en enterrant un peu les racines des plantes, y favorise le développement des matières féculentes et sucrées, qui ne tardent pas à en disparaître lorsque les racines arrivent au contact de l'air. C'est ce que l'on remarque dans les pommes de terre, les carottes et les betteraves, dont les racines verdissent dès qu'elles s'élèvent au-dessus du sol, parce que la fécule et le sucre qu'elles renferment se changent aussitôt en bois, ce dont il est facile de s'assurer en faisant cuire ces portions-là de ces racines, qu'il devient aisé de reconnaître à leur couleur verte. On comprend donc qu'en semant les carottes et les raves en ligne, de manière à pouvoir les butter, on en retirera des racines beaucoup plus grosses, plus charnues, plus succulentes et plus saines.

Le buttage est le sarclage de la grande culture ; il nettoie le sol de ses mauvaises herbes tout aussi bien, et à moins de frais, que la main de l'homme. Le buttage est impossible dans les terres sablonneuses, à cause de leur mobilité.

Nous terminons ici ce qu'il y avait à dire sur les engrais minéraux, pour passer à un chapitre tout aussi important, celui des *engrais végétaux et animaux*, qu'on emploie habituellement mélangés, mais qu'on utilise aussi quelquefois isolément. Les engrais fournis à l'agriculture par les êtres organisés sont beaucoup plus nombreux et plus variés que ceux qu'elle emprunte au règne minéral. Les débris des plantes et des animaux agissent toujours d'une manière utile sur le sol, lors même qu'ils ne sont pas encore décomposés ; ceci seulement dans les terres fortes, qu'ils divisent et ameublissent, en les rendant plus perméables à l'eau. Une fois qu'ils sont décomposés et transformés en humus et en terreau, les engrais divisent encore mieux le sol, parce qu'ils y sont répandus plus uniformément

et qu'ils y'maintiennent une douce humidité très-favorable aux plantes. Ce n'est que lorsqu'ils sont complète-
ment changés en humus que les engrais agissent sur les
plantes, ce qui fait dire avec raison aux paysans que
ces fumiers-là sont les meilleurs, parce que leur action
se fait aussitôt sentir sur la végétation, qui n'éprouve
qu'au bout d'un certain temps les bons effets des fumiers non encore décomposés.

L'action des engrais se prolonge d'autant plus longtemps qu'ils se décomposent moins facilement; leur
action est par cela même aussi beaucoup moins sensible. C'est ainsi que l'effet que produisent les pailles
et les feuilles est peu marqué, mais dure fort longtemps;
que celui du sang, des fumiers, qui est très-violent, ne
dure qu'une ou deux années, et ainsi de suite. Avant
tout, répétons d'abord que l'action des engrais se base
sur ce qu'ils fournissent aux plantes un excès de nourriture qui a pour effet de les faire croître plus vite et
surtout de leur faire produire beaucoup plus de fruits
et de feuilles que si on les laissait végéter dans un sol
labouré seulement, sans avoir été amélioré par l'apport
d'une suffisante quantité d'engrais. Placée dans de
semblables circonstances, la plante végète et se mul-
tiplie, mais lentement, avec peine, et sans produire
jamais ces immenses récoltes tout artificielles qui sont
nécessaires à l'entretien de la société et le produit de
son existence, parce que c'est elle qui lui fournit tout
l'engrais dont elles ont besoin. C'est l'usage des engrais
qui a changé en riches moissons les épis vides et amai-
gris du froment sauvage qu'on voit croître partout le
long des routes, et que personne ne croirait être le

père de nos riches récoltes, si l'œil exercé des botanistes n'avait pas découvert les mêmes caractères dans
tous les deux. De même encore la carotte des champs
ne diffère de celle des jardins, et le pommier sauvage
de celui de nos vergers, que parce que ces derniers ont
été transformés en espèces nouvelles par l'inexplicable
action des engrais, qui peut modifier toutes les espèces
de plantes au point de les rendre méconnaissables.

Comme il faut presque à chaque espèce d'animaux
une nourriture différente, il est très-possible, quoique
pas encore prouvé, que cela soit ainsi pour chaque
espèce de plantes, et que la même espèce d'engrais
n'ait pas une égale action sur tous les végétaux ; c'est
ce point que doit étudier la science de l'application
des engrais, et qui, s'il est vrai, doit faire faire un immense pas à l'agriculture.

Les fumiers secs et chauds, comme celui des chevaux
et des moutons, conviennent aux terres froides ; ceux
qui sont froids et aqueux, comme celui des vaches,
sont appliqués aux terres légères et chaudes. Il y a
longtemps qu'on fait cela ; mais il est bien possible
qu'on arrivera une fois à mettre sur une même espèce
de terre des engrais différents, et appropriés non-seulement à la nature du sol, mais aussi à l'espèce de
plante qu'on veut y placer, et contenant des principes
analogues aux siens. Malheureusement on ne connaît
rien de positif là-dessus, parce qu'on n'a pas comparé
l'effet de divers engrais sur la même plante ; cette étude
si intéressante est tout entière à faire. On pourrait
peut-être trouver des données sur l'application des
divers engrais à chaque espèce de plante en étudiant

les cendres des premiers et celles des secondes, et en voyant quel rapport il y a entre elles ; il est possible qu'un fumier soit d'autant plus utile que la composition de sa cendre se rapprochera davantage de celle de la cendre de la plante qu'on veut fumer avec lui. Au reste, ces données ne seront jamais que des approximations, puisque la même espèce de plante peut absorber un alcali au lieu d'une terre, et *vice versa*, ce qui rend assez inconstante la composition de sa cendre.

Pour introduire de l'ordre dans l'étude comparée des engrais, nous la partagerons en trois divisions : 1° engrais végétaux ; 2° engrais animaux, et 3° engrais végéto-animaux ou fumiers.

Voyons d'abord quelle action l'enfouissement des *matières ligneuses* exerce sur le sol. On n'introduit que bien rarement, telles quelles, les matières de cette nature dans les terrains, parce qu'elles s'y décomposent avec trop de lenteur ; on pourrait cependant le faire dans certains cas, lorsqu'on n'est pas pressé de voir l'action de l'engrais se manifester. Il n'y a pas de doute que la sciure de bois ne produise un effet très-heureux sur toutes espèces de terre, et spécialement sur celles qui sont fortes et compactes, parce qu'elle les divise. Il faudra seulement, avant de l'employer, l'humecter avec un lait de chaux contenant assez de cette base pour saturer, à mesure qu'il naît, l'acide acétique formé par la décomposition du bois. Cet engrais semble très-approprié à la culture des plantes en pot, parce que, l'air ayant partout accès autour de leurs racines, la sciure de bois doit se décomposer bien plus rapidement dans ces conditions qu'en plein champ, où l'oxygène de l'air n'arrive sur elles que par la surface. Après le bois viennent les autres substances ligneuses, telles que les pailles, les feuilles sèches, les écorces, etc. L'effet de toutes ces substances est identiquement le même que celui de la sciure, à ceci près seulement que l'engrais le plus favorable à chaque espèce de plante n'est pas encore connu ; on sait cependant que les unes prospèrent mieux dans le terreau de bois, et les autres dans celui de feuilles ; voilà tout. Les tourbes constituent un excellent engrais végétal, après qu'on les a mêlées avec de la chaux, comme la sciure de bois ; mais la grande utilité de cette matière comme combustible oblige à ne transformer en engrais que les tourbes de mauvaise qualité et la poussière qui se détache de celles qu'on brûle. L'action que les tourbes doivent exercer sur les terres est facile à prévoir, quand on sait qu'elles sont formées par les débris des plantes aquatiques qui, après avoir vécu, ont laissé dans le sol leurs parties les plus insolubles et les moins facilement décomposables, c'est-à-dire leur ligneux, qui, sous l'influence d'une décomposition ultérieure, a toujours passé d'une façon plus ou moins complète à l'état de charbon. Si l'on enterrait telles quelles les tourbes, leur décomposition se ferait si lentement qu'il faudrait ne les employer, comme on le fait presque partout, qu'avec du fumier, afin de faciliter leur altération. Toutes les plantes à tissus mous des eaux douces ou salées constituent en général, lorsqu'elles se décomposent, un engrais puissant, à raison de la facilité avec laquelle elles se détruisent. Comme les tourbes ne contiennent que fort peu d'ammoniaque, il faut, pour qu'elles agissent avec énergie, arroser avec une solution de sulfate ammonique les terres qu'on aura fumées avec elles. Le même précepte est applicable à tous les engrais peu azotés, quels qu'ils soient, surtout aux écorces qu'on tire des fosses des tanneurs, lorsqu'elles ont servi à préparer les cuirs.

On trouve aussi un puissant engrais dans les marcs résultant de l'expression des fruits, tels que raisins, pommes, etc., ainsi que de celle de graines oléagineuses, choux, chanvre, lin et autres. On enterre comme le fumier le marc de raisin et celui de pommes, après l'avoir mêlé avec un peu de chaux et abandonné à lui-même. Les marcs de graines oléagineuses, ou tourteaux, sont habituellement répandus à la main sur le sol, sous forme de poudre très-ténue. Les tourteaux de colza peuvent fort bien être utilisés de cette manière, toutes les fois qu'on ne trouve pas plus profitable de les employer à la nourriture du bétail. Il faut bien se garder de répandre, ainsi que le recommandent plusieurs ouvrages d'agriculture, les tourteaux de graines oléagineuses sur de jeunes plantes, parce qu'on les tuerait infailliblement en bouchant leurs pores avec l'huile existant dans ces tourteaux ; on doit les répandre sur le sol au moins quinze jours avant les semailles et les enterrer par un léger hersage, afin que le peu d'huile qu'ils retiennent encore ait le temps de se détruire avant qu'elles lèvent ; car c'est à cette huile seule qu'il faut attribuer les déplorables effets qu'exerce la poudre de tourteaux sur les jeunes plantes.

Les forêts ne sont fumées que par les débris des

végétaux qui garnissent leur sol ; ces débris, tous d'origine végétale, sont cependant de nature si diverse que nous avons cru pouvoir les traiter dans un paragraphe spécial. Dès que les forêts ont un certain âge, leur sol se couvre de feuilles dont l'existence entretient autour des racines des arbres une douce humidité et une atmosphère d'acide carbonique qui leur est très-profitable. Plus tard, lorsqu'elles se détruisent, elles laissent dans le sol beaucoup d'humus, dont on a déjà appris ailleurs à connaître toute l'utilité. C'est donc avec grande raison que les forestiers s'opposent énergiquement à l'enlèvement des feuilles sèches des bois, parce que l'expérience leur a appris combien cet enlèvement retarde la croissance des arbres. Plus le sol d'une forêt est jonché de feuilles, plus aussi sa végétation est rapide ; lorsqu'on enlève les feuilles sèches, on se prive du bois absolument de même qu'on s'ôte du grain en ne donnant pas aux champs le fumier qui leur est nécessaire. Les feuilles, c'est le fumier des bois ; aussi l'enlèvement des feuilles doit-il être assimilé sous tous les rapports à un vol de bois. L'effet produit sur les forêts par leurs feuilles sèches, effet bien avéré et connu de tous les praticiens, fait comprendre que, contre l'opinion généralement reçue, il est possible de faire croître les forêts beaucoup plus vite qu'elles n'ont coutume de le faire, et cela en les fumant ; c'est d'ailleurs ce qui saute aux yeux lorsqu'on examine avec quelle vigueur poussent les chênes et les sapins dans les terres fertiles de nos jardins, tandis que leur végétation n'a rien d'extraordinaire, et souvent même est très-lente, dans la terre des forêts.

Il est donc assez étonnant qu'un des chimistes les plus habiles de l'époque actuelle ait justement basé sur le développement des forêts l'opinion soutenue par lui avec tant de talent d'ailleurs, que les plantes n'empruntent au sol que les principes fixes qu'on retrouve dans leurs cendres, et qu'elles vont chercher dans l'air tout le carbone dont elles ont besoin; qu'en conséquence les engrais n'agissent que par les principes minéraux qu'ils contiennent. Logique dans ses conclusions, l'auteur de cette théorie, trouvant que les cendres de froment contenaient des phosphates aicalins, proposa un nouvel engrais artificiel formé avec des os. Des négociants anglais saisirent avec empressement cette nouvelle industrie, destinée, suivant eux, à donner à leur sol une prodigieuse fertilité. Deux fabriques s'élevèrent et tombèrent, parce que ces engrais, utiles lorsqu'ils sont mélangés avec une certaine masse de substances organiques en décomposition, n'ont pas ou n'ont que fort peu d'action sur les plantes qui croissent dans des sols dépourvus de ces principes. Il aurait été tout aussi logique d'admettre que, parce que les os des animaux sont formés de phosphate calcique, il n'y a de nutritif pour eux que les matières chargées de ce principe; et cependant l'illustre chimiste dont nous venons d'examiner les opinions ne va pas jusque-là, puisqu'il admet au contraire pour les animaux deux grandes classes d'aliments, sans tenir aucun compte de la nature des principes minéraux qui peuvent s'y trouver. Tout dans la nature est organisé sur un même plan, ainsi que nous le verrons encore mieux plus loin; en sorte qu'il n'y a pas de doute que les substances mi-

nérales qu'on trouve dans les plantes y jouent le même
rôle que dans les animaux, c'est-à-dire qu'elles ne servent sans doute, à part la neutralisation des acides,
qu'à solidifier certaines parties des êtres doués de la
vie.

Continuant les applications spéciales des engrais
végétaux, nous allons voir combien il est préjudiciable
de brûler les sarments qu'on enlève aux vignes chaque
automne, puisque, d'après les principes énoncés plus
haut pour les forêts, ils doivent constituer un engrais
parfait pour cet arbuste. La pratique est ici d'accord
avec la théorie, et plusieurs expériences faites avec le
plus grand soin ont prouvé qu'en enterrant les sarments au pied des vignes on favorisait beaucoup leur
croissance, sans donner à leurs raisins la propriété de
fournir des vins donnant des dépôts visqueux, ainsi que
cela arrive souvent lorsqu'on fertilise les vignes avec
du fumier. Comme c'est dans les sarments que se concentre la plus grande partie des alcalis que le cep
enlève au sol, il est clair qu'en les lui enlevant on ôte
au sol des alcalis ; on en enlève donc un des principes
de sa fertilité, on l'épuise ; l'enlèvement des sarments
doit donc être absolument prohibé comme un abus.

Outre les engrais ligneux secs, il en existe encore
plusieurs autres qu'on emploie en vert ; ils sont essentiellement usités dans le midi de le France ; nous ne
nous en occuperons ici que parce qu'on peut appliquer
au feuillage de toutes espèces d'arbres ce que nous
allons en dire. Ces engrais sont fournis surtout par le
buis et les joncs ; ces plantes ont une telle consistance
que, si on les enfouissait sans leur avoir fait subir de

préparation, elles ne se décomposeraient qu'avec la plus grande lenteur, et n'agiraient, par conséquent, que d'une manière presque imperceptible sur les récoltes. Il faut auparavant les diviser autant que possible ; c'est ce qu'on fait en les jetant sur les rues et les routes, où le piétinement des hommes et des chevaux les réduit assez promptement en filaments et en bouillie assez molle pour qu'ils puissent se décomposer facilement dans le sein de la terre. C'est d'une manière analogue qu'on divise dans l'Europe centrale les fanes des légumineuses, ainsi que les grosses tiges du colza et des pavots, parce qu'on ne peut pas les porter sous le bétail, que leur dureté incommoderait. Les tiges de buis et celles des joncs ne diffèrent des chaumes des différentes céréales qui, après avoir passé sous le bétail, se sont métamorphosées en fumier, que parce que ces dernières sont plus azotées, et qu'à raison de leur texture plus lâche elles se décomposent avec beaucoup plus de facilité. L'examen de ces substances nous permet de passer, sans faire un trop grand écart, des matières ligneuses aux *récoltes enfouies en vert,* ressource précieuse de l'agriculteur qui n'a pas assez de bétail pour pouvoir engraisser ses terres avec son fumier. Cet engrais ou plante verte est formé de ligneux mêlé avec une certaine proportion de substances solubles dans l'eau, de même composition que lui ; le tout est uni avec assez d'eau et de matières azotées pour pouvoir entrer en fermentation et se décomposer facilement et complétement. De là vient que l'effet des récoltes enfouies en vert, qui est très-sensible la première année, va en s'affaiblissant bien vite.

Moins le développement de la plante qu'on enfouit en vert est avancé, plus son action est rapide et courte ; il vaut donc infiniment mieux ne pas se presser, et attendre que la croissance de la plante soit suffisamment avancée. Le moment le plus favorable pour enfouir les récoltes en vert est celui de leur floraison ; on se sert habituellement dans ce but de pois ou de seigle. L'usage d'enfouir les récoltes en vert est essentiellement en vigueur dans le Midi, ce que les uns ont attribué à ce que les engrais de cette nature ont plus d'action sur les terres des pays chauds que sur les nôtres, tandis que d'autres veulent que ce soit parce que les terres de ces contrées n'exigent pas des engrais aussi puissants que les nôtres. Tout cela peut être vrai ; nous pensons cependant que la véritable cause de cet usage vient de ce que, les Méridionaux ne possédant pas de bétail, ou n'en ayant que fort peu, ils n'ont pas non plus de fumier, auquel ils sont obligés de suppléer d'une façon ou d'une autre. Nul doute que l'action des fumiers soit partout plus grande et plus utile que celle des récoltes enfouies en vert ; mais ces dernières sont extrêmement utiles, puisqu'elles permettent de se passer de fumier partout où on n'en a pas facilement. Dans les pays de l'Europe centrale, où on a en général suffisamment de fumier, on n'utilise de cette manière que les prés naturels et artificiels, qu'on retourne à la charrue dès que leurs produits commencent à baisser. C'est là-dessus qu'on plante les pommes de terre *sur rompue*, où elles réussissent parfaitement bien et préparent le sol à recevoir les graminées, qui sont presque toujours le froment ou l'orge. L'enfouissement s'opère absolument de même pour toutes espèces de plantes : on les retourne à la charrue comme du fumier, en ayant soin de les enterrer assez profondément. Il n'est point indifférent de prendre pour enfouir en vert une plante ou une autre ; on choisit habituellement le blé noir ou sarrasin lorsqu'on veut que l'engrais se produise rapidement, et le seigle quand on n'est pas aussi pressé. On peut toujours semer le blé noir ; il réussit à toutes les époques de l'année, lorsqu'il ne gèle pas. Quant au seigle, c'est en automne qu'on le sème, après les récoltes d'été. Dans le cas où l'automne est beau, cette plante pousse avec tant de vigueur qu'on peut la faucher souvent deux fois de suite avant que les froids arrivent, en arrêtent le développement et contraignent à le retourner. En général, il y a grand avantage à utiliser le seigle comme engrais en vert enfoui au printemps ou en automne, non pas seulement parce qu'il constitue un excellent fumier, mais aussi parce qu'il donne le moyen d'avoir des fourrages verts tardifs ou très-précoces. On reproche avec raison aux plantes enfouies en vert de donner au sol peu d'ammoniaque ; rien de plus facile que d'anéantir cette objection avec le sulfate ammonique dont nous avons parlé plus haut, et qu'on répand sur la terre aussitôt après l'avoir ensemencée.

Dans certaines parties de l'Europe voisines des bords de la mer, on emploie comme engrais vert les fucus et les varechs qu'on transporte sur les terres, et dont l'action diffère de celle des récoltes enfouies en vert parce qu'elle se complique de l'effet du chlorure sodique, que ces plantes marines renferment en abondance.

Comme le tissu de ces végétaux est beaucoup plus
azoté et plus mou que le tissu de ceux qui croissent
sur la terre, ils se décomposent aussi bien plus vite
et ne produiraient pas d'effet prolongé s'ils ne contenaient pas le sel dont nous venons de parler. Une
autre espèce d'engrais fourni directement au sol par
les plantes vient des *assolements*.

On appelle *assolement*, ou *rotation des récoltes*, l'ordre dans lequel les récoltes se suivent pour qu'elles
fournissent le plus possible de produits. On ne peut
pas semer indéfiniment sur le même sol une même
espèce de plante ; elle dépérirait bientôt et finirait par y
mourir, si on n'y portait pas avec elle beaucoup de fumier ; ce qui montre, suivant les uns, que cette plante
enlève aux terres toujours le même principe minéral,
qui finit par y manquer, tandis que d'autres prétendent, et nous sommes de ce nombre, que le fait de la
destruction de la plante qu'on fait végéter plusieurs années de suite dans la même terre est produit par les excrétions qu'elle y laisse. Il est clair que la plante ne
peut pas plus se nourrir de ses excrétions que l'animal
de ses excréments. Cette théorie a beaucoup de détrac-
teurs, parce qu'il y a des plantes qui peuvent vivre fort
longtemps et prospérer dans le même terrain : ces plantes sont le chanvre et les légumes en général ; puis,
dans les parterres, les noyers exotiques et surtout le
laurier rose. Comme ces exceptions sont applicables à
toutes les théories connues des assolements, arrêtons-
nous-y quelques instants pour chercher à les expliquer.
Si le chanvre et les légumes peuvent revenir sans cesse
sur le même sol, quoiqu'ils soient tous des plantes

épuisantes, cela ne vient que de ce qu'on ne sème jamais ces plantes qu'après une très-forte fumure ; cette
exception doit être éliminée, parce qu'elle n'es tqu'apparente, le fumier étant réellement un autre sol qu'on
offre à ces plantes. Les véritables exceptions gisent
dans la croissance si prospère de certains noyers et des
lauriers roses, dont on ne change la terre que lorsque
leurs racines sortent des vases où on les a plantés, tandis qu'on voit d'autres végétaux , tels que les pommes
de terre, les géraniums et toutes les plantes en général,
tomber malades et périr lorsqu'on les place dans ces
mêmes conditions. D'où vient cette différence? probablement de la même cause qui fait que certains animaux, tels que les merles et les jaseurs de Bohême,
sont très-friands de leurs excréments, tandis que la
plupart des autres animaux, non-seulement ne s'en
nourrissent pas, mais en ont une espèce d'horreur ; la
cause de cette différence est inexplicable dans l'état
actuel de la science. Dans la terre des vases où on a
planté des végétaux, on trouve , au bout de peu de
mois, des parties organiques qui moisissent avec facilité et qui ne peuvent provenir que du végétal ; les
plantes sécrètent donc bien réellement quelque chose
par leurs racines ; elles laissent en conséquence quelque chose dans le sol, et c'est à ce quelque chose que
nous attribuons tout l'effet des assolements. Les sécrétions des racines des plantes constituent un engrais
très-actif, puisqu'elles se décomposent avec facilité ;
mais il n'y a pas de doute que cet engrais est plus utile
pour certaines plantes que pour d'autres ; tout le secret
d'un bon assolement consiste donc à le disposer de ma-

nière à ce que la fumure laissée dans le sol par une
plante soit absorbée ensuite par la plante à laquelle elle
est le plus utile. Il faut tenir compte d'autres circonstances dans la disposition des assolements, et mettre les
plantes à racines molles, charnues ou très-déliées,
après celles dont les racines, fortes et profondes, divisent et ameublissent beaucoup le sol ; c'est pour cette
raison qu'on plante les pommes de terre et qu'on sème
les céréales après le trèfle, la luzerne et le sainfoin. On
doit tenir compte aussi de la nature pivotante ou super-
ficielle des racines, parce que les secondes épuisent
beaucoup le sol, auquel les premières n'enlèvent que
fort peu de chose. La tâche de l'agriculteur-chimiste est
donc d'étudier la nature des résidus que laisse dans le
sol chaque espèce de plante, et de chercher quelle action ils exercent sur toutes les espèces qui peuvent
venir après la première. On sait que les plantes à racines longues et capables de s'enfoncer profondément dans le sol ne l'épuisent pas, et que toutes espèces de végétaux viennent bien après elles ; telle est
la raison qui fait appeler le trèfle, le sainfoin et la luzerne des plantes fertilisantes. La raison de leur action
ne gît-elle pas en partie justement dans ce qu'à cause
de la longueur de leurs racines ces plantes portent
leurs déjections bien loin au delà de la couche de terre
végétale dont se nourrissent les autres plantes usitées
en grande culture? Ces végétaux ne laissent dans cette
couche supérieure du sol que les débris de leurs feuilles et de leurs tiges, c'est-à-dire de l'humus, utile à
toutes espèces de plantes, tandis que leurs véritables
déjections vont se perdre dans le sous-sol, d'où elles

ne remontent que pour se mêler, sous forme d'acide carbonique et d'ammoniaque, à l'atmosphère. Si les arbres peuvent végéter si longtemps dans le même terrain, c'est que, tant qu'ils croissent, leurs immenses racines ne cessant de se prolonger, elles échappent à l'action délétère de leurs déjections en s'étendant au delà; elles les laissent dans le sol, qu'elles fertilisent pour d'autres plantes, à mesure qu'elles se décomposent. Il n'y a donc pas de raison pour qu'un végétal prenne fin, et cependant le chêne, auquel les poëtes font braver l'action des siècles, ne résiste point à la faux du temps; le bois se pourrit; la décomposition marche des parties les plus vieilles aux plus jeunes, du centre à la périphérie; puis, miné à l'intérieur, le géant des forêts ne résiste plus à l'effort des vents; il tombe, et sa dépouille poudreuse sert de nourriture à des millions de petites herbes, comme celle de l'homme, chef-d'œuvre et couronnement de l'œuvre de la création. est destinée à la nourriture des êtres les plus infimes de l'échelle animale.

Bien des siècles se sont écoulés avant qu'on ait appris à fumer les terres, et beaucoup de populations se contentent encore, à l'heure qu'il est, de labourer les sols incultes qu'elles parcourent, d'y semer de l'orge, qu'elles récoltent; après quoi, passant dans une autre partie du pays, qu'elles épuisent ainsi, elles y sèment de nouveau de l'orge, et ne reviennent au champ qu'elles avaient cultivé d'abord qu'après six ou dix ans, lorsque la végétation d'une foule d'autres plantes a rendu au sol l'humus et les autres principes que la culture de l'orge lui avait enlevés et que rien ne lui avait rendu, puisque

les peuples nomades n'emploient jamais d'engrais,
qu'ils laissent perdre dans les pâturages, comme cela
arrive sur les pâturages du sommet des montagnes de
l'Europe centrale. Au premier coup d'œil il semble
que ce qui a engagé les peuples à demi sauvages du
centre de l'Asie et du nord de l'Afrique à cultiver ainsi
leurs terres, c'est que leur humeur vagabonde les em-
pêchait de se fixer longtemps dans le même endroit.
Il est beaucoup plus probable que c'est la triste expérience qu'ils ont faite de l'épuisement rapide des terres qui les oblige à conserver leur vie nomade, parce
qu'ils ne connaissent pas le moyen de leur rendre artificiellement, à l'aide des fumiers, leur fertilité primitive. En effet, ces peuples ont vu qu'après avoir fait
une récolte d'orge, s'ils voulaient en obtenir encore
une sur le même sol, l'année suivante, ils n'en reti-
raient plus huit ou dix fois la valeur des semences,
mais seulement deux ou trois, donc une quantité in-
suffisante pour les nourrir. Sans rechercher la cause de
ce changement dans le produit de leurs récoltes, ils n'en
ont vu que l'effet, et sont allés chercher ailleurs ce que
la terre refusait à leur première habitation. Revenant
au bout de quelques années sur cette même terre, dont
la stérilité les avait chassés, ils l'ont trouvée couverte
d'une herbe abondante, vigoureuse ; en un mot, elle
était redevenue fertile et capable de porter une nouvelle
récolte d'orge ; mais une seule ! après quoi elle était
de nouveau aussi épuisée qu'auparavant. Que s'était-
il donc passé pendant leur absence ? quelle mystérieuse
action vitale avait fertilisé ce sol épuisé par la main
avide de l'homme ? La terre s'était peu à peu couverte

de végétaux de toute espèce, épars d'abord , bientôt
pressés les uns contre les autres, au point de le couvrir d'un épais gazon, serré comme les fils d'un tapis ;
la nature avait formé là un véritable assolement ; elle
y avait produit plusieurs récoltes successives qui
avaient laissé dans le sol beaucoup de principes nutritifs, et qui en avaient enlevé les déjections de l'orge,
déjections qui empoisonnaient le sol pour cette plante
ant qu'elles n'avaient pas été métamorphosées en principes utiles.

On laisse en *jachère* les terres qu'on abandonne à
elles-mêmes sans aucune espèce de culture, ainsi qu'on
le fait encore dans quelques pays où les assolements
sont inconnus et les fumiers rares. La jachère est la
fumure des terres usitée chez les nations sauvages ;
elle doit être prohibée dans les pays civilisés comme
un vol fait à la société. Les terres en jachère rapportent fort peu et s'épuisent de plus en plus, sous quelque forme qu'on les exploite.

D'après tout ce qui précède, on conclut que les assolements correspondent à une fumure, dont ils ne diffèrent, en effet, que parce qu'ils *laissent* dans le sol les
engrais qu'on y *apporte* sous forme de fumiers. On se
romperait grossièrement, néanmoins, si on se figurait
qu'un assolement bien entendu puisse remplacer le
fumier : ceci n'arrive jamais ; l'assolement, bien di-
rigé, aide l'action des engrais, en augmente l'effet,
mais ne le remplace jamais tout-à-fait, quand on demande au sol des récoltes épuisantes telles que les céréales. L'assolement ne suffit qu'à la conservation des
plantes peu épuisantes, de celles qui constituent les

prairies ; mais la meilleure preuve que l'on puisse donner de l'insuffisance des assolements naturels ou jachère, c'est le peu de développement des prairies naturelles. Le produit essentiel que laissent dans le sol
les plantes soumises à un sage assolement, c'est de
l'humus, qui fournit aux végétaux du carbone et de
l'oxygène, ainsi qu'un peu d'ammoniaque, qu'il enlève
à l'air sous forme d'azote; ce qui lui manque pour
produire sur les plantes le même effet que le fumier,
c'est l'ammoniaque ; en sorte qu'on tirerait des assolements un parti beaucoup plus grand si on versait des
sels ammoniacaux sur le sol fertilisé par l'assolement
avant d'y semer une récolte épuisante. Nous venons
de dire que les assolements, bien dirigés, aident à utiliser tout le fumier; ceci est vrai, parce qu'il y a des
plantes qui, comme les pommes de terre, supportent
très-bien une fumure très-forte, qui nuirait à d'autres, telles que les céréales, en les faisant pousser assez rapidement pour qu'elles s'affaiblissent au point
de se coucher sous l'effort du moindre vent. Lors
donc qu'on sème des céréales sur un sol très-fortement fumé, non-seulement on perd une partie du fumier, mais on gâte toute une récolte, tandis qu'en
plantant d'abord des pommes de terre ou du trèfle, et
en ne semant qu'après du froment ou toute autre cé-
réale, on utilise tout le fumier et on obtient deux superbes récoltes.

Il y a des plantes qui améliorent beaucoup le sol :
ce sont toutes celles qui, comme les arbres, la luzerne,
le trèfle, le sainfoin, et beaucoup d'autres encore, lui
laissent beaucoup de débris. Les racines très-grosses,

pivotantes et nombreuses de ces légumineuses, abandonnent à la terre une énorme quantité de matières organiques ; celle dont l'action est la plus rapide et la plus sensible est, sans contredit, le sainfoin, que nous avons vu couvrir en peu d'années de quelques centimètres de terre végétale un roc à fleur de terre et parfaitement nu, qui déparait beaucoup un superbe domaine des bords du lac de Neuchâtel. Nous avons déjà vu qu'un des principes essentiels pour le développement des végétaux, c'est l'ammoniaque ; or, comme, de toutes les plantes usitées dans la grande culture, ce sont les légumineuses et quelques autres encore qui empruntent à l'atmosphère, et non pas aux engrais, la plus grande partie de l'ammoniaque dont elles ont besoin, il est clair qu'elles doivent laisser dans le sol presque tout l'ammoniaque qu'y ont apporté les engrais ; plus celui qui se trouvait dans leurs feuilles et leurs racines, et qu'elles ont enlevé à l'air. La culture de ces plantes introduit donc dans la terre plus d'ammoniaque et d'humus qu'elle n'en contenait ; elle la fertilise donc, mais pas assez pour qu'elle puisse donner d'abondantes récoltes de grains ; le sol doit pour cela leur fournir plus d'ammoniaque que le fumier ou les sels ammoniacaux peuvent seuls lui procurer. Si les plantes qui nous occupent laissent dans le sol plus de débris organiques que la plupart de leurs congénères, cela tient à ce que la longueur de leurs racines met toujours à leur portée la quantité d'eau indispensable à leur développement ; ce qui leur permet de croître sans cesse et avec vigueur sous toutes les conditions possibles, même quand les rayons du soleil deviennent assez brûlants pour flétrir et dessécher autour d'elles toutes les autres plantes que leurs racines moins longues laissent exposées à toutes les variations de l'atmosphère. La luzerne, le trèfle et le sainfoin peuvent être considérés comme des plantes qui ne demandent pour végéter, à la terre, que de l'eau et des sels alcalins et terreux ; à l'air, que de l'acide carbonique et de l'azote. Elles laissent donc dans le sol tous les engrais qui s'y trouvaient déjà ; bien plus, elles en augmentent la masse, en sorte que la culture de ces plantes doit être considérée comme une des meilleures préparations qu'on puisse donner au sol destiné à entretenir des récoltes épuisantes.

Les récoltes qui affament le sol en lui enlevant tous ses principes nutritifs sont appelées *épuisantes*, par opposition aux récoltes *bienfaisantes* et réparatrices dont nous venons de parler. Les plantes épuisantes sont toutes celles qui ont des racines courtes et déliées, qui s'étendent à la surface du sol auquel elles enlèvent son humus et son ammoniaque : les céréales, les raves, les choux, les framboisiers, les peupliers et les acacias, dont les racines ne s'enfoncent point, sont des plantes épuisantes, tandis que la luzerne, les consoudes et les sapins sont des plantes fertilisantes.

Répétons que l'utilité des assolements gît dans les résidus qu'ils abandonnent au sol, et qui sont comparables aux engrais enfouis en vert, dans la division qu'ils font éprouver à la terre, et dans la propriété qu'ont certains végétaux de se nourrir avec les déjections d'autres plantes. Les assolements ont donc une valeur réelle qu'il faut bien peser et étudier avec le

lus grand soin, puisqu'elle n'est pas encore bien ex-
liquée. Voyons maintenant quels sont les assole-
nents les plus répandus, et examinons s'ils sont ra-
ionnels, en tenant compte de la propriété qu'ont la
lupart des plantes de pouvoir revenir longtemps sur
e même sol lorsqu'on le fume fortement. Avant tout,
lassons les plantes usitées en grande culture d'après
'action épuisante ou réparatrice qu'elles exercent sur le
ol. En général on regarde comme *plantes épuisantes :*

Les céréales,

Les topinambours,

Les pommes de terre,

Le tournesol,

Le colza et les choux,

Les pavots,

Les graminées,

Les raves,

Les betteraves,

Le lin,

Le chanvre,

Le framboisier,

Le figuier et les arbres fruitiers, entre autres la
vigne,

Les peupliers et les saules ;

Tandis qu'on appelle *plantes fertilisantes :*

Le trèfle,

La luzerne,

Le sainfoin,

La consoude,

Les pins et les sapins.

Cette liste de plantes, quelque incomplète qu'elle

soit, suffit déjà pour faire voir que, parmi les végétaux soumis à la grande culture, ceux qui sont épuisants sont beaucoup plus nombreux que les autres,
parmi lesquels il n'y en a malheureusement pas un
seul qui serve directement de nourriture à l'homme.
La raison de ce fait singulier doit être trouvée dans la
structure des racines, qui n'amènent à la plante un
excès de nourriture capable de les faire produire plus
que d'habitude que lorsqu'elles sont assez près de la
surface du sol pour pouvoir s'approprier tous les engrais qu'on y porte. En admettant ce principe, on
conçoit que les légumes les plus succulents et les
fruits les plus délicats doivent provenir des plantes
dont les racines sont les plus déliées, de celles qui,
par conséquent, absorbent le plus vite et le plus facilement les engrais, ou plutôt l'excès de nourriture
qu'on met à leur portée. On acquiert la conviction de
la vérité de cette manière de voir lorsqu'on examine
la nature des racines des laitues, des choux, des frai-
siers, des poiriers et autres végétaux dont les produits
n'arrivent à la perfection que sous l'influence d'une
très-forte quantité de fumier. Les légumes et les fruits
qui parent nos tables, les grains qui comblent nos greniers, les fils qui forment nos habits sont donc produits
par une action anormale que provoque l'industrie humaine. L'homme, en aidant à la nature, en comprenant ses lois, a fait plus qu'elle ; il semble qu'il
puisse mouler à son gré entre ses doigts la forme
des êtres doués de la vie ; et il le peut en effet jusqu'à
un certain point, mal déterminé encore, parce que
nous ne savons pas où s'arrête la puissance que la

Divinité a conférée à l'homme, sa créature favorite.

En général, on peut dire qu'une plante est d'autant plus épuisante que ses racines sont plus nombreuses, plus déliées, et surtout qu'elles s'enfoncent moins profondément dans le sol. Tous les végétaux dont les racines sont grosses, longues, et descendent assez bas au-dessous du sol, sont fertilisantes, parce qu'ils ne lui enlèvent que fort peu de chose, ou bien même rien du tout.

Dans le canton de Neuchâtel, on suit deux assolements principaux : l'un, dans les terrains secs, et l'autre, dans ceux qui sont humides. Le premier consiste à semer sur une bonne fumure : la première année, du froment ; la seconde année, de l'orge avec du sainfoin, qu'on laisse sur place au moins pendant quatre ans, terme le plus court de sa durée, qui peut aller jusqu'à sept et huit ans ; la sixième année, on fume et on plante des pommes de terre, après lesquelles reviennent le froment et la série de plantes indiquées.

L'assolement des terrains humides consiste : 1° en une fumure et du froment, ce qui dure un an ; 2° en seigle, avoine ou orge, ce qui dure environ cinq ans ; 3° en trèfle, ce qui fournit la sixième année ; 4° en luzerne, pour la septième ; on met aussi, la quatrième année, des pommes de terre fumées ; la cinquième, du seigle et des raves en automne ; la sixième, du fumier, puis du colza, et ensuite l'assolement recommence.

Il n'y a que fort peu d'agriculteurs qui suivent un ordre bien régulier dans leurs assolements ; la plupart

d'entre eux les changent d'après la nature de leur
besoins, et c'est un grand tort, parce qu'ils perden
souvent une bonne partie d'engrais que leur intére
leur ordonne de ménager ; cela arrive toutes les foi
que le besoin d'argent force les agriculteurs à fair
produire à leurs terres des récoltes épuisantes, ma
faciles à vendre, telles que les céréales, les pomme
de terre, les raves et autres récoltes-racines. Les asso
lements dont nous venons de parler sont ration
nels, puisqu'ils font presque toujours précéder et sui
vre la culture des plantes épuisantes par celle de
plantes fertilisantes. Si on suit un assolement, c'es
dans le but d'épargner du fumier ; il est clair qu'il n'
a pas nécessité de s'astreindre à en avoir un lorsqu'o
a abondance d'engrais ; il n'y a aucun inconvénient
cela, ainsi que le savent tous les jardiniers qui for
souvent produire à la même planche le même légum
ou le même fruit pendant plusieurs années consécu
tives. On dit qu'il n'y a que certaines plantes épui
santes qui reviennent facilement dans le même sol, e
on cite à leur tête le chanvre et le tabac, qu'on cultiv
toujours sans inconvénients sur la même pièce de terr
sans faire attention que ces plantes ne réussissent qu
dans les sols très-fortement fumés, et que tous les vé
gétaux, sans aucune exception, reviendraient san
cesse dans la même terre si on en changeait la natur
en y portant du fumier qui la fertilise, et qui favoris
la décomposition des secrétions que les racines de
végétaux laissent dans la terre. Tous les jardiniers sa
vent qu'on ne peut pas planter un poirier ou un pru
nier dans le trou d'où on vient de tirer un arbre d

cette espèce qui y est mort : tous ont vu que, dans ces conditions, il périt. Il faut, disent-ils, attendre un ou deux ans, ou mieux ouvrir le sol dans lequel on veut planter l'arbre, et en jeter la terre sur les bords de la fosse en automne. A l'aide de cette précaution, on peut remplacer, au printemps, l'arbre mort en été, par un autre de même espèce, sans qu'il périsse. Voilà l'indication de la pratique, qui est basée sur la destruction des résidus laissés en terre par l'arbre mort ; il faut les métamorphoser ou les détruire avant de planter dans la terre qui en est infectée un arbre de la même espèce que celui qui y est mort. On atteint immédiatement le but en introduisant, dans la terre du trou où l'on met l'arbre, du fumier bien consommé, dont la facile et prompte décomposition provoque celle des secrétions de son prédécesseur, en sorte qu'en opérant de cette manière on peut planter avec succès poirier sur poirier, prunier sur prunier, et ainsi de suite.

Le produit essentiel de l'Europe centrale consiste en fourrage destiné au bétail, en pommes de terre, et autres racines destinées au bétail et à l'homme ; puis en grains destinés essentiellement à l'homme, bien que certains d'entre eux, tels que l'avoine, soient le partage presque exclusif des animaux. Les plantes oléagineuses sont si peu cultivées qu'on peut les envisager comme des exceptions : elles sont plutôt l'apanage des pays méridionaux, tandis que les herbages et les céréales sont celui des pays du Nord. Il est à regretter que l'Europe centrale ne s'occupe pas davantage de la culture des plantes en question, dont elle abandonne à ses voisins le monopole, qu'elle pourrait leur enlever

sans peine à raison de son agriculture qui est très-
perfectionnée. D'ailleurs les efforts des voyageurs botanistes ont doté l'Europe d'une si grande quantité de
plantes oléagineuses et textiles nouvelles qu'il y aurait
ingratitude à n'en pas essayer la culture, qui peut devenir la source d'une véritable prospérité.

Les cultures mêlées sont nées d'une fausse interpré-
tation de l'effet des assolements. On a cru qu'une
plante améliorante semée avec une plante épuisante
atténuerait l'effet fâcheux que cette dernière exerce
sur le sol, et on a semé du lin avec du trèfle, du trèfle
avec des navets, et ainsi de suite. On obtient de cette
manière une récolte presque double, puisqu'avec les
frais qu'on fait pour la culture de l'une ou de l'autre
de ces plantes on recueille le produit de toutes les
deux. En général cependant les cultures de cette nature ne sont pas aussi lucratives qu'elles le paraissent
de prime abord ; car, si elles produisent presque autant
que deux récoltes, elles usent le sol et le gâtent réellement comme deux récoltes. D'ailleurs, deux espèces
différentes de plantes se gênent dans leur croissance
et peuvent même s'entre-détruire ; c'est pour cette
raison que le lin prospère rarement dans le trèfle, sur
les terrains très-riches et humides où ce dernier se
développe avec vigueur ; les raves et les carottes viennent par contre fort bien dans un colza, parce qu'on
les débarrasse de ce dernier longtemps avant qu'elles
atteignent le terme de leur végétation. Pour avoir des
cultures mêlées, il faut posséder des terres excellentes,
des engrais en abondance, et surtout choisir avec dis-
cernement pour cela des plantes dont le développe-

ment ne soit pas tellement simultané qu'on ne puisse recueillir les unes sans nuire beaucoup aux autres. On peut, par exemple, semer vers la fin d'avril, et ensemble, du lin, des carottes, des raves et du colza, parce qu'on arrache le lin vers la fin de juillet, le colza quelques jours plus tard, les navets en septembre, et les carottes en octobre. En opérant de cette manière, l'arrachage presque continu de l'une ou de l'autre des plantes semées dans le même sol lui procure un labour non interrompu, qui l'ameublit sans cesse et favorise beaucoup le développement des fourrages-racines qu'on récolte les derniers. C'est à l'aide des cultures mêlées qu'on obtient les fourrages les plus nutritifs, dont le meilleur est, sans contredit, celui qu'on obtient lorsqu'on sème ensemble de l'avoine et des vesces, ou une autre légumineuse petite, et dont le développement soit aussi rapide que celui de l'avoine. Les fourrages artificiels, quoique formés, comme celui dont nous parlons, de deux plantes épuisantes, gâtent peu la terre, parce qu'ils ne l'occupent pas longtemps, puisqu'on les fauche habituellement pendant la floraison ou bientôt après. On croyait jusqu'ici que les végétaux n'épuisaient pas la terre lorsqu'ils ne montaient pas en graine, et qu'ainsi une récolte de seigle ne lui enlevait rien quand on le coupait en vert ; des expériences fort exactes ont démontré toute la fausseté de cette idée, et prouvé qu'à toutes les époques de leur vie les plantes épuisantes enlèvent quelque chose à la terre, qu'elles appauvrissent en conséquence d'autant plus qu'elles y restent plus longtemps. Il est même à croire que, quand la graine se forme, c'est aux

8

dépens, non pas du sol, mais bien de la plante, qui perd alors la plupart de ses principes solubles, et dont il ne reste que la portion insoluble et ligneuse, ainsi qu'on le voit dans les blés, les raves et les carottes qui ont porté graine; car les tiges des premiers, d'abord tendres et gorgées de sucs, sont devenues dures et sèches, tandis que les succulentes racines des secondes ont passé à l'état de bois mou, poreux et sec. Il est donc probable que, dans le développement de tous les végétaux, il arrive un instant où ils cessent totalement ou à peu près de se nourrir aux dépens du sol: c'est lorsqu'ils forment leurs graines, et que toute la vitalité de la plante se concentre sur un seul point destiné à former l'organe qui la reproduira plus tard. Nous pensons en conséquece que le moment où les plantes épuisent le plus le sol est celui où elles se développent le plus rapidement, c'est-à-dire lorsqu'elles sont jeunes; et nous sommes en ceci d'accord avec la pratique, qui établit d'une manière bien positive que les terres des pépinières et celles où on élève les jeunes plantes destinées à être placées ailleurs sont, de toutes, celles qui s'épuisent le plus vite. Ceci amène directement à trouver que les arbres et les plantes vivaces en général doivent épuiser le sol au moment de leur développement le plus rapide, c'est-à-dire au printemps, lorsqu'ils forment leurs jets et leurs feuilles, et qu'ils ne lui enlèvent que fort peu de chose pendant le reste de l'année. Les végétaux qui croissent avec lenteur gâtent moins les terres que ceux qui croissent vite. Tous ces faits sont d'accord avec notre théorie.

Ici se présente la question de *la quantité d'engrais*

qu'il faut donner aux terres, question de la plus haute
importance, et malgré cela encore bien mal connue,
parce qu'on s'est contenté de quelques essais qui ne
peuvent amener à des conclusions positives et utiles
que lorsqu'ils auront été poursuivis pendant des années avec des engrais de composition connue, sur des
terres analysées avec soin, et en tenant compte des
espèces de végétaux qu'on leur fait porter, ainsi que
des circonstances atmosphériques sous lesquelles ils
ont vécu. Pour comparer la valeur de plusieurs engrais, on a fait des essais comparatifs, en prenant une
même quantité de chacun d'eux, et en pesant la paille
et le grain qu'ils avaient nourris sur un même espace de terrain. Il était impossible d'arriver de cette
manière à quelque chose de concluant sur la valeur de
chacun des engrais employés, puisque nous avons vu
ailleurs que certaines substances minérales, telles que
les alcalis et les phosphates terreux, provoquent le développement de certaines plantes, mais sans les *nourrir,* en sorte que par le fait, quoiqu'elles produisent
de magnifiques récoltes, elles n'en *épuisent et n'en abi-
ment* pas moins beaucoup plus le sol que si on ne les y
avait pas mêlées. Pour connaître la valeur des engrais,
on doit les porter, les uns à côté des autres, sur des
surfaces égales de même terrain qu'on ensemence
avec un même poids de la même plante ; puis, sans
mettre d'engrais les années qui suivent, on continue à
semer de la même manière toujours la même plante,
dont on pèse chaque fois les produits : l'engrais le plus
riche sera celui qui aura produit le plus chaque année,
et pendant le plus d'années. Cet essai répété sur toutes

les espèces de terrain mènera lentement, mais sûrement
au but, en sorte qu'on aura des données infaillibles
sur la valeur de tous les engrais connus. Sans rien
connaître de positif sur la quantité d'engrais qu'exige
chaque végétal, on sait cependant qu'il en faut d'autant plus que le végétal auquel on le destine est plus
épuisant, puisque, pour que son effet soit utile, le fumier doit rendre au sol au moins tous les principes
que lui enlève la récolte ; plus le sol est épuisé, plus
aussi il a besoin d'engrais, en sorte que, de quelque
manière qu'on considère le sujet qui nous occupe, il
n'y a jamais d'utilité à épargner le fumier ; on ne peut
pas en mettre trop, tandis qu'on doit craindre d'en
mettre trop peu, puisqu'on perd de cette façon le fumier, le labour et la récolte, qui se développe mal, et
ne rapporte pas de quoi couvrir les frais de culture.
Le sol s'épuise d'autant plus rapidement que les plantes
lui laissent moins de leurs principes constituants, en
sorte que les plus épuisantes de toutes les récoltes sont
celles des fourrages-racines, telles que les betteraves,
parce qu'on enlève à la terre non pas seulement les
tiges des plantes, mais aussi leurs racines. Toutes les
récoltes dont on abandonne les racines dans la terre
lui fournissent d'autant plus d'humus que leurs racines
sont plus nombreuses et plus grosses. Comme les récoltes épuisantes enlèvent à la terre tous ses principes
nutritifs, c'est-à-dire son humus, son ammoniaque, ses
alcalis et sa chaux, et que l'engrais doit apporter dans
le sol ce que lui enlève chaque récolte, il est clair que
l'engrais le plus convenable pour les récoltes épuisantes
est précisément l'engrais végéto-animal que

nous appelons fumier, et qui est, de toutes les substances fertilisantes, la plus répandue et la plus universellement utilisée. Dans le cas où, ce qui est fort rare,
la terre est excessivement riche en humus, on peut ne
pas y porter de fumier, mais seulement ceux des engrais minéraux ou amendements qui stimulent la végétation, comme, par exemple, des sels ammoniacaux
ou alcalins, des phosphates terreux, des os, ou même
seulement de la chaux.

Il est positif que toutes les plantes n'enlèvent pas au
sol les mêmes principes, et ce qu'on a vu plus haut
donne une idée de l'importance qu'il y a à éclaircir
cette question, pour l'application rationnelle des fumiers ; il n'y a pas de doute que les céréales enlèvent
au sol plus d'ammoniaque que les pois ; mais on ne sait
pas, d'autre part, quelles sont les plantes qui lui enlèvent
le plus d'humus, d'alcalis et autres principes analogues. Pour connaître la nature des principes que
chaque végétal enlève à la terre, il faut analyser le sol
avant de l'ensemencer, ainsi qu'après la récolte, et analyser aussi cette dernière. La perte qu'aura éprouvée le
sol doit être attribuée surtout à l'action de la plante,
dont l'analyse fait connaître la nature des principes et
amène ainsi à trouver ce qu'elle a pris au sol, et, par différence, ce qu'elle a reçu de l'air. Ces expériences, faciles
à faire en petit dans des vases, ne peuvent pas être aussi
concluantes lorsqu'on les entreprend sur un champ tout
entier, qui présente une foule de causes de dérangement
dans l'opération. Les jardiniers fleuristes savent depuis longtemps qu'il y a des plantes, et ce sont les
plus difficiles à cultiver, qui ne demandent pas tant de

terre minérale que de terre végétale, ou d'humus ;
aussi appellent-ils ces dernières plantes de terre de
bruyère ; on devrait les appeler plutôt plantes d'humus, ou bien aussi plantes épuisantes par excellence ;
car toutes ont des racines assez faibles, mais très-
nombreuses, et tellement déliées qu'elles ressemblent
bien plus à des cheveux qu'à de véritables racines. Il
faut que ces plantes-là sécrètent avec autant d'énergie
qu'elles absorbent, car elles gâtent rapidement la terre
qui les nourrit en y laissant des résidus si abondants
qu'ils pourrissent, couvrent la surface de la terre
de moisissure, et développent dans son sein une acidité
telle que la plante périt bientôt si on ne la change pas
de pot.

On emploie très-rarement seuls les *engrais animaux*,
qui sont les produits ou les débris de toutes espèces
d'animaux. Les déjections animales et surtout les ca-
davres de tous les animaux constituent le plus puissant de tous les engrais, parce qu'ils renferment, con-
densés sous un petit volume, les principes actifs de tous
les engrais ; en d'autres termes, le corps des animaux
contient, réunis, tous les principes essentiels au développement et à la prospérité des plantes. Les engrais
animaux étant la partie la plus soluble du fumier, et
par conséquent aussi la plus active, on peut les considérer, en quelque sorte, comme l'essence du fumier. En
effet, on y trouve, outre l'humus, de la chaux, de la soude,
du phosphore, du soufre, de l'azote, du carbone, de
l'hydrogène et de l'oxygène associés en proportion telle
qu'ordinairement ces engrais-là sont, de tous, ceux qui
se décomposent avec la plus grande rapidité. Il est ce-

pendant certaines parties du corps des animaux qui ne
se détruisent qu'avec peine, et qui correspondent, sous
ce rapport, au ligneux végétal ; ce sont les poils, les
plumes, la corne, et les os. Pour que ces matières-là
agissent avec efficacité sur les terres, il faut les diviser
autant que possible avant de les leur confier ; car, en
enterrant des sabots de chevaux, ou des cornes, ou des
plumes tout entières, elles se conservent fort longtemps et presque sans altération, à raison de la peine
avec laquelle elles absorbent l'eau et s'en imbibent ;
c'est pour parer à cet inconvénient qu'on moud les os
et qu'on réduit les cornes en râpure, ce qui en facilite
assez la décomposition pour que leur action devienne
sensible dès la première année. Ces engrais-là sont très-
utiles parce que leur action se soutient pendant longtemps ; il en est des engrais animaux comme des engrais
végétaux, c'est-à-dire que plus leur action est rapide,
moins elle dure. Le plus puissant de tous les engrais
animaux est aussi celui qui se décompose le plus facilement, savoir, la chair musculaire et autres substances analogues, telles que le sang, le lait et le blanc
d'œuf. On emploie ces engrais frais lorsqu'ils sont liquides, desséchés et en poudre quand ils sont solides,
parce qu'on peut alors les répandre beaucoup plus
uniformément à la surface des champs ; d'ailleurs,
lorsqu'ils sont frais, l'état de putréfaction où ils se
trouvent toujours occasionne des pertes d'ammoniaque
et en rend l'usage désagréable et même dangereux
pour le laboureur. On tire presque constamment ces
engrais des abattoirs ; aussi sont-ils l'objet d'un commerce actif dans les environs des grandes villes, où

seulement on peut songer à les employer sur une
grande échelle. Dans les campagnes, on n'emploie jamais seuls les engrais animaux solides, mais toujours
combinés avec des substances végétales, sous forme
d'engrais mixtes, de fumiers. En échange, on se sert
beaucoup, et avec raison, d'un engrais animal pur et
liquide : je veux parler de l'eau de fumier ou lizier,
qui n'est pas autre chose que l'urine putréfiée des animaux domestiques. L'urine fraîche de vache est composée de :

Chlorures potassique et ammoniaque	15
Sulfate potassique	6
Carbonate potassique	4
— calcique	3
Urée	4
Eau	950
Perte	18
	1000

Cette analyse est imparfaite, puisqu'elle ne si-
gnale pas dans l'urine une forte proportion d'acide
phosphorique, que nous y avons toujours trouvée,
et qui aura été dosée ici en même temps que la
chaux, sous forme de carbonate. Pour connaître facilement la nature des principes minéraux qui se
trouvent dans le lizier, il suffit d'analyser les croûtes
et dépôts terreux qui se produisent dans les fosses
où on le recueille, et que nous avons trouvés essentiellement formés de phosphate calcique et de sels
ammoniacaux, avec un peu de soude, d'acide silicique, de chlore et de fer.

L'urine de cheval possède une composition analogue
à celle de l'urine de vache ; toutes les deux contiennent

une petite quantité d'une matière organique, visqueuse, soluble, à laquelle elles doivent de pouvoir mousser lorsqu'on les agite et d'entrer très-facilement en fermentation ; toute l'urée et l'acide urique qu'elles renfermaient se transforment alors en ammoniaque et en acide carbonique, qu'on retrouve unis dans la solution sous forme de carbonate ammonique, dont l'action sur les plantes a été mise hors de doute par de nombreuses expériences. L'analyse de l'urine des différents animaux prouve qu'on peut l'envisager comme une dissolution de sels alcalins, ammoniacaux, et de phosphates terreux, qu'il sera très-facile de remplacer avec une liqueur préparée artificiellement, en dissolvant, dans 970 parties d'eau, 25 parties de phosphate sodique et 5 parties de sulfate ammonique.

L'action du lizier est si utile sur la plupart des plantes qu'il n'y a pas de doute que la recette ci-dessus trouvera des amateurs, en ceci qu'avec elle on aura du lizier en abondance toutes les fois qu'on en aura besoin, ce qui n'est pas toujours le cas dans les fermes. A raison de l'absence de l'humus et des matières susceptibles de le former dans le lizier, on doit considérer ce liquide comme un excitant de la végétation, et non pas comme un aliment des plantes ; on devra donc s'en servir avec sobriété, et surtout bien se garder de le verser sur des terres mal fumées et pauvres, qu'il épuiserait bien vite en y faisant venir des récoltes plus abondantes qu'il n'en devrait donner, eu égard à sa pauvreté. Quand on jette trop de lizier sur les prés, on y provoque une végétation si active que les plantes s'étiolent et jaunissent ; elles peuvent même périr par suite de cette

poussée si brusque qu'elle les épuise. Le lizier brûle
les plantes et les tue lorsqu'on le répand sur elles pendant une sécheresse ; ce qui arrive parce que, l'évaporation étant très-forte, le lizier se concentre sur les parties
des plantes où il tombe et y laisse du carbonate ammonique qui les détruit en les désorganisant, comme si
on les avait brûlées avec un fer chaud ou déchirées
avec un instrument tranchant. Telle est la raison pour
laquelle on ne répand le lizier qu'avant ou pendant
la pluie, parce qu'alors il s'étend d'une quantité d'eau
suffisante pour tomber des feuilles sur le sol, d'où il
pénètre jusqu'aux racines qui l'absorbent. Les plantes
épuisantes ou à racines superficielles sont celles qui sont
le plus heureusement affectées par l'action du lizier, qui
accélère singulièrement leur végétation lorsqu'elles sont
placées dans un sol très-fertile, tel que celui d'un jardin ; les choux et les laitues prennent, sous l'action du
lizier, des dimensions fabuleuses, et tout le secret des
paysans, pour avoir de beaux œillets et de superbes
roses, consiste à les arroser fréquemment avec cet engrais liquide, qui est utile à beaucoup d'autres plantes
d'agrément, et tout spécialement aux jasmins, aux
orangers, aux lauriers roses, aux juliennes, et à beaucoup d'autres encore. Les plantes de terre de bruyère,
par contre, ne supportent pas l'action du lizier, qui les
tue bien vite en désorganisant leurs racines ; ce qui
prouve que, parmi les végétaux, il y en a auxquels les
engrais ammoniacaux sont beaucoup moins utiles
qu'aux autres.

Quelques personnes conduisent aussi directement sur
les prés, comme le lizier, les matières fécales dont la

consistance demi-liquide exige, pour leur application, les mêmes précautions que pour celle du lizier. Cette pratique est vicieuse, parce qu'on perd alors une bonne partie des matières actives de cet engrais, qui est un des plus puissants qu'on possède, et dont l'action ne se montre, dans toute sa puissance et avec toute sa durée, que lorsqu'on l'enterre comme du fumier. Quand on jette les matières fécales à la surface du sol, elles s'y décomposent avec une telle rapidité que les plantes sur lesquelles on les verse ne peuvent pas absorber tout l'acide carbonique et tout le carbonate ammonique qui s'en dégagent, et dont une bonne partie va se perdre, sans utilité directe, dans l'air. Il vaudrait beaucoup mieux les répandre sur les terres immédiatement avant le labour, parce qu'en les enterrant de cette manière on ralentirait assez leur décomposition pour permettre à tous les produits qui en résultent d'être absorbés par le sol et utilisés par les plantes. La répugnance, si difficile à surmonter, qui s'oppose à une application plus étendue des matières fécales, a donné l'idée de changer leur forme, de les désinfecter et de les métamorphoser en une substance pulvérulente connue sous le nom de poudrette. La préparation de cet engrais, effectuée d'abord en petit, est rapidement devenue une exploitation montée sur une immense échelle, dans le voisinage de toutes les grandes villes. Cette fabrication est basée sur la séparation des parties solides d'avec les parties liquides des matières fécales ; on dessèche les premières aussi rapidement que possible au contact de l'air, tandis que les secondes sont chauffées et évaporées convenablement. On les mélange ensuite avec de la chaux qui en dégage des torrents d'ammoniaque dont on se sert pour préparer divers sels ammoniacaux qu'on livre ensuite au commerce. On conçoit que, pendant leur transformation en poudrette, les matières fécales perdent beaucoup de leur ammoniaque, en sorte que cette fabrication est aussi défectueuse que dégoûtante et malsaine. Depuis quelques années, on a découvert une autre préparation de la poudrette, qui consiste à jeter, dans les matières fécales qu'on sort des fosses d'aisance, des terres calcinées avec des débris végétaux, de manière à se présenter sous forme de charbon très-divisé ; on fait avec le tout une pâte épaisse qui se sèche vite, sans répandre d'odeur, et qu'on emploie comme la poudrette, à laquelle elle équivaut ; c'est cette substance qu'on appelle engrais désinfecté. On a proposé un autre mode d'application des matières fécales : il est basé sur l'action qu'exerce sur elles le sulfate ferreux quand elles sont décomposées ; action dont le résultat dernier est, d'une part, une liqueur chargée de sulfate ammonique, et dont l'effet est analogue à celui du lizier, et, de l'autre, des matières solides rassemblées à sa surface ou au-dessous d'elles, dont l'effet est comparable à celui d'un mélange de matières animales et d'oxyde de fer. On transforme par là les fosses d'aisance les plus infectes en lizier et en fumier, tous les deux presque inodores, et également utiles. Ce procédé mérite d'être employé, tant à cause de sa commodité que parce que l'action des matières fécales préparées de cette manière dure trois années au lieu d'une seule.

L'action qu'exercent sur les terres le sang et la chair

est comparable en tous points à celle des matières fécales brutes, c'est-à-dire qu'elle est excessivement énergique, mais d'une très-courte durée ; aussi a-t-on renoncé presque partout à les employer seuls ; l'hygiène publique l'exige d'ailleurs, parce que les émanations qui se dégagent des champs fumés de cette manière sont si infectes qu'elles empestent l'air bien loin à l'entour.

Le charbon animal est un engrais complexe dont l'action est identique à celle d'un mélange de phosphate calcique, de cyanure de cette base, et de charbon en poudre très-fine ; c'est un engrais très-puissant par l'acide phosphorique qui s'y trouve, mais qui appauvrit le sol, puisqu'au lieu d'en augmenter l'humus il ne lui donne qu'un peu de charbon, dont l'action est beaucoup plus lente que celle de l'humus. Tel serait l'effet du charbon animal si on l'appliquait pur, mais ce n'est jamais le cas, puisqu'il est très-employé dans les arts. On prépare cette substance en calcinant des os seuls, ou bien un mélange de sang et de terre dans des vases clos. Quel que soit son mode de préparation, on s'en sert pour clarifier, décolorer et désinfecter tous les liquides qui en ont besoin ; ce que le charbon fait en se chargeant des principes qui gâtent ces liquides et sont quelquefois assez abondants : c'est le cas des sucres, par exemple ; aussi le charbon animal qui sort des raffineries est-il un des plus actifs, parce qu'il retient beaucoup de sang qu'on emploie avec lui pour purifier le sirop. Le charbon animal, ainsi que celui de bois, est donc un engrais actif après avoir servi à divers usages industriels, où il se charge de principes ferti-

9

lisants et très-facilement décomposables. Ce n'est qu'a-
lors que ces deux espèces de charbon sont des engrais,
car le charbon pur non-seulement n'est pas un engrais, mais il ne peut pas même suffire à la nourriture
de toutes les plantes, puisqu'il n'est pas directement
absorbé par elles, comme l'humus sous forme d'acide
crénique, mais seulement à l'état d'acide carbonique.
Il est possible cependant que le charbon puisse former
de l'acide crénique directement absorbable par les racines des plantes lorsqu'il est très-divisé, et en présence d'une grande quantité d'eau et d'air ; mais ce
fait n'est pas encore prouvé. Ce qu'on sait bien, par
contre, c'est que le charbon peut condenser dans ses
pores l'azote de l'air et former avec lui et l'eau, d'une
part de l'ammoniaque, et de l'autre de l'acide carbonique, deux gaz très-utiles à la végétation, ainsi que
nous le savions déjà. Il n'y a pas de doute qu'on ferait
beaucoup de bien à toutes les plantes qu'on tient en
pot en mêlant du charbon pilé à leur terre, et qu'il en
serait de même aussi pour tous les sols dans lesquels
on sème des graines, parce qu'on diviserait la terre,
on nourrirait les plantes, on faciliterait l'écoulement
des eaux, et la formation de l'ammoniaque et de l'a-
cide carbonique ; puis enfin on accélérerait beaucoup
la végétation à raison de la chaleur que la couleur
noire du charbon concentre dans la terre. Les plantes
végéteront d'autant mieux dans le charbon qu'elles
enlèveront moins de principes au sol ; les cactus, par
exemple, y viendraient fort bien, tandis qu'il est probable qu'il ne suffirait pas au développement des
plantes épuisantes, telles que les choux et les céréales.

Il n'y a que les déjections humaines qu'on emploie quelquefois seules comme engrais, parce qu'on se hâte toujours de s'en débarrasser ; la même raison ne subsistant pas toujours pour les excréments des animaux domestiques, l'expérience a appris à les appliquer sous forme de *fumiers*, engrais mixte fabriqué avec eux et des matières végétales, telles que la paille ou les feuilles ; leur action devient alors beaucoup plus durable et plus uniforme, parce que leur décomposition entraîne celle des matières végétales auxquelles on les associe. On abandonne en général aux bestiaux le soin de fabriquer le fumier, c'est-à-dire qu'on porte cet engrais directement de l'étable au trou qui est destiné à le recevoir ; ce qui est nécessaire, parce que la matière azotée y est répandue très-irrégulièrement. Les paysans, qui entendent bien leurs intérêts, portent dans le trou à fumier d'abord la paille, sur laquelle ils étendent bien uniformément ensuite les déjections ; par-dessus vient un second lit de paille, et ainsi de suite jusqu'à ce que le trou à fumier soit plein. Bientôt une fermentation lente s'établit dans le mélange, qui ne tarde pas à se transformer en une masse homogène, douce au toucher, noire, et riche en ammoniaque ; elle est essentiellement formée d'acides humique et crénique, en sorte que son action sur la végétation est immédiate ; mais elle dure aussi beaucoup moins longtemps que celle du fumier non consommé, que certains agriculteurs conseillent de porter tel quel sur les terres, presqu'au sortir de l'étable, tant pour que son action se prolonge, que, parce qu'on a remarqué que pendant la transformation du terreau en fumier, il s'en dégage de l'acide carbonique qu'on conserve ainsi dans le sol. On voit par là qu'il y a deux espèces de fumier qu'il faut bien se garder de confondre, savoir: le fumier consommé, et celui qui ne l'est pas. Le premier est l'engrais des terres épuisées, parce qu'il les fait produire sur-le-champ ; c'est aussi celui des terres légères, parce qu'il ne les divise pas ; c'est encore celui des jardins, parce qu'il est le plus actif. Le second est l'engrais des terres fortes et argileuses, qu'il rend perméables à l'eau et qu'il fertilise d'une manière durable, parce qu'il s'y décompose lentement. Comme d'ailleurs il y fermente et que toutes les phases de sa destruction s'effectuent dans son sein, il les échauffe, et aucun de ses principes ne s'en dégage sans être utilisé.

Les soins à donner aux fumiers sont longs et minutieux, quoiqu'on puisse les résumer en deux mots : *présence de l'eau, absence de l'air.* Si les fumiers demandent tant de soins, c'est que la plupart des terres les veulent à demi consommés, ni trop, ni trop peu : trop consommés, ils ont perdu beaucoup de leur valeur initiale ; trop peu, ils ne conviennent pas à tous les sols : un juste milieu est également profitable à tous. Pour que le fumier se fasse bien et vite, il doit s'y trouver assez d'eau pour l'humecter et assez peu d'air pour qu'il ne se dessèche pas et qu'il ne s'en évapore rien ; tous les deux concourent au même but, savoir : que le fumier perde aussi peu que possible d'ammoniaque et d'acide carbonique, deux des principes essentiels de son activité et que les fumiers mal soignés versent par torrents dans l'atmosphère, ainsi qu'en

avertit suffisamment l'odorat. Pour atteindre les deux
conditions essentielles à la bonne confection des fumiers, il faut avoir soin d'entasser le fumier en le fou-
lant, de manière à ce qu'il ne reste entre ses diverses
parties aucun vide capable de laisser pénétrer l'air dans
son intérieur et d'y produire une décomposition autre
que celle qui se passe sous l'influence de l'eau, et qui
engendre beaucoup moins d'acide carbonique que l'air.
Il faut, de plus, humecter sans cesse le fumier, tant
pour empêcher l'air de s'y insinuer que pour dissoudre et entraîner les sels ammoniacaux à mesure qu'ils
se forment. Il est aisé de réaliser toutes ces conditions
dans les fosses à fumier en pierre, ouvertes d'un seul
côté, qu'on ferme avec des planches glissant dans des
coulisses, qu'on place les unes sur les autres à mesure
que la masse du fumier augmente. Au fond de la fosse
aboutit le tuyau d'une pompe dont l'autre bout s'é-
lève jusqu'à la partie supérieure du fumier, qu'on peut
arroser de cette manière et sans peine dans toute son
épaisseur. Le jus du fumier retombe sans cesse dans le
fond de cette fosse, qui a quelques centimètres (cin-
quante à quatre-vingts) de profondeur au-dessous du
sol. Pour rendre la fosse aussi parfaite que possible,
on place au-dessus d'elle un toit en planches qui arrête les eaux pluviales et fait que le fumier n'est jamais lavé ; ce qui occasionne des pertes extrêmement
considérables dans les fumiers disposés, comme on les
voit partout, à ciel ouvert, parce que ces eaux enlèvent
essentiellement l'ammoniaque, qui est un des éléments
les plus puissants de l'action des fumiers. Les fumiers
lavés ont encore moins de valeur que les fumiers dessé-

chés; tous les deux ont perdu leurs sels ammoniacaux; mais les seconds ont conservé leurs sels alcalins, qui n'existent même plus dans les premiers. Ce sont de ces choses que la plupart des agriculteurs ignorent et qui leur causent un détriment dont ils sont bien loin de se douter, quoiqu'il soit immense. En voulant se nuire à eux-mêmes, les agriculteurs ne feraient pas plus qu'à présent, où on voit la plupart d'entre eux laisser les fumiers jusqu'à quinze jours sur leurs champs avant de les labourer; ils sont alors lavés par les pluies, desséchés par les vents et le soleil, en sorte qu'il n'en reste bientôt que la paille longue et dure, c'est-à-dire la partie la moins nutritive du fumier. Il faut étendre le fumier dès qu'on l'a conduit aux champs et l'enterrer immédiatement après; traité de cette manière, il a une énergie souvent double ou quadruple de celle qu'il possède lorsqu'il a passé quelques jours exposé aux intempéries de l'air.

L'effet des fumiers varie avec l'espèce de matières végétales et de matières animales qu'il contient; plus la matière végétale est tendre et déliée, plus le fumier se fera vite; plus son effet sera prompt, moins il sera durable. Les fumiers de feuilles sont l'engrais par excellence des terres légères, tandis que ceux de pailles, jouissant de propriétés opposées et ne valant pas grand'chose pour les terres légères, sont très-utiles aux sols compacts et lourds. Les déjections du cheval donnent un fumier sec, celles de vache un fumier humide; le fumier le plus actif sera donc celui de feuilles et de cheval, le moins actif celui de pailles et de vache; le fumier le plus utile, pour les terres légères, à cause de son humidité et de sa compacité, sera celui de feuilles et de vache; le plus avantageux pour les terres froides et compactes est celui de pailles et de cheval, parce qu'il les divise et les échauffe.

Nous parlerons maintenant des fumiers de vache, de cheval, de mouton et de chèvre, de porc et de volaille, après quoi nous parlerons de celui des oiseaux de mer, qu'on appelle guano, ainsi que de celui des vers à soie, qui est assez actif pour devoir attirer l'attention de toutes les personnes qui élèvent de ces utiles insectes.

Le fumier de vache est très-compacte, assez humide pour ne se dessécher qu'avec peine et ne pas fermenter avec force; aussi ne produit-il pas beaucoup de chaleur et ne moisit-il jamais, comme celui du cheval; il demande plutôt à être préservé d'un excès d'eau qu'à ce qu'on lui en fournisse, et se change assez rapidement en humus sans dégager beaucoup d'acide carbonique. Ce fumier est fort utile pour la culture des terres légères et sèches, qui, étant chaudes par nature, n'ont pas besoin de demander au fumier une nouvelle portion de chaleur, dont elles n'auraient que faire, et qui pourrait leur être quelquefois plus nuisible qu'utile. Cet engrais est le plus généralement utilisé dans la grande culture, dont on applique les produits surtout à l'éducation des bêtes à cornes.

Le fumier de cheval est très-sec; il demande à être arrosé fréquemment pour pouvoir entrer en putréfaction; sans cela il se dessèche, moisit, et finit par perdre beaucoup de son ammoniaque. La meilleure manière d'en tirer parti, en le rendant plus humide, consiste à

en séparer la paille d'avec les crottins. On place la première au fond du trou à fumier et on verse sur elle une
pâte demi-fluide, faite en délayant les crottins avec de
l'eau ; puis vient une nouvelle couche de paille, une de
crottins, et ainsi de suite jusqu'à ce que la fosse soit
pleine. On obtient ainsi un fumier humide qui a beaucoup de rapports avec celui de vache et se change tout
aussi facilement que lui en humus, bien compact, sans
perdre beaucoup d'acide carbonique non plus que
d'ammoniaque. Il faut se garder de traiter de cette manière le fumier de cheval qu'on veut appliquer à l'a-
mélioration des terres froides et au chauffage des couches ; dans ce cas là on doit le disposer comme d'habitude, c'est-à-dire laisser les crottins pêle-mêle avec la
paille, et se borner à arroser le fumier avec un arrosoir
à pomme, afin de l'humecter assez pour qu'il ne moi-
sisse pas, et pas assez pour en arrêter la fermentation.
Cette fermentation est tellement active qu'elle développe une chaleur très-intense, ce qui fait qu'on emploie le fumier de cheval pour chauffer les couches, sur
lesquelles il agit tout aussi fortement qu'un fourneau,
et beaucoup plus activement, puisqu'il fournit une
chaleur humide, tandis que celle des fourneaux est si
sèche qu'il y a des plantes qui en souffrent souvent.
Dans certains pays où on tient à accélérer autant que
possible la végétation de quelques végétaux, tels que
les melons, les patates et autres, sans avoir recours à
des couches, on enterre du fumier frais de cheval dans
des fosses, où on le recouvre de quelques centimètres
de terre sur lesquels on plante les graines ou les tubercules en question, qui se développent avec rapidité

et y trouvent, plus tard, quand la chaleur du fumier s'est
dissipée, un abondant réservoir d'engrais ; ils produisent, sous cette bienfaisante influence, beaucoup plus
de fruits et de feuilles que des végétaux de la même
espèce élevés sous couche et transplantés plus tard
dans une terre de jardin, quelque bonne qu'elle soit ;
c'est un fait connu de tous les paysans, qui sèment toujours leurs courges dans quelques poignées de terre
qu'ils introduisent dans un trou de leur fumier, où elles se développent rapidement et produisent des fruits
magnifiques.

Le fumier de mouton et de chèvre doit être traité
absolument de même que celui de cheval, dont il possède toutes les propriétés. Si nous nous y arrêtons ici,
ce n'est que pour nous élever contre la fâcheuse habitude qu'ont les paysans de laisser pourrir le fumier de
ces animaux sous eux, dans la bergerie, parce qu'ils
savent qu'à cause de son excessive sécheresse il ne se
change que très-difficilement en humus lorsqu'on le
laisse en plein air. Placé dans ces conditions, le fumier
fermente en effet, il se décompose, mais les pauvres
animaux qui couchent sur lui en reçoivent toutes les
émanations ; ils respirent une atmosphère qui, chargée
d'acide carbonique et d'ammoniaque, leur nuit beaucoup ; aussi arrivent-ils au printemps dans un état de
faiblesse et de maigreur souvent effrayant ; les brins de
leur toison se collent et se salissent, ce qui en diminue
beaucoup le prix, et souvent la mort de beaucoup d'entre eux vient donner une preuve encore plus palpable
de toute l'absurdité de cette déplorable coutume. Le
fumier des bêtes ovines doit être enlevé de la bergerie

au moins toutes les semaines, comme celui des autres animaux domestiques. L'engrais que les moutons
donnent à la bergerie est beaucoup moins usité que
celui qu'ils fournissent plus directement aux champs
dans lesquels on les fait parquer, et qu'ils fument assez
fortement pour que cet engrais soit très-estimé pour
toutes les terres fortes, qui sont les seules où on en
fasse habituellement usage, parce qu'elles seules aussi
peuvent profiter de cet engrais, qui est beaucoup trop
chaud pour les terres sèches. Les champs fumés par le
parquage des moutons ne le sont pas d'une manière
suffisante ; aussi s'épuisent-ils bien vite quand on n'y
conduit pas aussi du fumier, ce qu'on fait généralement. Si on savait préparer le fumier de mouton et de
chèvre, il n'y a pas de doute que ces utiles animaux
rentreraient dans la grande culture, d'où on les chasse
parce qu'ils ne produisent pas de fumier ; la faute est
ici à l'homme, et non pas à l'animal qui le sert.

Le fumier de porc, à raison de la nourriture de cet
animal, a beaucoup de rapport avec les vidanges des
fosses d'aisances ; aussi est-il le plus actif parmi tous
ceux qu'on rencontre dans la cour des fermes, sauf celui des oiseaux. Cet engrais est habituellement humide
et mélangé avec de la paille ; on l'emploie rarement
seul, parce que son énergie est telle qu'il brûle les
plantes ; aussi l'associe-t-on presque toujours au fumier
de vache, qu'il rend un peu moins froid. Du reste il
est peu connu, et nulle part on ne trouve des indica-
tions sur son emploi à l'état de pureté, bien qu'il semble éminemment propre à la culture des plantes pota-
gères.

La volaille produit un engrais excessivement actif, qu'on vend sous le nom de colombine, et qui agit tout à fait comme les sels ammoniacaux dont elle est essentiellement formée, en sorte qu'il faut l'employer avec les mêmes précautions et dans les mêmes cas qu'eux. Cet engrais perd beaucoup de sa force avec le temps et passe alors à l'état d'acide carbonique et de nitrate ammonique ; il faut donc l'employer frais toutes les fois qu'on le peut. Lorsqu'on veut employer cet engrais à l'état pur, on doit ne pas le mélanger avec de la paille, et pour cela ne pas en répandre sur le sol des poulaillers et des pigeonniers, d'où il devient facile alors de détacher avec une pelle la colombine, qu'on dessèche sous des hangards, qu'on pulvérise et qu'on répand ensuite sous cette forme à la surface de la terre immédiatement avant le labour. Comme la colombine est remplie de poux et d'autres petits insectes qui couvrent la volaille, son usage n'est pas sans inconvénient et peut provoquer dans certains cas, sur ceux qui la sèment, des espèces d'érisypèles très-désagréables. Dans les grandes fermes on jette presque toujours la colombine sur le fumier de gros bétail, et on fait bien, puisqu'on peut la remplacer si facilement par des sels ammoniacaux dont l'emploi ne présente aucun danger pour le cultivateur.

Il y a quelques années qu'on a importé du Chili une espèce d'engrais qu'on y trouve sur ses côtes, et dont l'odeur rappelle celle de la colombine ; c'est le guano, matière blanchâtre, formée d'excréments d'oiseaux marins plus ou moins bien conservés, et dont l'action est en tout semblable à celle des sels ammoniacaux, sur lesquels il n'a aucune espèce d'avantage autre que celui de la réputation qu'il a acquise par la voie des journaux. L'emploi le plus utile qu'on puisse faire du fumier de volailles et de celui des oiseaux de mer est sans contredit de le mêler aux débris des végétaux, qui ont tous les principes actifs des fumiers, sauf l'ammoniaque, qu'on leur donnerait ainsi, en sorte qu'avec un poulailler bien peuplé, de la paille ou des feuilles et de l'eau, on pourrait fabriquer un fumier tout aussi actif que celui de vaches ou de chevaux, suivant qu'on y mettrait plus ou moins d'eau.

Le fumier des vers à soie est formé des déjections de ces insectes et des débris des feuilles dont ils se nourrissent. Cet engrais est très-actif, parce qu'il contient des sels ammoniacaux provenant des déjections des vers, qui renferment de l'acide urique comme celles des oiseaux, acide urique qui, en se putréfiant, se change en oxalate et celui-ci en carbonate ammonique. Comme ce fumier ne peut pas être employé en grand, on le réserve pour les jardins potagers, sur lesquels il produit d'excellents effets.

CHAPITRE VI.

Maladies des sols.

On appelle maladie tout phénomène contraire à l'état de santé, à l'état normal d'un corps ; un sol est donc malade toutes les fois que ses propriétés s'altèrent brusquement, ainsi que cela arrive malheureusement trop souvent. On peut diviser les maladies des sols en deux sections, comprenant : l'une, celles qui ont une cause chimique, et l'autre, celles qui ont une cause mécanique ; mais comme cette division ne peut pas être rigoureusement suivie, et que d'ailleurs ces deux causes agissent presque toujours simultanément, nous n'en tiendrons pas compte.

Les agents qui peuvent diminuer la fertilité d'une terre sont l'air, l'eau et les plantes.

Sous forme de force l'air gâte beaucoup de sols auxquels les vents enlèvent de l'humidité, qu'ils refroidissent, et sur lesquels ils empêchent tout à fait la culture des plantes à larges feuilles, qui ne peuvent pas résister à la force de l'air qui les déchire. Il n'y a qu'un moyen de remédier à cette désastreuse action des vents ; elle consiste à élever des murs, des ados, à planter des arbres et des haies. Sous forme de véhicule de l'électricité, l'air a une action inconnue dans tous ses effets, sauf celui de la foudre et de la grêle. L'action de la foudre ne se fait pas sentir sur de grandes surfaces : elle se borne à briser un arbre, et tout reste là. Il n'en est point ainsi de la grêle ; car, évidemment produite par l'électricité, puisqu'elle ne paraît qu'accompagnée par les orages, elle ravage quelquefois des contrées entières, sur lesquelles elle hache et brise tout, en laissant si peu de chose que la végétation doit recommencer à nouveaux frais. Ce déplorable phénomène naturel n'a pas encore pu être arrêté dans sa marche ; il est probable qu'on mettrait des bornes à ses dévastations en plantant beaucoup d'arbres élevés, qui agiraient tant en attirant l'électricité de l'atmosphère qu'en coupant la colonne de grêle et la faisant tomber avec moins de violence sur les champs. Ce moyen doit être efficace, puisque la grêle, dans les pays de montagnes, suit la crête des coteaux et ne tombe presque jamais dans les vallées, préservées ainsi du fléau que rien n'arrête dans les plaines, où il sévit avec fureur. Comme les grêlons sont formés de glace, ils agissent non pas seulement en brisant tout ce qu'ils touchent, mais aussi en le tuant, parce qu'ils y détruisent toute espèce de vitalité à cause de leur basse température. Toutes les fois qu'un champ aura été très-maltraité par la grêle, il faut le faucher et le donner en vert au bétail, ou bien le retourner à la charrue et se hâter d'y placer une récolte dérobée, c'est-à-dire formée par des plantes dont la végétation soit assez courte pour être terminée avant l'arrivée des frimas.

Sous forme de véhicule de l'eau, l'air agit d'une façon bienfaisante toutes les fois qu'il ne laisse pas tomber à la fois une trop grande quantité de ce fluide à la surface de la terre. Dans ce cas les terres sont entraînées au loin et au moins lavées ; cet effet se manifeste surtout sur les terres en pente, et il n'y a moyen de l'arrêter qu'en coupant le sol avec de nombreux murs ou des haies placées perpendiculairement à son inclinaison, de manière à retenir les eaux et à diminuer ainsi la force avec laquelle elles entraînent les terres. Toutes les fois que les pluies sont de longue durée elles nuisent aux plantes, dont elles entravent la croissance, tant en refroidissant l'atmosphère qu'en l'obscurcissant et en empêchant ainsi d'arriver jusqu'à elles ces rayons solaires si indispensables à la formation de leurs tissus et à la décomposition de l'acide carbonique.

L'eau agit de deux façons bien différentes, suivant qu'elle est stagnante ou courante. L'eau stagnante autour des racines des plantes les tue assez rapidement, parce qu'elle y développe une fermentation capable de produire des acides dont la présence est nuisible en général à tous les êtres organisés ; comme d'autre part elle développe des miasmes infects, elle est toujours nuisible aux animaux. On se débarrasse des eaux de cette nature à l'aide de fossés, de puits perdus et de pierres qu'on jette sur la terre ; dans tous les cas, on doit y jeter du calcaire, afin de lui ôter son acidité ou de la prévenir. L'eau courante entraîne les terres avec elle comme le font les pluies, mais avec beaucoup plus de violence, puisque dans le voisinage des fleuves elle enlève des prairies entières, qu'elle remplace par du gravier ou dont elle laisse à nu le fond de roc ; d'autres fois les rivières débordées couvrent les champs avec le gravier de leur lit et les stérilisent ainsi ; il n'y a que des travaux d'endiguement des rivières qui puissent prévenir tous ces maux, qui, dans la plupart des cas, sont irréparables ; le second seul a un remède, qui consiste à creuser le gravier jusqu'à ce qu'on arrive à la terre, où on plante des arbres qui peuvent prospérer, mais qui seuls sont dans ce cas, parce qu'ils ne nécessitent pas le déblaiement complet du sol, opération trop coûteuse pour qu'on puisse l'effectuer.

Les plantes, enfin, changent beaucoup les propriétés du sol ; ce sont elles, par exemple, qui métamorphosent en champ fertile le sommet des rocs arides ; ce sont elles aussi qui épuisent souvent les terres les plus

fécondes et leur enlèvent tous leurs principes actifs ;
c'est ce dernier cas qui doit seul nous occuper ici, et
sur lequel nous nous sommes arrêtés assez longtemps,
à l'article des assolements, pour n'avoir plus beaucoup
à en dire. La culture des plantes les plus épuisantes
ne gâterait pas la terre, même la plus pauvre, si on lui
laissait la récolte qu'elle a produite; ce qui l'épuise,
c'est qu'on l'enlève, absolument de même qu'on affai-
blit l'homme auquel on enlève du sang. Les récoltes
sont des saignées qu'on fait aux champs, et pour qu'ils
puissent continuer à en produire il faut leur rendre
leur vigueur, leur force primitive, ce qu'on fait en y
mettant du fumier ou d'autres engrais.

Ici se termine l'étude que nous devions faire du sol,
c'est-à-dire de l'une des trois conditions indispensables à l'existence de l'agriculture, au développement
de tous les êtres ; les deux autres sont l'eau et l'air
atmosphérique, dont nous allons examiner avec soin la
composition et les fonctions. L'étude des eaux et de
l'air doit être subordonnée à celle de la partie solide
de notre planète, composée essentiellement d'une portion solide, la terre proprement dite ; d'une autre portion liquide, l'eau, et d'une troisième gazeuse, l'air.

CHAPITRE VII.

De l'eau.

L'eau est formée par la combinaison de deux gaz
qu'on appelle hydrogène et oxygène, dans la porpor-

tion de 1 du premier pour 8 du second. Toute l'eau ou
la plus grande partie de l'eau qui existe maintenant à
la surface de la terre a dû se condenser après le sol,
qu'elle contribue beaucoup, ainsi qu'on l'a déjà vu,
à transformer en terre arable. Les deux gaz dont l'u-
nion produit l'eau se combinent avec une telle violence qu'au moment où les eaux qui couvrent la terre
se sont formées, notre planète aurait été pulvérisée si
cette combinaison avait été brusque et instantanée,
comme cela arrive sous l'influence de l'éclair; mais il
est probable qu'il n'en a point été ainsi, et que l'eau
s'est formée avant ou en même temps que la terre, autour de laquelle elle est restée suspendue dans les airs,
sous forme de vapeur, tant que notre globe est resté
incandescent. Suivant que la chaleur à laquelle elle est
soumise est plus ou moins grande, l'eau prend l'état
de gaz, de fluide ou de solide, c'est-à-dire qu'elle se
change en vapeur, en eau proprement dite, ou en
glace, d'autant plus dure et plus compacte que le froid
auquel on l'expose est plus intense. La glace et l'eau
restent à la surface de la terre; la vapeur d'eau s'élève
dans l'atmosphère, où elle s'associe aux deux gaz qui
la constituent en quantité d'autant plus grande que
l'air est plus chaud; dès que l'air se refroidit, les
gouttelettes d'eau qu'il tient en suspension se rapprochent les unes des autres, s'unissent et produisent
des gouttes d'eau qui retombent sur la terre sous
forme de rosée ou de brouillards, quand elles sont
très-petites; sous celle de pluie, quand elles sont plus
grosses, et sous celle de neige ou de grêle lorsqu'elles
passent à travers des couches d'air très-froid. Les

bienfaisantes rosées sont produites de cette manière,
parce que la fraîcheur des nuits réunit les particules
d'eau que la chaleur du jour a disséminées dans l'air.
L'eau ne se forme plus maintenant qu'en très-petite
quantité à la surface du globe ; on la voit se produire
toutes les fois que des débris de corps organisés se décomposent et se putréfient, mais seulement alors, parce
qu'il n'y a que ces corps qui soient capables de produire cet hydrogène, gaz qu'on ne trouve pas dans
l'air. L'eau que reçoivent les plantes leur vient du
sol ou bien de l'atmosphère, car tous les deux en fournissent. Il n'y a que fort peu de terres arables qui ne
soient pas placées au-dessus de nappes ou de cours
d'eau souterrains plus ou moins abondants, et qui s'é-
lèvent par capillarité jusqu'à leur surface ; ce sont ces
cours d'eau souterrains qui, en venant à sortir de
terre, forment les sources des fontaines et des rivières qui l'abreuvent. Comme les propriétés de ces
eaux varient suivant une foule de circonstances, nous
voulons nous y arrêter après avoir dit un mot des
eaux que l'atmosphère fournit au sol. L'eau qui tombe
de l'atmosphère n'est jamais absolument pure, quoiqu'en général elle le soit toujours plus que les eaux
de source ; elle contient de l'ammoniaque, différentes
autres substances gazeuses, liquides ou solides, auxquelles on attribue la formation et le développement
des miasmes ; l'eau des pluies d'orage contient aussi de
l'acide nitrique ; toutes sont chargées d'une quantité
d'acide carbonique assez grande pour pouvoir dissoudre des traces de carbonate calcique, et former de
cette manière ces stalactites ou colonnes de pierre plus

ou moins brillantes qu'on voit suspendues à la voûte
de toutes les grottes situées dans des montagnes calcaires, assez près de leur surface pour que l'eau puisse
en traverser les parois. Comme les pluies entraînent
avec elles toutes les substances étrangères que charrie
l'atmosphère, elles la purifient beaucoup en même
temps qu'elles fertilisent le sol, auquel elles apportent
de l'acide carbonique et de l'ammoniaque, deux des
principes qui agissent avec le plus d'énergie sur la végétation, abstraction faite de l'eau elle-même, sans laquelle il n'y a pas de vie possible. Les fonctions de l'eau
vis-à-vis de la terre, des plantes et des animaux, sont
encore peu connues, surtout pour ces deux dernières
classes. Sur la terre l'eau agit comme dissolvant, c'est-
à-dire qu'elle lui enlève plusieurs de ses principes
qu'elle apporte ensuite aux plantes et aux animaux.
Si l'eau n'agit pas en tous points de la même manière sur les plantes et sur les animaux, cela doit être
cependant pour la plupart des cas ; l'eau doit agir
sur eux mécaniquement et chimiquement : mécaniquement, en humectant et gonflant leurs tissus dont
elle facilite tous les mouvements ; chimiquement, en
leur apportant les substances qu'elle tient en dissolution, et surtout en se combinant avec leurs parties
constituantes, et en se décomposant en ses éléments
pour fournir aux êtres doués de la vie de l'oxygène
ou de l'hydrogène, suivant leurs besoins. Ce qu'il y a
de positif, c'est que l'eau est une des parties essentielles de notre planète ; son énorme masse le prouve
suffisamment, car l'eau forme à la surface de la terre
une atmosphère mobile comparable en tous points à

celle qui plane au-dessus d'elle, à l'air. En effet, l'eau repose, comme l'air, sur un corps solide, sur la terre, et dans son sein végètent des plantes entre lesquelles circulent et vivent des êtres en quantité si innombrable qu'elle dépasse les conceptions de l'imagination la plus féconde. L'eau diffère essentiellement de l'air en ce que ses éléments sont unis chimiquement, tandis que ceux de l'air ne sont que mêlés mécaniquement; cependant l'eau agit sur les êtres qui y vivent par les mêmes principes que l'air fournit à ceux qui l'habitent, parce que l'eau a la propriété d'enlever à l'air de l'oxygène, de l'acide carbonique et de l'ammoniaque, tandis que, d'autre part, elle enlève à la terre des alcalis et une foule d'autres substances solubles. Les conditions chimiques de la vie sont donc les mêmes dans l'eau que dans l'air; il n'y a que les conditions mécaniques qui soient différentes, ce qui vient de ce que, l'eau étant un milieu plus dense, plus lourd que l'air, les êtres qui y vivent devaient avoir des formes telles qu'ils pussent résister au choc de cet élément, dont la puissance est si grande qu'elle aurait brisé des arbres et des animaux formés comme ceux qu'on trouve à la surface du sol.

Il y a deux espèces principales d'eaux, qui, à cause de leur nature, nourrissent des êtres tout différents : les unes sont douces, les autres salées. Les premières sont les seules usitées en agriculture; les secondes forment ces mers qui entourent le globe de leur ceinture mobile, réservoir immense qu'alimentent les fleuves, et qui rend à l'air, sous forme de vapeur, toute l'eau que les rivières lui apportent, de même que

l'air reçoit des animaux tout l'acide carbonique qu'il
rend aux plantes ; la mer et l'air en sont les deux magasins inépuisables ; leurs portes toujours ouvertes suffisent aux exigences de la vie, dont l'infatigable activité ne se lasse jamais de peupler la surface du monde
de nouvelles générations. La salure des mers a deux
buts : celui d'empêcher la putréfaction et de rendre
moins facile l'évaporation de l'eau. Sans cette sage
précaution du Créateur, ces immenses étendues d'eau
seraient rapidement devenues de vastes foyers d'infec-
tion qui auraient bientôt détruit tout ce qui a vie à la
surface du globe. L'eau salée est nuisible à la végétation, à laquelle elle fournit une si grande quantité d'alcalis qu'elle l'arrête en détruisant la vitalité dans sa
source ; aussi est-il extraordinaire que certaines plantes puissent végéter dans ces conditions-là ; elles ont
toutefois une conformation tout autre que celle de la
plupart des végétaux qui vivent à la surface du globe ;
néanmoins ce fait est remarquable et mérite au plus
haut point l'attention des physiologistes et des chimistes, puisque toutes les parties de ces plantes sont imbibées de sel, précisément de cette substance qui, dans
de telles proportions, tuerait tous les autres végétaux. Il
est bien rare que les eaux douces renferment une quantité de substances solubles suffisante pour leur communiquer de la saveur, d'autant plus que ces substances
sont assez peu solubles ; car ce sont en général du carbonate calcique uni avec fort peu d'alcalis, et quelques
traces de substance soluble provenant des débris de
substances organiques en décomposition. Il y a fort
peu d'eaux de source très-pures, et celles-là sont les

moins utiles à la végétation, parce qu'elles n'agissent
que par l'eau, tandis que l'utilité de l'action des autres
vient aussi des sels calcaires et alcalins qu'elles con—
tiennent. Les eaux des terres granitiques, telles que
celles qui descendent des Vosges et des Alpes, sont en
général assez pures, tandis que celles qui passent dans
les montagnes calcaires sont tellement chargées de
carbonate calcique qu'elles le laissent déposer sous
forme d'incrustations et de tuf. Les eaux chargées de
principes alcalins deviennent d'excellents stimulants
de la végétation, tandis que celles qui tiennent en dissolution du calcaire ou des matières organiques ont
un autre genre d'utilité dont l'action est toujours bien
marquée. L'eau, en tant que fluide, est indispensable
aux plantes, qui ne peuvent décomposer qu'en sa présence l'acide carbonique de l'air. L'eau agit aussi en
maintenant autour des racines des plantes une température assez uniforme pour permettre à celles d'entre
elles qui ne craignent pas les froids un peu vifs de
végéter pendant toute l'année. C'est en faisant passer
des ruisseaux sur leurs cressonnières artificielles que
les maraîchers des environs de Paris leur font produire
des feuilles pendant toute l'année. C'est à une cause
semblable que les pays entourés par les eaux de la
mer doivent, comme les côtes de la Bretagne et le
pays de Cornouailles, de pouvoir nourrir en plein
air des plantes qui appartiennent à des zones plus
chaudes que celles où ces deux pays se trouvent
placés.

Toutes les substances minérales existant dans l'eau
n'y sont pas en dissolution; il y en a qui sont entraî-

nées mécaniquement : ce sont toutes celles qui en troublent la transparence. Certaines eaux de source exercent une action remarquablement utile sur les plantes qui croissent le long de leurs bords, parce qu'elles tiennent en dissolution de l'acide carbonique, des sels alcalins ou de l'ammoniaque : c'est le cas de la plupart des eaux des montagnes calcaires. Les eaux qui s'écoulent des marais étant très-chargées d'acides crénique et apocrénique, ainsi que de leurs sels, exercent sur les terres une heureuse influence, équivalente à une légère fumure, toutes les fois qu'elles ne sont pas acides ; dans ce cas, elles sont nuisibles à toutes espèces de sols. Les eaux des rivières sujettes à déborder et à produire ainsi de vastes inondations ont un autre genre d'action, dépendant des parties insolubles ou fort peu solubles qu'elles entraînent avec elles et déposent sur les terres sous forme de limon. On sait combien ce limon est souvent fertile, et que c'est à lui que la Basse-Égypte doit une grande partie de sa fécondité. Le limon d'autres rivières, bien loin d'avoir sur les terres une heureuse action, les gâte de manière à les rendre incultivables pour plusieurs années ; c'est le cas des limons très-sablonneux, tels que ceux du Rhône, qui ne contiennent pas de principes solubles susceptibles d'être utilisés par les plantes.

Pour se développer, toutes les plantes ont besoin d'eau, en sorte qu'il est indispensable de leur en fournir lorsque le ciel ou la terre la leur refusent. Il y a deux moyens de donner de l'eau au sol, suivant qu'il est au-dessous ou au-dessus des réservoirs d'eau.

Dans le premier cas, il ne s'agit que de créer des
ruisseaux artificiels et de les distribuer sur toute l'é-
tendue du terrain, de manière à ce que l'irrigation
soit aussi complète et aussi uniforme que possible.
Dans le second cas, il faut amener l'eau à la surface du
sol par des moyens mécaniques, ou bien à l'aide de
puits artésiens; toutes les fois que les frais de forage
d'un semblable puits ne sont pas trop considérables,
il vaut infiniment mieux adopter ce système d'arrosage
que le précédent, parce qu'il fournit en abondance,
et à toutes les époques de l'année, une eau d'une température un peu au-dessus de celle de l'air, et qui
contient en dissolution une quantité de sels alcalins et
ammoniacaux assez forte pour agir d'une manière
bien sensible sur la végétation. En général, les agriculteurs n'ont pas une idée assez nette des progrès
que ferait faire à leur industrie un système bien entendu d'irrigation, quoique aucun d'eux n'ignore que
les prés humides sont de tous les plus productifs; ils
savent tous que les endroits où l'herbe reste verte dans
les plaines sèches sont ceux où il y a de l'eau, et bien
peu d'entre eux, cependant, se donnent la peine de
chercher à fertiliser leurs terres avec ce précieux fluide.
Jusqu'ici on n'a guère fait usage des irrigations que là
où se trouvaient des eaux plus élevées que le sol et qui
permettaient de les pratiquer à peu de frais; partout
où on devait faire de fortes dépenses pour avoir de l'eau,
on a hésité et reculé, parce qu'on n'en connaissait pas
bien la valeur, qui est telle qu'elle peut doubler et plus
celle des terres sèches. On ne trouve cependant personne qui veuille diminuer le mérite des irrigations,

dont l'utilité est universellement reconnue, quoiqu'elle ne soit appréciée partout que beaucoup au-dessous de sa valeur réelle. C'est dans les pays chauds, tels que le midi de la France et le nord de l'Italie, qu'on trouve les systèmes d'irrigation les mieux entendus, parce que sans eux la terre desséchée par le soleil ne donnerait rien ; on commence à les établir aussi sur une vaste échelle dans plusieurs parties de l'Allemagne, où ces arrosements produisent tous les effets merveilleux qu'on attendait d'eux. Dans les pays où il n'est pas facile de se procurer de l'eau par les moyens dont il vient d'être question, on a recours à un autre procédé qui est employé dans certaines montagnes de l'Espagne, dont les vallées sont si étroites et les flancs si escarpés que l'irrigation y est impossible, à cause de l'absence des sources provoquée par la nudité de la localité ; car, si, dans les terrains bas, les sources sont alimentées par des nappes d'eau, il n'en est plus ainsi de ceux qui sont élevés et qui sont cette fois alimentés par l'eau qui, tombée de l'atmosphère, s'amasse dans les cavités des montagnes, où elle se conserve fort longtemps lorsque le sol est assez couvert de forêts pour ne pas se dessécher et empêcher ainsi la rapide évaporation de ces amas d'eau, qui, tant qu'ils sont protégés contre les chaleurs, peuvent suffir à l'alimentation de sources nombreuses, qui tarissent dès qu'on coupe les forêts ; voilà un des mille maux que produit le déboisement des montagnes, dont nous pensons que l'action directe sur la santé humaine est bien plus intense qu'on ne le croit. La présence des arbres empêche tellement l'évaporation que, par les étés les plus brûlants, les ver-

gers plantés d'arbres forts ne se dessèchent pas, même
dans les terres les plus légères, tandis que les prés
placés autour d'eux sont tellement brûlés qu'il n'y a
plus une seule plante qui y conserve vie. Partout où les
montagnes sont déboisées les sources tarissent, et une
sécheresse effrayante se déclare, surtout dans les pays
chauds. C'est ce qui est arrivé dans les montagnes es-
pagnoles, où on a vu les paysans de plusieurs villages,
menacés de perdre toutes leurs récoltes, se réunir
pour barrer en commun l'étroite gorge qui terminait
leur vallée, élever des digues aussi hautes que leurs
collines, et enfermer ainsi les eaux provenant des
pluies et de la fonte des neiges dans de vastes étangs
artificiels d'où ils tiraient, à l'aide d'écluses entrete-
nues avec soin, toute l'eau nécessaire pour conserver
à leurs champs cette prodigieuse fertilité que leur enlevait dès le printemps le ciel brûlant de cette contrée.
Le fameux lac Mœris, que les anciens habitants de l'E-
gypte avaient creusé et endigué dans la vallée du Nil,
dont il était destiné à retenir les eaux, n'avait pas d'autres usages que celui des étangs espagnols, et sa destruction a entraîné avec elle la ruine presque totale
de l'agriculture jadis si célèbre de ce pays. Si on le
rétablissait, l'Egypte recouvrerait sa fécondité primitive, et ses récoltes ne seraient plus aussi dépendantes
des inondations du Nil que les nôtres de l'abondance
de la pluie. L'exemple des Egyptiens est une grande
leçon pour les peuples de l'Europe, dont le sol suffirait à tous leurs besoins matériels s'ils voulaient s'associer pour former quelques-uns de ces immenses réservoirs devant lesquels ne reculaient point la patience

et le zèle des anciens peuples, qui se mettaient par là
pour bien des siècles à l'abri du besoin. Il y a beaucoup d'endroits où on pourrait suivre l'exemple des
Espagnols et fertiliser ainsi de vastes étendues de terrain ; les citernes qu'on creuse sur le sommet des montagnes, autour des habitations, ne sont pas autre chose
que des étangs de cette nature, mais beaucoup plus
petites, puisqu'elles ne sont utilisées que par les hommes
et les bestiaux. Ces citernes sont remplies par les eaux
qui tombent du ciel sous forme de pluie ou de neige ;
elles ne diffèrent qu'en cela des puits, puisque ces
derniers reçoivent leur eau de la terre, dans laquelle
on les creuse jusqu'à ce que leur fond arrive sur une
de ces nappes d'eau souterraines dont il a déjà été
question ailleurs. L'eau des citernes est beaucoup
plus pure que celle des puits, ce qui ne veut pas dire
qu'elle soit plus saine ; car, ces eaux-là étant dépourvues de toutes parties calcaires, elles occasionnent
assez facilement des aigreurs d'estomac qu'empêchent
ou arrêtent les eaux de source ou de puits qui coulent
sur des terres calcaires dont elles s'imprègnent. Quand
les eaux de puits sont convenablement chargées de
parties calcaires, leur effet est donc fort utile ; lorsqu'elles en contiennent trop, elles peuvent, dit-on, développer des goîtres. Au reste, quoique cette maladie
naisse de préférence dans le voisinage des sources tuf-
feuses, nous sommes bien plus porté à croire qu'elle
doit son origine à l'air malsain des marais où naissent
ces sources qu'à l'usage de leurs eaux. La preuve en
est que les personnes affectées de goîtres les perdent
quand elles font usage d'un air plus vif et plus pur,

quoiqu'elles continuent à se servir des mêmes eaux. .
Au reste, l'eau des puits devient malsaine toute les
fois qu'elle passe sur un lit de sulfate calcique ou
gypse, dont elles dissolvent une quantité suffisante
pour affecter gravement la santé des hommes et des
bêtes. Ces eaux-là doivent donc être rejetées, d'autant
plus qu'elles sont impropres à la cuisson des légumes,
qu'elles rendent durs, et à la confection des lessives,
parce qu'elles décomposent le savon, et que les corps
gras se fixent sur les étoffes de manière à les tacher
de la façon la plus désagréable. Lorsqu'on n'a pas d'autres eaux que celles qui sont chargées de sulfate calcique, on peut s'en servir, mais après leur avoir fait
subir une purification assez coûteuse, qu'on effectue
avec le carbonate sodique, qu'on trouve dans le commerce sous le nom de sel de soude. On met l'eau qu'on
veut purifier dans de grandes cuves ou de vastes tonneaux dont on connaît la capacité, et on y verse une
dissolution de sel de soude en quantité suffisante pour
décomposer tout le sulfate calcique, qui tombe au bout
de quelques jours sous forme de poudre blanche qui
est de la craie ou carbonate calcique. Il vaut mieux mettre trop de sel de soude que pas assez ; un léger excès
n'est jamais nuisible. Cependant il faut l'éviter, tant
pour diminuer la dépense que parce qu'il communique
à l'eau un goût assez peu agréable. L'expérience faite en
petit avec quelques litres de liquide apprend bien vite
la quantité de sel de soude dont on doit faire usage en
grand. Les eaux de puits se renouvellent sans peine,
aussi ne prennent-elles jamais de mauvais goût comme
celles des citernes, qui s'emplissent bien vite d'infu-

soires, au point d'en devenir quelquefois tout à fait dé-
goûtantes. Tout ce nous venons de dire des eaux de
citerne est applicable à celles des étangs qui ne sont
pas alimentés par des courants d'eau assez forts pour
en changer fréquemment le contenu. A raison de leur
étendue, ces masses d'eau se remplissent bientôt de
conferves et autres plantes aquatiques dans lesquelles
pullulent rapidement une foule d'insectes et autres
animaux ; les débris de tous ces êtres organisés ne tardent pas à former une boue noire, épaisse et puante,
d'une grande fertilité lorsqu'on la porte sur les terres,
mais qui, sous l'eau, se putréfie en dégageant des gaz
infects qui empoisonnent l'air bien loin à l'entour. A
dater de ce moment, aucun être doué, comme les poissons, d'une organisation un peu compliquée, ne peut
vivre dans l'eau de ces étangs ; tous périssent, et leur
mort indique un danger imminent pour l'homme qui de-
meure dans leur voisinage. Il y a cependant un moyen
facile d'éviter à peu de frais tous ces maux ; il consiste
à curer les étangs et à y mettre des poissons, qui, en
se nourrissant de tous les êtres plus petits qu'eux, les
empêchent de se multiplier assez pour en infecter les
eaux. Quand l'étang est assez grand, la pêche de ces
poissons devient assez lucrative lorsqu'elle est sage-
ment exploitée. En parlant des eaux de pluie, nous
avons vu qu'elles purifient l'atmosphère, à laquelle
elles enlèvent plusieurs gaz et toutes les substances
solides et liquides qu'elle tient en suspension ; cette
propriété est commune à toutes les espèces d'eaux ; aussi
les vases remplis d'eau qu'on place dans les chambres
habitées se chargent-ils toujours d'une odeur désa-

10.

gréable ; lorsque ces vases restent, comme les tonneaux
d'arrosage des serres, longtemps exposés au contact
d'une atmosphère chargée de particules exhalées par
des êtres vivants, elle ne tarde pas à se corrompre et
à répandre une odeur si affreuse qu'il devient souvent
impossible de s'en servir ; le seul moyen de parer à ce
grave inconvénient est encore de mettre des poissons
dans les tonneaux d'arrosage, qui ne prennent alors
plus d'odeur désagréable.

L'action des eaux n'est pas toujours la même, parce
que certaines d'entre elles contiennent des principes
nuisibles à la végétation, ou bien qu'elles sont très-
froides, ou bien encore qu'elles sont privées d'air, tandis que d'autres activent et favorisent la végétation,
parce qu'elles sont chargées d'alcalis, de principes
utiles, d'ammoniaque, d'acide carbonique, et surtout
qu'elles sont aérées et chaudes.

Les substances solubles dans l'eau et nuisibles aux
plantes sont assez nombreuses : ce sont essentiellement des acides et des sels terreux ou alcalins. Les
eaux acides les plus répandues sont celles qui s'écoulent des marais ou qui passent sur des terrains volca-
niques ; toutes les deux tuent bien vite les plantes
qu'elles abreuvent ; il n'y a que fort peu de végétaux
qui résistent à leur action destructive : ce sont particulièrement les joncs et différentes espèces de mousses.
Les eaux chargées de sels terreux sont assez communes :
c'est le cas de celles de tous les terrains calcaires, qui
leur cèdent du carbonate calcique, qui est plus utile
que nuisible aux plantes ; le contraire a lieu pour le
sulfate calcique ou gypse dont sont chargées les eaux

de Paris, et qui paraît nuire, non pas par lui-même, mais plutôt parce que sa présence dans l'eau fait qu'elle ne dissout pas d'air, et qu'elle devient ainsi beaucoup moins utile à la végétation. Les eaux riches en sels métalliques sont heureusement assez rares : elles ne renferment jamais que des sels de fer, qui colorent leur lit en jaune plus ou moins brun. Ces sels leur sont fournis par les gîtes de sulfure ferreux sur lesquels elles passent, ou bien par les marais dans lesquels elles prennent leur source. Quelle que soit leur origine, ces eaux agissent toujours de la même manière, c'est-à-dire qu'elles pénètrent dans les racines des plantes dont elles bouchent les pores, et qu'elles tuent ainsi assez rapidement. Ces eaux sont d'autant plus nuisibles qu'outre l'oxyde métallique qui s'y trouve on y rencontre toujours aussi un acide libre, dont on connaît déjà les déplorables effets, qui dépendent sans doute de la destruction de tous les tissus végétaux.

Les eaux très-froides sont dangereuses, tant parce qu'à cause de leur basse température elles retardent les progrès de la végétation que parce qu'elles ne contiennent que fort peu d'air et d'acide carbonique qui lui sont si utiles. Pour pouvoir utiliser des eaux de cette nature, il faut les laisser séjourner dans des tonneaux ouverts par un bout ou dans des étangs, assez longtemps pour qu'elles puissent s'y réchauffer et se saturer d'air et d'acide carbonique ; on parvient plus vite au but en y délayant quelque peu de fumier bien consommé. Quant aux eaux chargées d'acides et de sels métalliques, il n'est guère possible de les purifier

qu'avec du carbonaque sodique ; ce qui peut se faire
sur une petite échelle, mais non pas en grand, à cause
de son prix trop élevé pour la plupart des agriculteurs. Il vaut mieux rejeter ces eaux et tâcher de s'en
défaire à l'aide de puits perdus ou de fossés d'écoulement assez profonds pour qu'elles ne puissent jamais
se répandre à la surface du sol.

Quand on a le bonheur de posséder une source
chargée d'acide carbonique, on a un trésor à l'aide
duquel on peut économiser beaucoup de fumier ; les
récoltes qui croissent sous l'influence bienfaisante de
ce gaz sont magnifiques ; les plantes à tissu lâche et
mou, tel que celui de tous les légumes en général,
se développent avec une vigueur étonnante, et les
prairies qui en sont arrosées se soutiennent pendant
des siècles. C'est ce qu'on voit partout autour des
sources gazeuses qui surgissent dans les terres volca-
niques qui bordent la rive droite du Rhin. Les ruisseaux qui naissent dans les terres calcaires sont assez
chargés d'acide carbonique pour pouvoir dissoudre
une quantité sensible du carbonate calcique sur lequel ils passent, et qu'ils déposent ensuite sur tous les
objets qu'ils rencontrent lorsque leurs eaux, arrivées au
contact de l'air, abandonnent cet excès d'acide carbonique qui tenait le calcaire en dissolution. Ces eaux-
là sont nuisibles indirectement, parce qu'en déposant
le carbonate calcique sur les plantes elles les enveloppent d'un étui assez compacte pour les empêcher
de se développer ; elles leur nuisent donc mécaniquement, et non pas parce qu'elles contiennent du carbonate calcique, qui, au contraire, est utile à la plu-

part des plantes. Cette action est identiquement la même que celle de la poussière des grandes routes, qui, utile par elle-même, n'en tue pas moins les plantes sur lesquelles elle s'attache, parce qu'elle en bouche les pores, qui ne peuvent plus désormais absorber l'acide carbonique de l'air et nourrir l'être dont ils font partie. Cet effet est si sûrement mécanique qu'il suffit de la pluie ou du vent pour rendre aux végétaux toute leur vigueur primitive, en enlevant cette croûte terreuse qui les couvrait et arrêtait les progrès de leur développement.

Les eaux chaudes sont un bienfait assez répandu pour qu'il doive être traité à part. Sans nous arrêter à leur origine dépendante du feu intérieur de la terre, nous ne nous attacherons qu'à développer leur effet et à expliquer leur emploi. Ces eaux agissent d'abord par leur température, puis aussi par les composés minéraux qu'elles tiennent en dissolution. Ces derniers sont essentiellement des carbonates alcalins, dont on a déjà appris ailleurs à connaître toute la valeur en agriculture. La chaleur de l'eau agit de deux manières, suivant qu'elle est plus ou moins intense. Dans tous les cas, il ne faut jamais irriguer avec des eaux au-dessus de 20° ou 25° C. au plus, parce qu'on pourrait nuire aux plantes à tissu sec, telles que les céréales, qui resteraient assez molles pour tomber à terre sous le souffle d'un vent même peu violent. L'eau à ce degré est bien plus utile en hiver qu'en été, parce qu'avec elle on peut maintenir autour des racines de certaines plantes une chaleur assez intense pour qu'elles végètent pendant toute l'année avec presque autant de vigueur qu'en été. L'eau moins chaude sert uniquement à empêcher la gelée et à favoriser le développement des plantes qui, comme celles qui composent la majeure partie de nos prairies, ne craignent pas des froids peu intenses : elle est très-utile aux trèfles, à la luzerne, et en général aux plantes fourragères dont le développement est très-précoce. Une source chaude est surtout utile au jardin potager, dans lequel elle favorise d'une façon extraordinaire le développement des légumes.

Quelle que soit la nature des eaux employées à l'irrigation des terres, il est de la plus haute importance de la continuer sans interruption dès qu'on l'a commencée, afin que le sol ne se dessèche jamais. Sans cette précaution, la plus petite sécheresse détruit toute une récolte, parce que le tissu mou et aqueux qu'on a formé artificiellement aux plantes est bien plus sensible à toutes les causes d'altération que celui des végétaux de même espèce qui se sont développés dans les circonstances ordinaires. Il vaut donc infiniment mieux ne pas irriguer que de le faire quand on n'est pas sûr de pouvoir continuer. Quoique utiles à toutes espèces de plantes, les irrigations le sont surtout à celles à tissu mou et lâche, telles que les légumineuses et les légumes proprement dits ; elles ne valent absolument rien pour les pommes de terre, qu'elles disposent à la pourriture, et qu'elles font infailliblement pourrir quand l'année n'est pas excessivement sèche. Une des cultures qui profitent le plus des irrigations, c'est celle des prairies, auxquelles un arrosement un peu fort, au point de devenir une espèce de submersion, n'est qu'utile toutes les fois que le courant de l'eau n'est pas assez rapide pour laver la terre et en emporter au loin les parties solubles. Dans ce cas, on détruit la prairie au lieu de la fertiliser.

Les arrosements ne diffèrent des irrigations que parce qu'on les pratique sur une plus petite échelle ; l'arrosement est l'irrigation des jardins potagers et fleuristes ; aussi les principes développés à propos de l'irrigation lui sont-ils applicables en tous points. Faisons observer seulement que les plantes délicates, et surtout les plantes aquatiques, craignent les eaux chargées de sulfate calcique, qui les tuent souvent en quelques heures. Il ne faut jamais submerger des plantes délicates, non-seulement parce qu'on met hors de la portée de leurs racines les substances solubles du sol, mais aussi parce qu'on en déchausse et en lave les racines. C'est pour cela qu'on fait bien d'arroser les plantes en pot, non pas par-dessus, mais par-dessous, en mettant le fond du pot dans une soucoupe pleine d'eau, où leurs racines vont la trouver, ou bien qu'elles reçoivent parce que, entraînée par la capillarité de la terre, l'eau se répand bien vite dans tout l'intérieur du vase jusqu'à sa surface. Dans les jardins potagers, il faut répandre l'eau avec profusion dès que la sécheresse se manifeste ; plus tard, on n'arroserait plus à temps ; la croissance des légumes serait déjà interrompue, et il est plus facile de l'empêcher de s'arrêter que de la rétablir lorsqu'elle s'est une fois arrêtée, parce que les parties molles des végétaux acquièrent de la dureté par la transformation de la pectine ou gomme en bois, et qu'il faut que ces parties dures tombent pour que de nouvelles parties molles et ten-

dres puissent se former. Afin d'empêcher la gomme
de se changer en bois, il est donc indispensable de
maintenir les racines des légumes constamment humides, et, pour y parvenir, on creuse au pied de chaque plante une petite fosse dont on relève les bords,
de manière à ce qu'elle puisse retenir une assez forte
quantité d'eau ; puis on couvre le sol de paille longue,
qui empêche l'évaporation de l'humidité du sol, qu'il
suffit alors d'arroser très-fortement matin et soir. Le
matin on n'arrose que le pied des plantes, parce que,
si on jetait de l'eau sur les feuilles, ce liquide y formerait de petites gouttelettes qui les troueraient en
les brûlant, sous l'influence des rayons solaires, parce
qu'elles concentrent sur elles les rayons du soleil avec
autant de force qu'une lentille. Cet inconvénient n'é-
tant pas à craindre le soir, on arrose d'abord fortement
le pied des légumes ; puis, on jette beaucoup d'eau sur
les feuilles sous forme de pluie fine, avec l'arrosoir,
ou mieux avec une pompe, parce que l'eau qui retombe de haut se divise davantage. L'arrosage des
feuilles est utile, parce qu'il rétablit sur-le-champ les
feuilles fanées, qu'il les lave et les maintient ainsi toujours prêtes à remplir leurs fonctions. On devra le
supprimer pour toutes les plantes en fleurs, qu'il em-
pêcherait de fructifier en détruisant le pollen ou poussière jaune des étamines, qui est indispensable à la
formation des fruits. Les plantes à feuilles velues et
molles, telles que celles des melons et des laitues, profitent beaucoup plus des arrosages en pluie que celles
dont les feuilles sont roides et lisses, comme celles
des choux, des oignons, et tant d'autres encore.

L'arrosement des plantes de toute espèce devient bien plus utile encore lorsqu'on dissout dans l'eau avec laquelle on l'opère quelque peu de sulfate ammonique et de phosphate sodique, mais en dose infiniment petite, et de façon à n'en mettre pour la même quantité d'eau que la centième partie de celle qu'on a indiquée ailleurs pour la composition du lizier artificiel. On peut substituer aux sels indiqués un peu de fumier bien consommé qu'on délaie dans l'eau. Toutes les eaux qu'on destine aux arrosages doivent être parfaitement limpides ; pour peu qu'elles contiennent des parties terreuses en suspension et qu'elles soient troubles, par conséquent, elles les déposent sur les feuilles des plantes auxquelles elles s'attachent, et sur lesquelles elles font naître de petits champignons, cause première de la maladie appelée rouille des blés.

CHAPITRE VIII.

L'air atmosphérique.

L'air atmosphérique, ou la troisième condition essentielle de l'existence des êtres organisés, est cette immense étendue gazeuse qui entoure toute la terre, et dans laquelle nagent les nuages qui engendrent la pluie, se forme le tonnerre et s'agitent les vents. La mobilité excessive de l'air fait que tous les animaux, même les plus délicats, peuvent y vivre, et que les fleurs les plus souples et les plus gracieuses peuvent s'y épanouir. Si l'air était immobile, la vie cesserait d'exister au bout de peu d'heures, parce que les gaz malfaisants produits par la respiration tueraient rapidement les êtres mêmes qui viennent de les former. Grâce à sa mobilité, il ne reste pas longtemps à la même place, et porte rapidement au loin cet acide carbonique produit par la respiration des animaux, et destiné à nourrir les plantes qui le décomposent. L'air jouit, à cause de sa transparence, de la propriété de n'être pas échauffé par les rayons chauds qui le traversent; pour qu'il s'échauffe, il faut qu'il soit en contact direct avec un corps chaud. C'est pour cette raison que l'air des chambres est chaud lorsqu'on y fait du feu, et que l'air est chaud à la surface de la terre en été, pendant que dans cette même saison il est d'autant plus froid qu'on s'élève davantage au-dessus du sol. Si l'air était immobile, la chaleur produite par les feux des foyers et par la respiration des animaux deviendrait telle qu'ils en seraient tous suffoqués. Si l'air était immobile, on n'aurait plus ces pluies qui fertilisent la terre et ces vents qui assainissent l'atmosphère; mais tout était prévu, et le Créateur, en donnant à l'air de la mobilité, a rendu notre planète habitable.

Les désastres que produisent les tempêtes sur mer font assez comprendre tous les avantages qu'il y a pour l'homme à ce que l'air soit léger; s'il était plus lourd, les êtres vivants ne résisteraient pas à son effort, et toute culture deviendrait impossible, parce que les champs et les jardins, labourés et entraînés par les flots de l'air, prendraient immédiatement l'aspect aride du fond des mers. Les particules terreuses, lourdes et opaques, que l'air aurait ainsi enlevées au sol, tenues

en suspension par lui, l'obscurciraient au point de
nous cacher la lumière du soleil, et si la vie était encore possible dans ces conditions, elle nécessiterait pour
tous les quadrupèdes une forme qui les rendît capables de résister au mouvement de l'air, comme celle
des poissons leur permet de ne pas être écrasés par le
choc des eaux.

Habituellement, on croit que l'atmosphère ou l'air
qui entoure la terre n'a pas de bornes, et il a fallu tout
le génie des physiciens pour lui en assigner de très-
probables. Un fait certain, c'est que l'air est lourd ; on a
calculé qu'il exerce, sur chaque centimètre carré de la
surface de la terre, une pression égale à $1^k,032$, poids
si énorme pour une surface aussi petite qu'elle donne
une idée de la hauteur de cette atmosphère, dont la
légèreté, comparée au poids des autres corps qui nous
entourent, est telle que nous nous figurons qu'il ne
pèse rien, et de là que l'air n'est rien, que ce n'est pas
un corps.

L'atmosphère ou air atmosphérique est formé par
le mélange de plusieurs gaz ; il est composé essentiellement de

80 volumes d'azote et de

20 volumes d'oxygène ; l'air contient encore, sur
10,000 parties :

4,17 volumes d'acide carbonique, et

84,70 volumes de vapeur d'eau.

L'air est un mélange ; si c'était une véritable combinaison, il ne se décomposerait pas avec assez de facilité pour pouvoir remplir toutes les fonctions qui lui
ont été assignées. La composition de l'air est inva-

riable, et cela devait être pour que les êtres doués de
la vie ne fussent pas tous détruits. La composition de
l'air est invariable parce que les forces qui tendent à
la modifier se font tellement équilibre que les principes que les unes enlèvent à l'air lui sont rendus par
les autres. L'air est la chaîne qui unit la terre aux
plantes et aux animaux ; c'est lui qui est essentiellement destiné à former les unes et les autres, puisque
des plantes peuvent végéter sans rien emprunter au
sol, et puisqu'il y a des animaux qui, comme les mé-
duses et autres animaux inférieurs, n'empruntent aucun minéral solide à la terre et semblent pouvoir se
passer d'elle.

On a vu ailleurs que l'atmosphère exerçait sur le sol
une action à la fois mécanique et chimique, sur laquelle nous ne revenons ici que pour la rappeler, et
dire que dans ce cas c'est essentiellement par son
oxygène que l'air agit, pour produire avec des oxydes
inférieurs des oxydes supérieurs, et avec l'humus de
l'acide carbonique et de l'eau. L'azote de l'air agit
cependant aussi, puisqu'on le voit se transformer en
ammoniaque toutes les fois qu'il se trouve en présence
de l'eau et de corps très-poreux, tels que l'humus, le
charbon pilé, les pierres de tuf et tant d'autres encore. La terre tend donc à enlever à l'atmosphère de
l'eau, de l'acide carbonique et de l'azote, qu'elle présente aux plantes à l'état d'acide carbonique, d'eau et
d'ammoniaque, qu'elles s'assimilent ou décomposent,
et que les animaux rendent à l'air sous forme d'azote,
d'eau et d'acide carbonique, tandis que les plantes absorbent ce dernier, qu'elles décomposent en carbone

ou charbon, qu'elles gardent, et en oxygène qu'elles rendent à l'air.

Les feuilles, de quelque couleur qu'elles soient, et les fruits mal mûrs sont les seules parties de la plante qui enlèvent à l'air de l'acide carbonique, qu'elles décomposent et dont elles conservent le carbone, tandis qu'elles mettent en liberté l'oxygène. C'est un fait avéré, bien connu, si souvent répété qu'il est absolument irréfragable, en sorte qu'on peut envisager les plantes comme destinées à enlever à l'air tout le charbon qu'il contient sous forme d'acide carbonique ; plus une plante a de fruits mal mûrs, et surtout de feuilles, mieux l'air sera dépouillé de cet acide autour d'elle. En ne tenant compte que des plantes, on conçoit parfaitement bien qu'il doive arriver un moment où elles auront tout à fait dépouillé l'air d'acide carbonique, en sorte qu'il ne sera plus formé que d'azote, d'oxygène et de vapeur d'eau. Ceci ne devait pas avoir lieu, puisqu'il aurait rendu impossible le développement de toutes les plantes qui, végétant dans des terres privées d'humus, ne pouvaient tirer leur acide carbonique, ou, en d'autres termes, leur nourriture, que de l'air. Pour empêcher l'air de se dépouiller de son acide carbonique, la nature en a créé plusieurs sources, dont la plus immense est tout le règne animal, dont les poumons, les branchies, les trachées ou la peau ne cessent pas un seul instant de produire une quantité incommensurable de cet acide si utile aux plantes. Ces êtres reproduisent dans leur intérieur, ou à leur surface, le phénomène qui se passe dans nos foyers, la combustion causée par une absorption d'oxygène, qui, en se fixant sur le

carbone et l'hydrogène du sang ou du bois, produit, .i
dans l'un et l'autre cas, de l'acide carbonique et de ?!
l'eau, qui vont se répandre dans l'air et nourrir les ?!
plantes.

L'azote de l'air est soumis à deux causes d'altéra- -.
tion comparables à celles qui agissent sur son oxy- -
gène; l'humus, et peut-être aussi les plantes, l'absor- -
bent et le changent en ammoniaque, et les dernières ?
en chair et autres produits que leur enlèvent les ani- -
maux, qui les fixent pendant un certain temps, puis ?
les brûlent et les rendent à l'air sous forme d'eau, d'a- -
cide carbonique et d'azote. On le voit, ce sont, ainsi ?
que l'a dit le grand chimiste de Giessen, les plantes ?
qui sont chargées d'organiser les animaux, et les ani- -
maux qui désorganisent, qui ramènent à l'état de ?
principes minéraux ces composés que les plantes sont ?
destinées à former. L'air est le grand réservoir où s'a-
limente la vie, et il fallait bien toute sa puissance pour ?
métamorphoser les gaz mobiles en substances so—
lides ou liquides, durables, si nombreuses, variées à ?
l'infini, et destinées à porter pendant quelque temps ?
cette étincelle de vie tombée du ciel sur la terre, où ?
elle restera, où elle continuera à faire des prodiges ?
tant que le Tout-Puissant ne l'aura pas retirée à lui.

Maintenant qu'on connaît quelques-unes des rela- .
tions existant entre l'air et les êtres doués de la vie, ,
on comprend qu'ils se ressentent beaucoup de toutes ?
les variations quelconques de l'état ou de la composi- .
tion de l'atmosphère ; c'est l'étude de la nature et de ?
l'effet de ces variations qui constitue la météorologie, ?
science trop peu développée encore pour pouvoir ?

amener à des conclusions bien nettes. On a trop bien
senti toute l'importance d'une étude complète de l'atmosphère pour ne pas faire bientôt d'importantes découvertes de ce côté-là ; mais ce sont des travaux qui
demandent un ensemble malheureusement bien difficile à réaliser, et un dévouement qui devient de jour
en jour plus rare. Pour pouvoir découvrir toutes les
fonctions de l'air, il faut auparavant connaître toutes
celles des plantes et des animaux, qui exercent une si
grande influence sur sa composition. C'est cette étude
que nous allons aborder dans la seconde et la troisième
partie de ce précis.

DEUXIÈME PARTIE.

CHIMIE DES PLANTES.

——————

CHAPITRE Ier.

Composition.

La chimie des plantes est la première partie de la chimie des êtres organisés, dont la chimie des animaux est la seconde partie. Le corps des êtres doués de la vie n'emprunte pour se former que bien peu des principes qu'on trouve en si grand nombre dans la chimie minérale. Ce qu'elle lui demande, c'est du carbone ou charbon, qui est solide, de l'hydrogène, de l'oxygène et de l'azote, trois corps gazeux et incolores comme l'air dans lequel nous vivons. On trouve de plus, dans les plantes et dans les animaux, quelque peu de l'un ou de tous les corps suivants : chlore, iode, soufre, phosphore, silicium, potassium, sodium, calcium, magnésium, fer et manganèse, qu'on n'y rencontre jamais purs, sauf peut-être le phosphore et le soufre.

Quand on brûle le corps d'un être doué de la vie, plante ou animal, il disparaît en laissant une cendre

plus ou moins abondante ; cette cendre est fournie
par les substances non organisables que la vie emprunte au sol, c'est-à-dire par le silicium, la chaux et
toutes les autres matières nommées avec eux. Ce qui
disparaît, c'est la partie organisée de l'être doué de la
vie, partie qui n'est jamais formée que de carbone,
d'hydrogène, d'azote et d'oxygène, quatre corps qui,
lorsqu'on les chauffe fortement dans l'air, c'est-à-dire
en présence de l'oxygène, disparaissent, parce qu'ils
se transforment en gaz invisibles qui se répandent
dans l'atmosphère. C'est sur ces quatre corps que
s'exerce essentiellement le pouvoir de la vie ; les autres peuvent bien s'y associer, mais d'une façon tout
à fait secondaire, ainsi que le prouve suffisamment la
petite quantité de cendres qui se trouve dans les êtres
organisés, et surtout la nature et la quantité si variable de ces cendres chez la plupart des plantes. Pour
nous, les cendres ou parties minérales qu'on trouve
dans les êtres doués de la vie n'ont pas d'autre effet
que de faciliter les fonctions vitales, chimiquement ou
mécaniquement. Elles ne peuvent jamais être anima-
lisées ; elles ne peuvent pas former entre elles de ces
combinaisons anomales comme le font le carbone et
ses congénères, dont il faut les distinguer avec soin
pour pouvoir comprendre et expliquer la nature des
combinaisons organisées proprement dites. Dans les
plantes, les parties minérales semblent jouer un rôle
à la fois chimique et mécanique, ainsi que dans les
animaux, en facilitant leur nutrition et en fournissant
à leurs parties molles des points d'appui assez solides
pour qu'elles puissent agir avec énergie, avec facilité, et

qu'elles soient capables de résister à l'effort des agents extérieurs. Passons maintenant à l'étude des principaux composés que forment, en s'unissant entre eux, le carbone, l'hydrogène, l'azote et l'oxygène, en laissant de côté les parties minérales qui les accompagnent tous et toujours en quantité plus ou moins grande, souvent excessivement petite. Le carbone, en s'unissant avec l'hydrogène, l'oxygène et l'azote, ou bien avec un ou deux de ces trois corps, constitue la plus grande masse des composés organiques, dans lesquels on n'est point encore parvenu à découvrir si chacun de ces corps simples existe seul, ou bien combiné déjà avec l'un des deux autres, formant ainsi une première combinaison à laquelle s'unirait le troisième corps. On ne sait pas, par exemple, si, dans l'acide acétique ou vinaigre, qui est composé de C_4 H_3 O_3, soit quatre équivalents de carbone ou charbon, trois d'hydrogène et trois d'oxygène, le carbone existe libre, ou bien combiné déjà à l'hydrogène ou à l'oxygène, et formant un corps connu et isolable, tel que l'un des hydrogènes carbonés CH, ou bien de l'oxyde CO, ou de l'acide carbonique CO_2. Il est possible que l'une de ces hypothèses ne soit pas plus vraie que l'autre, et que sous l'influence de la vie les quatre corps simples qui lui servent de matière première se groupent entre eux d'une façon parfaitement distincte, et qui, jusqu'ici, ne peut être rapportée à aucune des lois de combinaison qui président à l'union des corps simples dans le règne minéral. Dès que les corps produits par la vie ne sont plus soumis à son action, il est possible qu'ils rentrent dans le cercle des substances minérales, et que les réactions qu'ils nous offrent alors n'aient pas toujours un rapport direct avec les altérations qu'elles subissent dans l'intérieur des êtres doués de la vie; il n'y a cependant pas de doute que les métamorphoses de plusieurs d'entre elles ne se fassent, sous l'influence de la vie, absolument de même que sous l'action de nos réactifs. Ce qu'il y a de positif, c'est que la vie forme avec le carbone et ses congénères des composés bien différents de ceux qu'on rencontre dans le règne minéral, puisqu'il est impossible au chimiste de reproduire beaucoup d'entre eux, et qu'on ne peut en extraire les composés du carbone, de l'hydrogène, de l'azote et de l'oxygène, connus dans le règne minéral, que par des forces assez puissantes pour détruire et désorganiser totalement toute la matière organisée. Chaque fois qu'on ne fait agir sur des substances de cette nature que des agents dont la faiblesse soit en rapport avec le peu d'affinité que les parties constituantes de ces matières ont les unes avec les autres, on obtient des principes immédiats composés, et non point des corps simples, qui n'apparaissent jamais qu'au moment où disparaît la force qui les réunissait pour former une molécule organisée. Peu importe, du reste, la manière dont les molécules des corps simples sont groupées dans les substances que produit la vie; vouloir approfondir cette question dans le moment actuel serait se lancer dans un champ d'hypothèses où l'on pourrait bien s'égarer. Nous parviendrons une fois à délier ce nœud gordien, pierre philosophale des chimistes de nos jours; mais bien des années d'expérience sont encore nécessaires pour arriver au but; contentons-nous donc, pour le moment actuel, d'approfondir les réactions connues des matières organisées, afin de pouvoir comprendre, ou plutôt deviner, comment elles se forment, et quelles sont leurs fonctions dans les végétaux. Nous laisserons donc de côté, autant que possible, le domaine de l'hypothèse pure, pour nous attacher à cultiver celui de l'expérience, qui ne peut guère induire en erreur que lorsqu'on s'en approche avec la volonté d'y voir croître et mûrir des théories faciles à créer dans un cabinet, mais non point en face du sublime spectacle de la nature, auprès duquel les plus puissantes conceptions du génie de l'homme ne sont que poudre et néant. Nous voulons donc étudier la nature animée et l'expliquer ensuite, si nous le pouvons ; il ne nous arrivera pas de lui prescrire une route à suivre que nous ne connaîtrons jamais, parce que le grand secret de la vie nous échappe : il est l'apanage d'Un plus puissant que l'homme, auquel il ne laisse que l'aperçu de l'effet de ses lois admirables. Tout, dans l'étude que nous allons faire des phénomènes de la vie, nous confond et nous réduit au silence ; ici, plus que partout ailleurs, le génie de cet homme, roi du monde, comprend sa subordination : il s'incline et reconnaît son Maître.

Le règne végétal pris dans son ensemble, depuis les plantes cellulaires les plus simples, telles que les conferves, les lichens, les mousses, jusqu'aux plantes vasculaires les plus parfaites, comme les rosiers, les pommiers et les chênes, offre une série non interrompue de transformations toujours plus compliquées des substances organisables, constituant une transition insensible du minéral à l'animal ; la plante est donc la chaîne qui lie l'être doué de la vie et de l'intelligence à la pierre, qui ne possède pas plus l'un que l'autre, et qui n'est régie que par des lois physiques que nous connaissons presque toutes.

Les végétaux sont, en général, pénétrés dans toute leur étendue par des substances minérales qui sont d'autant plus abondantes dans leurs tissus que ces derniers sont moins vivants ; c'est ainsi que, de toutes les parties des arbres, c'est l'écorce qui laisse le plus de cendres. Ce fait se retrouve dans les plantes les moins développées, dans les lichens, qui sont essentiellement formés de chaux. On voit donc qu'à mesure que la vie se développe avec énergie les substances minérales disparaissent de plus en plus, jusqu'à ce que, chez l'animal, on les voie se réunir presque sur un seul point pour y constituer les os ou les corps qui les remplacent. Il y a cependant des plantes très-peu compliquées, comme la jolie trémelle orange qui se développe sur le génévrier, qui ne contiennent que peu de cendres ; mais ici l'exception n'est qu'apparente, puisque ce champignon gélatineux ne contient guère plus de 1 ou 2 pour 100 de matière solide ; tout le reste est de l'eau. La même observation s'applique aux animaux mous et gélatineux qu'on rencontre essentiellement dans les eaux de la mer. Dans ces êtres anomaux, les substances minérales sont disséminées dans tout le corps, absolument de même que chez les champignons, dont ils sont les représentants dans le règne animal.

Il est probable que les substances inorganiques contenues dans les plantes leur sont apportées par l'eau

que pompent leurs racines, puis sont mécaniquement
fixées dans leurs tissus, auxquels elles s'attachent
d'autant plus fortement et en quantité d'autant plus
grande que leur vitalité est moins active. De là vient
que les plantes annuelles, ainsi que les feuilles des
plantes vivaces, renferment moins de cendres que
celles qui sont vivaces, et que les vieux arbres don—
nent beaucoup plus de cendres que les jeunes. On
croit généralement le contraire, parce qu'un certain
poids d'herbe sèche donne beaucoup plus de cendres
qu'un poids égal de bois sec ; mais on ne peut pas établir de comparaison entre eux de cette manière, puisque tout le corps des plantes annuelles, ainsi que les
feuilles des plantes vivaces, correspondent à l'écorce
des arbres ; c'est à cette dernière qu'il faut les comparer : on voit alors sur-le-champ qu'elles sont bien
plus riches en substances minérales que les premières.
Les parties jeunes et flexibles des plantes ne contien—
nent guère que des alcalis ; les terres alcalines et
surtout la chaux se trouvent essentiellement dans
leurs parties dures, telles que le bois, ou dans les
feuilles sèches. Les feuilles persistantes se rapprochent
par ce caractère-ci de l'écorce, car elles contiennent
beaucoup plus de cendres et surtout de chaux que
celles des plantes qui les perdent chaque automne.
Plus la végétation d'une plante est lente, plus aussi
elle se charge de principes minéraux, et surtout de
ceux qui, comme la chaux, sont peu solubles ; de là
vient que le bois de chêne, qui se développe lentement, est beaucoup plus dense et laisse beaucoup plus
de cendre que celui du sapin, qui croît avec une grande

rapidité. Tous ces faits réunis semblent prouver que les terres alcalines, l'acide silicique et les métaux lourds qu'on trouve dans les plantes y sont apportés et retenus mécaniquement, absolument comme les parties boueuses qui troublent les eaux s'attachent aux corps poreux avec lesquels elles sont en contact. Il n'est pas probable que les autres parties minérales qui sont très-solubles dans l'eau, savoir les alcalis et quelquefois la chaux, jouent un rôle aussi passif, car on les trouve dans les végétaux toujours combinées avec les acides qui leur sont propres, en sorte qu'on se demande avec raison si les alcalis provoquent dans les plantes la formation des acides, ou bien s'ils les saturent seulement à mesure qu'ils se forment, sans avoir d'action sur leur développement. Cette dernière manière de voir paraît être vraie ; car on voit, par exemple, l'acide oxalique se développer dans l'oseille (*rumex acetosella*) dans toute espèce de terrain, ainsi que l'acide tartrique dans la vigne. Les alcalis ne font donc que saturer ces acides ; mais ici est justement leur fonction importante, puisqu'on ne connaît aucune plante supérieure capable de vivre en présence d'un acide libre. Il est donc probable que les alcalis sont tout à fait indispensables au développement des végétaux, mais non pas directement, puisqu'on peut substituer un alcali à un autre, l'ammoniaque à la potasse, voire même la chaux à la potasse. Si les alcalis favori-sent tellement la végétation, et beaucoup plus que la chaux, c'est parce qu'étant plus solubles dans l'eau que cette dernière ils pénètrent tous les pores de la plante, et empêchent les acides qui s'y forment d'agir sur ses tissus et d'en arrêter le développement ; car les acides sont des poisons pour tous les êtres animés.

Le phosphore et surtout le soufre se trouvent dans presque toutes les parties des plantes, et spécialement dans celles qui sont plus particulièrement destinées à les reproduire dans leurs graines ; mais ces deux principes s'y rencontrent en si petite quantité qu'on est encore loin de connaître le rôle qu'ils y jouent ; on ignore s'ils y sont libres ou chimiquement combinés avec la substance organique ; on ne sait pas même s'ils sont ou non nécessaires au développement de l'individu. Cependant, comme le phosphore et le soufre jouent bien réellement un rôle très-grave dans l'économie animale, et que ces deux corps simples sont fournis aux animaux par les plantes, il est probable qu'ils ont aussi chez les plantes des fonctions très-importantes ; reste à savoir de quelle nature elles sont. Nous rangerons donc provisoirement le phosphore et le soufre parmi les matières tout à fait indispensables à la formation des végétaux.

En récapitulant tous les faits qu'on vient de passer en revue, nous diviserons les substances inorganiques qu'on trouve dans les plantes en deux groupes : celles qui sont *essentielles* à leur développement, savoir, dans l'ordre de leur plus grande utilité : carbone, hydrogène, azote, oxygène, soufre, phosphore et alcalis en général ou chaux. Le second groupe comprend les minéraux qu'on rencontre accidentellement dans les plantes, savoir : l'acide silicique, l'alumine, tous les principes analogues, et la chaux, qui appartient aux deux groupes, parce qu'elle remplit à la fois les fonctions d'alcali et de corps peu soluble et capable d'être fixé mécaniquement.

En faisant l'étude des produits immédiats qu'on rencontre dans les végétaux, nous n'aurons donc à nous occuper que des combinaisons formées par les corps simples essentiels à leur développement. On appelle principes immédiats des plantes toutes les substances organisées qui en constituent directement la masse ; les principes immédiats du bois sont la lignose et la cellulose ; ceux des pommes, la cellulose, l'acide pectique, l'acide malique, le sucre, etc. Parmi ces principes, il y en a de communs à tous les végétaux, savoir : l'acide pectique et la protéine ; d'autres, comme la fécule, les sucres, la lignose, les acides, les résines et les huiles, existent dans la plupart des plantes, tandis que d'autres enfin sont spéciaux à de certaines familles et même à de certaines espèces, qu'ils caractérisent souvent d'une façon très-nette : c'est le cas des huiles essentielles, des matières colorantes, des alcaloïdes et de certains acides. De là trois groupes assez distincts, comprenant : le premier, les principes immédiats communs à tous les végétaux ; le second, ceux qui sont communs à la plus grande partie des plantes ; le troisième, ceux qui sont spéciaux à quelques-unes d'entre elles.

Premier groupe. — Acide pectique et protéine. Ces deux substances ont tant de rapport entre elles qu'on peut dire qu'elles s'accompagnent partout, et que leur réunion est le point de départ, la source de tous les composés nés de la vie. L'acide pectique a pour formule probable $C_{12} H_{10} O_{10}$; car toutes celles qu'on

a proposées pour lui présentent entre elles des différences telles qu'elles ne peuvent être dues à des erreurs
d'analyse; elles doivent venir d'un mélange de substances étrangères avec l'acide pectique, dont les transformations étant constamment les mêmes que celles
de l'amidon, il est à croire que leur formule est aussi
identique. Dans les végétaux, l'acide pectique se présente toujours sous forme solide ou sous celle de gelée,
contenant fort peu de matière solide pour une énorme
quantité d'eau, et affectant habituellement une forme
cellulaire lorsqu'on la dessèche. Susceptible de se gonfler indéfiniment dans l'eau, sans jamais s'y dissoudre,
l'acide pectique constitue la majeure partie des jeunes
organes des plantes et de leurs parties molles; à mesure qu'il s'incruste de substances inorganiques, il perd
la propriété de retenir l'eau, se dessèche, et constitue
alors cette cellulose bien connue sous le nom de bois;
mais auparavant elle peut subir une série de transformations remarquables, aboutissant à la formation plus
ou moins directe de l'amidon ou du sucre. L'acide
pectique n'est probablement pas autre chose que de
l'empois d'amidon, avec lequel il a les plus grands
rapports et une bien proche parenté, puisqu'on voit
l'acide pectique se former dans les fruits à mesure que
l'amidon en disparaît, et la fécule se déposer dans les
tubercules des pommes de terre à mesure que diminue
la quantité d'acide pectique qui s'y trouvait. Dans les
petits pois très-jeunes, on ne trouve guère que de l'acide pectique, qui se transforme un peu plus tard en
beau sucre de canne bien cristallisable, qui, disparaissant à son tour, est remplacé par cette fécule qu'on

trouve seule avec la protéine dans la graine même.
Lorsqu'une graine, contenant de la fécule, germe, l'a-
cide pectique qu'on trouve dans la jeune plante qui en
naît provient de sa fécule ; mais l'inverse a lieu dans le
végétal adulte, où l'on voit toujours l'acide pectique,
ou la gelée, précéder l'apparition de la fécule, du bois,
des gommes et des sucres. C'est ce qui nous engage à
considérer cet acide comme le point de départ de tout
ce groupe de composés doués de propriétés si différentes, quoique leur composition soit toujours la même, à
deux près, savoir : la gomme arabique, ou dextrine,
et le sucre de raisin, qui contiennent : la première un,
et le second deux équivalents d'eau de plus que l'a-
cide pectique ; mais ces deux derniers sont de véritables produits de décomposition de cet acide, ainsi que
de la fécule et du sucre de canne, puisqu'on ne les
trouve jamais que dans les plantes malades, telles que
les cerisiers atteints d'ulcères, ou dans les organes
prêts à s'en séparer, comme les fruits mûrs. L'acide
pectique paraît subir ces transformations toutes les
fois qu'il se trouve en présence des acides ou d'un
corps en voie de décomposition , tel qu'un ferment.
Lorsqu'il se conserve intact, comme dans les groseilles,
qui contiennent cependant ces deux corps capables de
le détruire, c'est qu'il est enfermé dans des cellules
spéciales qui l'empêchent d'être en contact avec eux.
Il suffit de broyer les groseilles pour détruire les cellules où se trouvait enfermé l'acide pectique, qui, sous
l'influence d'une cuisson prolongée du jus de groseilles ou de sa fermentation, se change bientôt et totalement en gomme soluble et en sucre de raisin. Le

corps qui nous occupe est un acide si faible que c'est à peine s'il mérite ce nom. Il serait peut-être plus rationnel de le regarder, avec beaucoup de chimistes, comme un corps neutre, et de l'appeler pectine, puisque le sucre de canne et la gomme sont des acides tout aussi forts que lui.

C'est dans les feuilles des plantes qu'on trouve surtout l'acide pectique en grande quantité, et c'est probablement là aussi qu'il se forme par la désoxydation simultanée de l'acide carbonique et de l'eau qu'apportent les racines de la plante ; il suffit de douze équivalents d'acide carbonique et de dix d'eau pour former un équivalent d'acide pectique, par la soustraction de vingt-quatre équivalents d'oxygène. Or, comme l'eau qu'apportent les racines contient toujours des alcalis, l'acide pectique s'unit à eux au moment où il se forme, produisant ainsi un composé très-soluble qui, descendant à la périphérie de l'arbre, constitue la sève nutritive, ou carbonée, qui sert à former tous les principes de la plante. Comme les feuilles ne contiennent pas seulement de l'acide pectique, mais aussi de véritables acides, il est possible, lorsque leur production est trop abondante, que le pectate soluble, au lieu de se fixer dans le végétal, soit décomposé par eux dans la feuille même ; alors surviennent les miellées, si connues dans nos climats, lors de la sève d'août. Dans le cas où les alcalis sont trop abondants dans la sève, comme le pectate n'est plus décomposé, il passe dans la racine, et de là dans le sol, où il se perd, en sorte que la plante, n'étant plus nourrie, périt.

Dans les champignons, qui sont formés presque uni-

quement d'acide pectique, et qui cependant naissent
d'une graine imperceptible, ce principe vient de la
matière organisée en décomposition, sur laquelle ces
étranges végétaux sont toujours fixés. Les champignons peuvent donc être considérés comme corres-
pondant, par leur mode de développement, aux bourgeons des arbres.

Comme l'acide pectique, qui est par lui-même assez
stable, est toujours accompagné par la protéine, substance, au contraire, éminemment décomposable, on
doit probablement rapporter à cette dernière les changements rapides et multipliés que l'acide pectique
subit dans la plupart des végétaux, au sein desquels il
n'a jamais qu'une existence momentanée, puisqu'il
est le corps destiné à produire à la fois la fécule, la
gomme, le sucre, et, qui sait? peut-être aussi toutes
les autres substances qu'on trouve dans les plantes,
qui en contiennent d'autant plus qu'elles occupent un
rang plus élevé dans l'échelle de la perfection botanique.

La protéine $C_{40} H_{36} N_5 O_{12}$ peut être rapprochée par
le calcul de l'acide pectique, puisque cinq équivalents
de pectate ammonique $C_{60} H_{50} O_{50} N_5 H_{15}$ égalent un
équivalent de protéine, un de sucre de raisin, sept
équivalents d'oxyde carbonique, un d'acide carbonique, et dix-sept d'eau, suivant l'équation : $C_{60} H_{50}$
$O_{50}, N_5 H_{15}$.

$$
\begin{array}{llll}
C_{40} & H_{36} & N_8 & O_{12} \\
C_{12} & H_{12} & & O_{12} \\
C_7 & & & O_7 \\
C & & & O_2 \\
& H_{17} & & O_{17} \\
\hline
C_{60} & H_{65} & N_5 & O_{50}
\end{array}
$$

Dès qu'on sera parvenu à prouver que la protéine se forme aux dépens du pectate ammonique, la physiologie générale aura fait un pas immense, puisqu'on aura prouvé que l'acide pectique est la substance première qu'emploie la nature pour mouler tous les êtres organisés.

Un fait paraît être bien positif dans l'état actuel de la science : c'est que, bien que la protéine forme tous les tissus animaux, elle n'est jamais formée par ces derniers, qui doivent donc l'emprunter aux plantes. C'est donc les végétaux qui sont chargés de la produire, et sa formation est toujours postérieure chez eux à celle de l'acide pectique. La protéine est, comme l'acide pectique, insoluble dans l'eau, soluble dans les alcalis, et susceptible d'une multitude de modifications sur lesquelles nous reviendrons en faisant l'étude des tissus animaux, qui tous naissent d'elle, comme la plupart des tissus végétaux naissent de l'acide pectique. Maintenant que nous connaissons les deux substances destinées à produire toutes celles qu'on rencontre dans le règne végétal, passons à l'étude des plus universellement répandues parmi ces dernières.

Second groupe. — Ligneux, fécule, gommes, sucres, acides malique, acétique et oxalique, graisses liquides et solides, résines et matière colorante.

Le ligneux $C_{12} H_{10} O_{10}$, lorsqu'il est pur, a une formule très-variable quand il n'a pas été purifié, parce qu'il retient avec beaucoup de force les gommes, les résines et les graisses dont il est imbu. Sa composition varie d'ailleurs avec son âge, qui lui enlève toujours plus d'eau, jusqu'à ce qu'il n'en reste définitivement que du charbon plus ou moins pur, appelé humus, terreau, ou terre de saule. La formule que nous adoptons est celle de la cellulose, ou matière formant les cellules du bois, dont la lignose est la partie incrustante ; la composition de cette dernière varie avec les espèces de bois qu'on analyse, tandis que celle de la cellulose est constante chez tous. Pour se faire une juste idée de la nature et des fonctions du bois, il faut l'envisager comme le représentant, dans les végétaux, de la chair des animaux, avec laquelle il a une foule de rapports. Comme nous voyons, chez ces derniers, la fibre musculaire se former par l'organisation et la solidification de l'albumine, de même dans la plante la fibre ligneuse, dure et organisée, naît de l'acide pectique, substance molle et amorphe. L'habitude prise d'employer le bois comme combustible, et pour tous les usages où nous avons besoin d'une substance dure et peu altérable, le fait envisager comme n'étant pas susceptible d'autres applications ; l'étude approfondie du développement des plantes et des propriétés de cette substance apprend qu'il n'en est pas ainsi. Le bois peut, dans certains cas, se dissoudre et servir à la nourriture de la plante ; c'est ce qui arrive lorsqu'on transplante un arbre d'une bonne terre dans un mauvais sol, où son poids diminue chaque année jusqu'à ce qu'il périsse ou finisse par s'y habituer; alors le bois disparaît, l'écorce se fendille et s'affaisse sur elle-même, ou bien elle se sépare du ligneux, laissant ainsi entre eux un vide qui annonce la prochaine mort de l'arbre. Dans les laboratoires, la transformation du bois en matière soluble, en gomme ou sucre, est encore plus nette; car nous voyons l'acide nitrique le changer en une gomme très-semblable à l'acide pectique; l'acide sulfurique le transforme en gomme arabique, puis en sucre; enfin, une solution concentrée de chlorure zincique le dissout sans l'altérer, de telle sorte qu'en y versant de l'eau le bois s'en sépare sous forme de petites fibres d'un blanc satiné, aussi brillantes et aussi douces au toucher que du velours. Il est vrai que la nature n'emploie aucun de ces réactifs; néanmoins elle arrive au même but, à la dissolution du bois, fait incontestable pour tous ceux qui ont vu, dans les ulcères des arbres fruitiers, le bois disparaître à mesure que la sécrétion de gomme a lieu. Il en est du bois comme de la chair : à mesure qu'il vieillit, il durcit; aussi n'est-il pas facilement attaqué par les insectes lorsqu'il a un certain âge. C'est la même raison qui fait que les bois blancs et mous sont beaucoup plus facilement rongés et percés que ceux qui sont de couleur foncée et durs. En présence de ces faits, on peut admettre que ces animaux s'assimilent le ligneux toutes les fois qu'il leur est présenté dans un état de division convenable, en sorte que, si on trouvait un moyen capable de gonfler ce principe, d'en isoler les petites fibres, on le transformerait en un aliment aussi nutritif que la fécule et le sucre; les forêts ne seraient plus alors seulement des magasins de bois de construction et de combustible : elles deviendraient de vastes et inépuisables greniers d'abondance ; alors serait résolu le problème de l'impossibilité des famines, et on aurait rendu à l'humanité entière un service dont chaque homme peut apprécier l'immense portée.

Le coton et le papier sont de la cellulose presque pure ; les bois contiennent d'autant plus de ce principe et d'autant moins de lignose qu'ils sont plus jeunes et plus légers. La cellulose est la base du bois : c'est l'utricule placée sur la route que suit la sève, à laquelle elle enlève chaque année une nouvelle quantité de divers principes dont elle s'incruste et se remplit jusqu'à ce que, ne pouvant plus en recevoir davantage, elle obéisse à la loi de destruction qui la ramène à l'état de substance minérale. Comme la cellulose n'existe pour ainsi dire jamais pure dans les plantes, et qu'elle y est toujours accompagnée par la matière incrustante, ou lignose, nous l'appellerons constamment désormais : bois. Le bois n'existe pas dans les jeunes organes des plantes ; il ne s'y forme que lorsqu'ils ont acquis la forme qu'ils conserveront plus tard. Tant que les branches se développent, le bois qui leur servira de squelette ou de support n'existe pas ; ce n'est que postérieurement qu'il apparaît, avec ses fibres allongées et dures, qui servent à défendre les parties molles de l'arbre contre les coups de vent, et à leur fournir au besoin une nourriture abondante et saine. Les fonctions du bois sont donc mécaniques et chimiques : mécaniques, pour toutes les plantes ; chimiques, pour celles seulement qui, comme les arbres, sont vivaces et ont besoin chaque printemps de trouver toutes préparées d'amples provisions au moment où la sève se met en mouvement. Si la nature a substitué dans les plantes vivaces le bois à la fécule, c'est parce qu'étant exposées à beaucoup plus de vicissitudes que les plantes féculifères, qui sont toutes annuelles, elles devaient pouvoir se créer des provisions pour plusieurs années, ce qui eût été impossible avec la fécule, à cause de sa facile altérabilité. Le bois est destiné à soutenir la vie des plantes à tiges vivaces, comme la fécule entretient celle des plantes annuelles et de celles dont les racines seulement sont vivaces. Chaque fois que la poussée des feuilles au printemps n'épuise pas toute la provision de bois faite pendant l'automne précédent, il en reste une certaine portion qui, sortant de la vie du végétal, est couverte par la couche nouvelle de bois, et constitue ainsi l'un de ces anneaux qu'on remarque sur tous les troncs d'arbre de nos climats quand on les coupe transversalement. Ces anneaux sont d'autant plus épais que le terrain est plus fertile et que le climat est plus propre au développement de la plante. La sève du printemps est rendue nutritive par la transformation d'une partie du bois en acide pectique; celle d'août, au contraire, est marquée par la métamorphose de l'acide pectique, formé par les feuilles, en bois; en sorte qu'il ne se forme de bois que lorsque la consommation que l'arbre en fait au printemps est plus faible que sa production en été, ce qui arrive presque toujours. Comme les couches de bois âgées de plus d'un an ne diminuent que sous l'influence de conditions exceptionnelles, il est positif que les arbres ne peuvent s'assimiler que la dernière couche qui s'est formée et qui est encore molle ; toutes les autres ne participent plus à la vie de la plante, à laquelle elles ne servent dès lors que de support et de canal destiné à amener aux feuilles la sève des racines, c'est-à-dire de l'eau chargée d'acide carbonique et de divers sels.

On rencontre le bois dans toutes les parties adultes des végétaux, depuis la racine jusqu'aux feuilles, aux fleurs et aux fruits ; partout il est doué des mêmes propriétés que dans le tronc, où il joue le même rôle que l'acide pectique, dont il n'est qu'une modification isomérique.

Si, dans les plantes vivaces, la fécule est très-rare, au point qu'on doive y envisager sa présence en général comme accidentelle, il n'en est pas ainsi dans les plantes annuelles, ainsi que dans les graines des plantes vivaces, où elle remplace constamment le bois, qui est une substance trop difficilement assimilable pour ces faibles organismes.

La fécule ou amidon $C_{12} H_{10} O_{10}$ a une organisation propre, qui est cependant assez peu nette pour qu'on puisse envisager cette matière comme placée, sous ce rapport-là, entre l'acide pectique et le ligneux. Le ligneux s'offre sous forme de cellules allongées plus ou moins complexes ; la fécule, sous celle d'utricules, ou bien de petites masses compactes, douées d'une forme constante, et produites par l'addition de couches successives autour d'un petit noyau. Une fois formée, la cellule ligneuse ne change plus, tandis qu'au contraire le grain d'amidon ne cesse de s'accroître tant que la plante végète. La première est due à une formation rapide ; le second se produit sous l'influence d'une action lente. Ce n'est pas à dire que les grains de fécule s'accroissent indéfiniment : cela est impossible, puisqu'ils sont tous enfermés dans des cellules d'une capacité si uniforme pour chaque plante qu'on peut, en étudiant la forme et la grosseur d'un grain de fécule, reconnaître la plante qui l'a produit : nous voulons seulement établir que les grains de fécule ne remplissent en entier les cavités du tissu cellulaire des plantes annuelles que lorsque leur végétation est près de s'arrêter.

Insoluble dans l'eau froide, comme le bois, la fécule a, comme l'acide pectique, la propriété de se gonfler énormément dans l'eau bouillante, sans s'y dissoudre. Elle subit la même modification par l'action des alcalis, ce qui la différencie de l'acide pectique, qui s'y dissout. Cependant, comme l'action prolongée des alcalis dissout la fécule, on peut admettre que, s'il y a réellement une différence entre l'acide pectique et l'empois d'amidon, elle est excessivement faible. On voit dans les jeunes graines l'amidon se substituer à l'acide pectique à mesure qu'elles mûrissent, comme le bois se substitue à ce même principe dans les plantes vivaces au moment où la sève perd de son activité. Quand les graines féculentes germent, leur amidon disparaît et se change en gomme soluble, ou dextrine, et en sucre, sous l'influence de la protéine de la graine qui entre en putréfaction ; puis, à mesure que la jeune plante se développe, la dextrine, au lieu de continuer à se changer en sucre, se transforme probablement en gomme insoluble, ou acide pectique, destiné à reproduire la

12.

fécule et à former le bois. La plupart des acides sont capables de métamorphoser la fécule en gomme et en sucre ; mais il est peu probable que les choses se passent ainsi dans les végétaux, à cause de l'action destructive qu'exercent les acides sur les corps doués de la vie : il est beaucoup plus possible que tous ces changements s'effectuent sous l'influence de corps azotés neutres en décomposition, qu'on appelle ferments. Si la fécule se gonfle dans l'eau bouillante, et non pas dans celle qui est froide, cela vient de ce que la première, liquéfiant la couche de graisse ou de cire qui enduit tous les grains de fécule arrivés à maturité, permet à l'eau de pénétrer dans leur intérieur et d'en imbiber le contenu ; on arrive au même but avec toutes les substances capables d'enlever cette graisse : c'est ce qui fait que la fécule se gonfle sur-le-champ en présence des alcalis caustiques. C'est cette dernière couche, imbibée de graisse des grains de fécule, qui se dépose au fond des vases dans lesquels on les fait bouillir avec assez d'eau pour qu'ils ne forment plus d'empois avec elle ; c'est elle aussi qui constitue tout entière le dépôt qui tombe au fond des vases dans lesquels on a transformé la fécule en sucre à l'aide de l'acide sulfurique. C'est à cette légère enveloppe grasse que la fécule doit de pouvoir se conserver intacte dans les tubercules aqueux, qui, sans elle, ne tarderaient pas à se détruire, parce que toute la fécule passerait bientôt à l'état de gomme, puis de sucre.

On ne rencontre pas la fécule, comme le ligneux, dans toutes les parties du végétal, mais seulement dans certaines d'entre elles, qui sont habituellement les

graines et les racines charnues. Quelquefois on en
trouve dans les fruits et sous l'écorce; mais cela est
rare, et jamais elle n'y existe en grande quantité. La
fécule est toujours accompagnée, surtout dans les
graines, de cette protéine dont la décomposition est
nécessaire pour la changer en sucre indispensable à la
nutrition du végétal. La quantité de fécule produite
dans les plantes est, comme celle du bois, en relation
directe avec la nature du sol et celle de l'année; elle
aussi est l'expression de la surabondance de vie de la
plante. On a longtemps donné comme un des caractères chimiques les plus sensibles de la fécule sa faculté
de se colorer en bleu par l'iode; mais on ne l'envisage
plus comme tout à fait sûre, maintenant qu'on sait que
d'autres parties du végétal peuvent aussi se teindre en
bleu dans ces circonstances-là. D'ailleurs ce caractère
n'a pas une grande valeur au point de vue physiologique, puisqu'il établit une différence nette entre la
fécule et le bois, la gomme et les sucres, qui ne sont
cependant pas autre chose que des modifications isomériques de la première, et capables de la reproduire.

La fécule n'ayant pas une vie qui s'étende au delà
d'une année, elle ne contient que fort peu ou pas du
tout de substances minérales, qui n'ont pas le temps de
s'attacher à elle comme au bois. Ce principe se forme
dans les plantes pendant l'été, et il en disparaît chaque printemps, lorsque la végétation se développe.

Immédiatement après la fécule se placent les gommes, dont nous faisons un chapitre spécial, bien qu'il
eût été plus rationnel de réunir les unes à l'acide pectique et les autres aux sucres. Les gommes, qui sont

répandues dans toutes les parties des végétaux, sont toujours des substances instables, placées, les unes entre le bois et la fécule, les autres entre les fécules et les sucres. Aussi les diviserons-nous en deux groupes : les gommes féculiformes et les gommes sacchariformes. Les premières diffèrent des secondes en ce qu'elles sont capables de se gonfler, mais non pas de se dissoudre dans l'eau, où se fondent et disparaissent très-facilement les secondes. Les gommes féculiformes se rencontrent dans toutes les parties adultes des plantes qu'elles sont destinées à nourrir directement et à former, tandis que les gommes sacchariformes ne se rencontrent que dans les jeunes organes en voie de formation, telles que les graines en germination, dont elles nourrissent indirectement la jeune plante en se transformant en sucre. Nulle part elles ne semblent concourir à la formation des tissus. Au contraire, la production des gommes sacchariformes dans les plantes adultes est toujours un indice de maladie. On sait avec quelle rapidité meurent les arbres fruitiers dès qu'ils commencent à laisser couler de la gomme, provenant à la fois de la liquéfaction de leur ligneux et de l'extravasation de leur sève. Tous les organes sains des plantes adultes ne contiennent que des gommes féculiformes, faciles à reconnaître à leur toucher visqueux, tandis que les gommes sacchariformes sont gluantes. Il est probable que les premières sont identiques avec l'acide pectique, et que les secondes établissent la transition entre elles et les sucres. Quelles qu'elles soient, les gommes ont toujours la même formule que la fécule $C_{12} H_{10} O_{10}$. L'histoire des gommes

féculiformes est la même que celle de l'acide pectique
et de la fécule ; celle des gommes sacchariformes se
rapproche trop de celle des sucres pour qu'on l'en sépare. Ces dernières n'existent dans les plantes qu'exceptionnellement, et dans le cas seulement où elles
sont malades, ou bien aussi lorsqu'elles sont en voie
de formation, ainsi que cela arrive lors de la germination des graines et du développement des bourgeons.

Les sucres sont extrêmement répandus dans tous les
organes des plantes, mais tout spécialement dans les
tiges aériennes ou souterraines, les racines, les fleurs
et les fruits. On n'en trouve que des traces dans les
feuilles, où ils sont remplacés par les gommes, ce qui
peut faire croire que les sucres sont une modification
isomérique des gommes produite par une action lente,
une espèce de fermentation. Tous les sucres ont une
composition analogue à celle de la fécule, dont ils ne
diffèrent que parce qu'ils contiennent un peu plus ou
un peu moins d'eau ; c'est ainsi que la formule du
sucre de canne est $C_{12} H_{11} O_{11}$; celle du sucre de raisin $C_{12} H_{12} O_{12}$, et celle de la mannite, ou sucre de
manne, $C_{12} H_{12} O_{12}$, comme le précédent. Le sucre de
canne contient donc un équivalent, et les deux autres deux équivalents d'eau de plus que la fécule.
C'est dans les organes de réduction qu'on trouve en
général le sucre de canne : ainsi, dans les racines, les
tiges, les fruits à silique avant leur maturité ; très-rarement dans les fleurs et dans les fruits mûrs. On ne
trouve cette substance que dans des liquides neutres
ou légèrement alcalins, parce qu'il suffit d'une trace

d'acide pour le transformer aussitôt en sucre de raisin. Comme on ne trouve le sucre de canne que dans
les organes en voie de formation, il est à croire qu'il
sert à former le végétal et qu'il est intermédiaire à l'a-
cide pectique et à la fécule ; toujours est-il positif que
dans les pois et les grains de froment verts on trouve
du sucre de canne et de l'albumine, qui, à mesure
que la graine mûrit, disparaissent pour faire place, le
premier à la fécule, le second à la légumine et au gluten. Abandonné à lui-même, en présence des bases,
telles que la chaux, le sucre de canne se change d'a-
bord en sucre de raisin, puis en gomme insoluble analogue à la pectine, et plus tard en acides lactique et
butyrique ; mais comme ces conditions d'altération ne
se trouvent jamais réunies dans les plantes, il n'est pas
probable que le sucre de canne s'y détruise de cette
manière. En échange, lorsqu'on abandonne à elle-
même une solution étendue de ce sucre avec un peu
de ferment, elle se transforme en sucre de raisin, qui
ne tarde pas à disparaître à son tour pour faire place
à la mannite, qui reste dans la liqueur sans subir aucune altération ultérieure ; or cette métamorphose se
passe évidemment dans la plupart des végétaux. La
sève de toutes les plantes est neutre, ou très-légère-
ment acidifiée par un peu d'acide acétique, en sorte
qu'elle peut contenir du sucre de canne ; aussi l'y
rencontre-t-on habituellement. Mais si, sous l'influence
d'une végétation exubérante, telle qu'elle se présente
quelquefois dans nos climats au mois d'août, la sève
sort des vaisseaux où elle circule et se répand sur les
feuilles, elle y subit l'altération que nous venons de

signaler. Ces organes se couvrent d'un vernis gluant
de sucre de fruits ou sucre de raisin incristallisable,
qui ne tarde pas à changer de nature et à cristalliser,
mais qui se redissout chaque nuit à la faveur de l'humidité atmosphérique qu'il absorbe. Au bout de trois ou
quatre jours de cristallisations et de dissolutions successives, on voit les cristaux en choux-fleurs du sucre de
raisin disparaître insensiblement pour faire place à de
beaux panaches satinés et en éventail, qui ne sont pas
du tout déliquescents et constituent la mannite. Cette
action se voit fréquemment sur les feuilles des orangers et des myrtes qu'on tient en hiver dans une cham-
bre chaude, de manière à accélérer un peu leur végétation.

Nous avons dit que le sucre de canne se formait
par une hydration de l'acide pectique ; il est fort possible cependant que l'inverse ait lieu, quoiqu'on n'ait
jamais vu jusqu'ici cette métamorphose du sucre de
canne, et que ce composé n'existe pas dans les feuilles
où se trouve en échange l'acide pectique en abondance. Nous sommes fort tenté d'envisager le sucre de
canne comme la matière destinée à produire la plupart des autres dans l'intérieur des végétaux, où il
circule avec facilité en raison de sa grande solubilité
dans l'eau ; mais nous le regardons comme formé par
l'acide pectique, et non pas directement par la réduction de l'acide carbonique et de l'eau. L'existence du
sucre dans tous les végétaux n'est que momentanée ;
il est, comme la fécule, le produit de l'activité des
feuilles, mais il n'est pas comme elle destiné à soutenir
la végétation de l'année suivante ; sa solubilité, sa

fermentation facile empêchaient la nature de lui confier ce rôle. C'est à lui, par contre, qu'est départie
l'importante fonction de nourrir la plante au moment
où sa vitalité est arrivée à sa plus haute expression,
c'est-à-dire lorsqu'elle va fleurir et fructifier ; de là
vient que les betteraves, les cannes à sucre et les carottes perdent tout leur sucre lorsqu'elles ont mûri
leurs graines.

Comme la mannite n'a pas été trouvée jusqu'ici
dans les plantes vivantes, et qu'elle ne se forme que
par l'altération de leurs sucs, il n'est pas probable
qu'elle y existe ; aussi n'avons-nous pas grand'chose à
en dire. Ce principe, fort bien cristallisé et soluble
dans l'eau, est fort remarquable par son inaltérabilité.
Il est impossible de faire fermenter le mannite ; de là
la nécessité de l'enlever des plantes dont elle couvre
les feuilles, si on ne veut les voir périr, parce qu'elle
en bouche les pores.

Le sucre de raisin est si rare dans la sève des plantes qu'on peut y regarder sa présence comme accidentelle ; on ne le trouve guère que dans les graines en
germination, ainsi que dans les fruits mûrs. Dans le
premier cas, il se forme par l'action de la diastase sur
la fécule, puis sur la dextrine ; dans le second, par la
destruction de l'acide pectique ou l'altération du sucre
de canne. Le sucre de raisin ne paraît contribuer
qu'indirectement à la formation de la plante, et il
est bien possible que ce soit à sa destruction que soit
dû le dégagement d'acide carbonique qu'on remarque dans les graines en germination et les fruits mûrs.
On ne trouve ce sucre que dans les organes d'oxyda-

tion des plantes ; c'est pour cette raison qu'on le rencontre habituellement dans les fleurs, tout spécialement dans celles du trèfle et d'autres légumineuses où les abeilles vont le puiser ; à la surface des feuilles, sous forme de miellée, lorsque, obéissant à une force de végétation excessive, la sève gommeuse s'extravase et s'altère en produisant ce sucre ; puis dans les fruits mûrs, lorsqu'ils contiennent un acide, comme, par exemple, dans les pommes et les cerises. Quand les fruits ne renferment pas d'acide, le sucre y reste ce qu'il était dans la sève, ce qu'il était dans le fruit vert, dont toutes les propriétés se rapprochent de celles des feuilles, c'est-à-dire du sucre de canne. C'est pour cette raison que le suc des courges, et surtout des melons, donne, lorsqu'on l'évapore, de fort beau sucre de canne, contrairement à ce qu'on remarque dans tous les fruits des arbres à noyaux et à pepins.

De ces données on conclut que le sucre de **raisin** n'existe pas dans la sève normale, et que, lorsqu'il apparaît dans les végétaux, c'est pour être utilisé directement par eux comme matière alimentaire, ou pour être rejeté au dehors comme leur étant inutile. **La** mannite se forme aux dépens du sucre de raisin toutes les fois que ce dernier reste exposé au contact de l'air à une température un peu élevée ; c'est pour cette raison que la sève extravasée des frênes, qui, dans les pays tempérés, ne contient que du sucre de raisin, renferme, dans la Sicile, une si prodigieuse quantité de mannite qu'on en extrait jusqu'à la moitié de son poids, le reste étant formé par du sucre de raisin non encore altéré.

Comme on trouve dans la sève de tous les organes en voie de formation, comme les graines, les bourgeons qui se développent, du sucre de raisin, et que ce principe manque dans la plante adulte, où il se trouve remplacé par le sucre de canne, on peut l'envisager comme étant chargé de nourrir les plantes tant qu'elles ne sont pas encore en état de former leurs aliments aux dépens du sol et de l'atmosphère. Il est d'ailleurs fort possible que le sucre de raisin soit produit dans les organes en voie de formation par la métamorphose que le sucre de canne de la sève subit sous l'influence de l'acide acétique, formique ou lactique, qu'ils contiennent toujours, et qui s'y développent sous l'influence d'une absorbtion d'oxygène qui est souvent assez forte, et qui, jointe au dégagement d'acide carbonique qui l'accompagne, rapproche les végétaux en enfance des animaux adultes, puisqu'ils ont la même action sur l'atmosphère, à laquelle ils enlèvent de l'oxygène, qu'ils remplacent par une quantité correspondante d'acide carbonique.

Ce n'est pas seulement aux dépens du sucre de canne contenu dans la sève que le sucre de raisin peut se former, mais bien aussi par la décomposition de la pectine, du ligneux, des fécules et des gommes : les trois premières passent d'abord à l'état de gomme soluble ou dextrine. Comme la transformation de la pectine en ligneux est bien prouvée, que celle du ligneux en gomme soluble est tout aussi positive, et que rien n'est plus facile que de métamorphoser en sucre de raisin, sous l'influence du temps et de l'oxygène, ou bien sous celle des acides dilués, la fécule et les gommes, il est clair qu'on ne peut révoquer en doute la possibilité de la formation du sucre de raisin par l'altération de ces quatre matières organiques. Concluons en disant que le sucre de raisin est, comme la gomme soluble, un produit de décomposition des parties constituantes essentielles des végétaux, et qu'il n'existe dans les plantes en bonne santé que dans les premiers temps de leur développement, au moment où, bien loin d'organiser des substances minérales, ainsi qu'elles le feront plus tard, elles désorganisent, elles changent en véritables matières minérales, à l'instar des animaux, les substances organiques accumulées dans leur sein par une végétation précédente.

La seconde partie du groupe que nous étudions renferme des substances qui, bien que répandues dans la plupart des plantes, s'y trouvent en quantités si variables que, fort sensibles chez les unes, elles sont à peine perceptibles dans les autres.

Les acides malique, formique, acétique et oxalique, existent dans tous les végétaux ; le premier se trouve essentiellement dans leurs organes de réduction, dans les feuilles et les fruits verts, ainsi que dans les racines : on le retrouve cependant aussi dans les autres organes. Cet acide $C_4 H_5 O_5$ présente une formule qui est celle du sucre de raisin divisée par 3, moins 3 équivalents d'hydrogène, remplacés par autant d'équivalents d'oxygène ; car 1 équivalent sucre de raisins $C_{12} H_{12} O_{12}$, moins 3 équivalents d'hydrogène, plus 3 équivalents d'oxygène $= C_{12} H_9 O_{15}$; soit 3 équivalents d'acide malique. Cet acide doit donc s'être formé par l'oxydation lente du sucre de raisin, transformation qui peut s'effectuer dans toute l'étendue de la plante, dont les tissus criblés de pores jouent le rôle d'un vaste appareil d'oxydation partout où, sous l'influence d'une action vitale, il ne s'effectue pas une réduction ; l'écorce, les fleurs et les fruits mûrs, ainsi que peut-être dans certains cas les racines, sont des organes d'oxydation. On a annoncé que les acides étaient les premiers corps composés qui se formassent dans les feuilles après la fixation de l'acide carbonique de l'air ; mais cette objection ne peut être soutenue lorsqu'on voit combien il y a peu de feuilles acides. Celles qui ont ce caractère sont des exceptions, tandis que toutes, sans exception, renferment de l'acide pectique. Il n'y a qu'un seul acide répandu en assez grande quantité dans les feuilles de certains rumex et oxalis ; c'est l'acide oxalique, dernier produit d'oxydation de toutes les substances organiques non nitrogénées, ce qui dit assez que ce corps n'est pas destiné à former les organes des plantes, mais qu'il est au contraire l'expression de leur décomposition. C'est par cette raison aussi qu'on le rencontre dans les tiges des cactus avancés en âge, ainsi que dans les vieilles souches d'iris. Nous ne pensons pas qu'aucun acide contribue directement à la formation des plantes, sauf ce corps de nature si problématique qu'on l'a appelé tour à tour acide pectique et pectine. Tous les acides sont le produit de l'altération des tissus et des sucs ; aussi sont-ils emportés dans le sol par la sève descendante. Là, ils dissolvent la chaux et les autres terres, qui peuvent, grâce à eux, être ensuite absorbées par les plantes ; ou bien ils sont portés vers les fruits, ces organes qui ont besoin de leur présence pour devenir succulents, puisque nous savons que, sous l'influence des acides, le ligneux, la pectine et la fécule, se changent en gomme et en sucre. En partant de la formule du sucre de raisin C_{12} H_{12} O_{12}, divisée par $3 = C_4$ H_4 O_4, ce qui représente juste 1 équivalent d'acide acétique hydraté, on arrive, en enlevant successivement à cet acide ses 4 équivalents d'hydrogène, qu'on remplace à mesure par autant d'équivalents d'oxygène, à former d'abord de l'acide malique ; car C_4 H_4 $O_4 — H + O = C_4$ H_3 O_5 ; puis de l'acide formique, car l'acide malique C_4 H_3 $O_5 — H$ $+ O = C_4$ H_2 O_6, soit 2 équivalents d'acide formique, $= 2 C_2$ H O_3, qui dédoublés $= C_2$ $H O_3 — H + O =$ C_2 O_4, soit 2 équivalents d'acide carbonique. Cette transformation lente et successive du sucre de raisin en divers acides, et enfin en un minéral, en acide carbonique, est réelle, puisque les acides ne s'accumulent pas dans les végétaux, comme la fécule, le sucre et les autres substances nutritives. Leur quantité n'y augmente pas avec l'âge ; elle reste sensiblement la même, parce que la vie de chacun des acides n'est pas longue. Ils passent bien vite de l'un à l'autre, et finissent par disparaître dans l'atmosphère sous forme de gaz acide carbonique. Les formules qu'on vient de passer en revue indiquent que l'acide acétique, dont la composition est isomère de celle du sucre de raisin, doit précéder la formation de l'acide malique ; mais cela peut n'être pas admis, justement à cause de cette isomérie, et on peut croire que, dans certains cas, l'acide malique naît de l'oxydation directe du sucre de raisin. On voit par là que, bien loin d'envisager les acides végétaux comme des corps chargés de fixer le carbone dans les plantes, nous les regardons, au contraire, comme destinés à porter au dehors toutes les parties des végétaux qui ont fait leur temps, qui sont usées par la vie, et c'est afin qu'ils pussent être plus facilement rejetés que la nature les a doués tous d'une grande solubilité. Si les acides étaient destinés à former les tissus végétaux, on les trouverait dans la sève des plantes, où ils n'existent qu'en quantité assez minime pour que leur présence doive y être regardée comme purement accidentelle; d'ailleurs, on ne les y rencontre presque jamais que combinés aux bases sous forme de sels neutres ou acides. Les acides disparaissent des plantes à mesure que leur végétation est près de s'arrêter; ils y sont d'autant plus abondants qu'elle est plus active, absolument ainsi que cela a lieu chez les animaux hibernants, dont les poumons dégagent beaucoup d'acide carbonique pendant l'été et fort peu pendant l'hiver, parce que le froid arrête chez ces animaux, comme chez les plantes, presque toutes les fonctions de nutrition. Pendant le jour, les plantes ne dégagent de l'acide carbonique que par ceux de leurs organes qu'on peut envisager comme étant en état de décomposition; c'est le cas des fleurs et des fruits mûrs. Mais la nuit, tous les organes, et même les feuilles, laissent passer de l'acide carbonique avec abondance, parce que, comme les feuilles ne réduisent ce gaz que sous l'influence de la lumière, elles laissent passer, sans agir sur lui, tout l'acide carbonique que la terre et la décomposition des acides végétaux déversent dans la sève. Les plantes sont donc bien des êtres vivants, puisque, même dans la période de leur développement où la vie est la plus active, on y remarque ce mouvement simultané de destruction et de formation qui caractérise la vie ; mouvement qui existe aussi, mais à un bien moindre degré, chez les minéraux, qui doivent participer et prennent en effet part aux incessantes métaphormoses que subissent, d'une manière plus ou moins sensible, tous les êtres qui constituent la masse entière du globe.

Outre les acides dont nous venons de nous occuper, il y en a encore plusieurs autres qui sont extrêmement répandus, bien qu'ils ne le soient pas, comme les précédents, dans toutes les parties des végétaux. Nous voulons parler des acides citrique et tartrique, qu'on ne trouve que dans certains fruits et très-rarement dans la sève de quelques plantes ; puis de l'acide tannique, qu'à une exception près on ne rencontre que dans les feuilles et les tiges des végétaux.

L'acide citrique $C_4 H_2 O_4$, qui caractérise les citrons, et qu'on trouve aussi dans les groseilles, possède la même composition que l'acide malique, moins 1 équivalent d'eau ; mais, comme les déshydratations ne sont pas communes dans les végétaux, on ne doit pas s'étonner si l'acide citrique y est si rare. Il est bien plus possible, même, que l'acide citrique s'y forme par la déshydrogénation du sucre de raisin que par la déshydratation de l'acide malique.

L'acide tartrique $C_4 H_2 O_3$ est, après l'acide malique, le plus répandu de tous les acides végétaux, où on ne le rencontre que dans les fruits, et quelquefois aussi dans la sève. Sa formation est bien facile à expliquer lorsqu'on considère que sa composition correspond à celle de l'acide malique, moins 1 équivalent d'hydrogène, ou à celle de l'acide citrique, plus 1 équivalent d'oxygène.

Dans l'écorce des jeunes chênes, dans les feuilles et les tiges vertes de la plupart des plantes, on trouve une substance astringente qui colore toujours les sels de fer ; mais en les teignant en noir, en bleu ou en vert, cette substance possède les caractères des acides faibles, bien que, par d'autres propriétés, elle se rapproche à la fois des gommes et des résines ; c'est

L'acide tannique C_6 H_5 O_4, qui, en s'oxydant au contact de l'air, ainsi que cela arrive dans l'écorce des vieux chênes et dans les noix de galle, passe à l'état de véritable acide, d'acide gallique, C_7 H_4 O_6, dont la composition n'est pas encore bien établie, quoiqu'il paraisse se former par l'oxydation de l'acide tannique. L'acide tannique diffère de tous ses congénères par l'impossibilité où il est de former des sels définis avec les alcalis, et par la facilité avec laquelle il se décompose en passant à l'état d'acide gallique et de charbon plus ou moins pur. Dès que l'acide tannique se trouve en présence des bases et de l'air, il en absorbe l'oxygène, et la solution, qui était d'abord incolore, passe rapidement au rose, au rouge, au bleu, et enfin au brun plus ou moins foncé ; de là la teinte brune répandue dans presque toutes les écorces, qui semblent être le point destiné à recevoir l'acide tannique, qui doit être sécrété par toutes les plantes immédiatement après sa formation, à cause de l'influence délétère au plus haut degré qu'il exerce sur elles. C'est à l'acide tanni-

que répandu dans l'écorce des chênes qu'il faut attribuer la difficulté avec laquelle les plantes se fixent
sur leurs débris. Cet acide caractérise assez nettement
les familles végétales dans lesquelles on le rencontre
abondamment ; ce sont les acacias et les chênes.

L'acide acétique $C_4 H_4 O_4$ n'a été trouvé jusqu'ici
que dans la sève des plantes, quoique l'odeur de beaucoup de fruits doive y indiquer sa présence, ainsi que
celle de l'acide formique $C_2 H_2 O_4$; mais ces deux acides peuvent avoir facilement échappé aux investiga-
tions des chimistes, tant à cause de leur petite quantité que de leur grande volatilité.

On peut, on doit ranger les acides gras parmi ceux
qui sont universellement répandus dans les plantes ;
car, bien qu'on ne les y trouve pas toujours en forte
proportion, il n'en est pas moins vrai qu'ils y existent
en quantité perceptible, surtout dans leurs graines.
Quand on écrase une graine de chou sur une feuille
de papier, elle y produit une tache huileuse ; c'est ce
qui arrive aussi avec celles de pavot, de noyer, et de
tant d'autres encore, qui, exprimées, laissent écouler
de l'huile avec abondance. La présence des corps gras
est ici bien palpable ; mais si on traite de la même manière des graines de froment ou de haricots, on n'obtient rien. C'est que, dans ce cas, les corps gras n'existant dans les graines qu'en fort petite proportion, ils
y sont retenus avec beaucoup de force. Pour les en
séparer, il faut les traiter par l'éther, qui les leur enlève totalement; la graisse qu'on extrait ainsi du froment est une espèce de suif du plus beau blanc ; celle
du maïs est une huile jaune orangé. Dans les graines,

on trouve donc toujours un corps gras destiné à les préserver de l'action de l'eau, tandis que dans toutes les autres parties des plantes on rencontre une graisse oxydée, c'est-à-dire une espèce de cire, qui ne manque jamais ; c'est elle qui constitue la fleur des feuilles de choux et le fard des fruits, sur lesquels elle se trouve souvent si abondante qu'elle vient nager à la surface de l'eau dans laquelle on les fait bouillir.

Les corps gras et les cires jouent toujours le rôle d'acides très-faibles ; les plus répandus sont l'acide margarique $C_{54} H_{54} O_4$, l'acide oléique $C_{56} H_{54} O_4$, l'acide valérianique $C_{10} H_{10} O_4$ et l'acide butyrique $C_8 H_8 O_4$. Les deux premiers se décomposent lorsqu'on les chauffe, tandis que les deux derniers distillent sans altération ; l'acide margarique est solide, même au-dessus de la température ordinaire ; l'acide oléique pur est solide à une basse température, tandis que les acides butyrique et valérianique, doués tous les deux d'une odeur pénétrante, sont liquides à la température ordinaire. Tous ces corps paraissent avoir une origine commune et s'être formés par l'addition d'une certaine quantité d'hydrogène carboné à de l'acide formique ; car, en partant de la formule de cet acide $C_2 H_2 O_4$, on arrive, en lui ajoutant 2 équivalents d'hydrogène carboné, à former l'acide acétique ; car $C_2 H_2 O_4 + C_2 H_2 = C_4 H_4 O_4$, et en ajoutant à la formule de ce dernier 4 équivalents d'hydrogène carboné, on produit l'acide butyrique ; avec 30, l'acide margarique, et ainsi de suite, pour tous les acides gras intermédiaires. A mesure que l'hydrogène carboné se condense en plus grande proportion sur l'acide formique, on voit celui-ci devenir de plus en plus fixe, jusqu'à ce que, comme cela arrive pour l'acide margarique, il ne puisse plus être chauffé sans qu'il se décompose.

L'acide oléique échappe à la loi que nous venons de signaler, parce qu'il contient 2 équivalents de carbone de plus que l'acide margarique ; il doit donc avoir une autre origine que les acides gras proprement dits, desquels il diffère d'ailleurs par la plupart de ses propriétés chimiques. Ce corps est placé entre les huiles grasses et les huiles essentielles, et participe aux propriétés de ces deux classes de composés ; il absorbe l'oxygène de l'air avec une très-grande avidité, et se transforme alors en une espèce de résine élastique qui a quelque chose de l'aspect des gommes. Il est fort possible qu'en s'oxydant il entre pour quelque chose dans la formation des cires, qui paraissent être un mélange, en proportions variables, d'acide margarique et d'une espèce de résine.

Il est facile de se rendre compte de la formation des acides gras dans les végétaux lorsqu'on les regarde comme produits par l'addition d'un hydrogène carboné à l'acide formique ou acétique, qui existent chez toutes les plantes. Lorsqu'on met du sucre de raisin dissous dans l'eau en présence du carbonate calcique et d'une température un peu élevée, le sucre se décompose, dégage de l'hydrogène carboné, produit de l'acide acétique, et forme, par l'union de ces deux corps à l'état naissant, de l'acide butyrique qui reste uni à la chaux. Les choses doivent se passer absolument de même dans le sein des plantes, mais d'une manière plus complète, en sorte que chaque équivalent de sucre de raisin, en perdant 4 équivalents d'eau et autant d'acide carbonique, se transformera en 8 équivalents d'hydrogène carboné; car $C_{12} H_{12} O_{12}$ — $H_4 O_4$ — $C_4 O_8$ = $C_8 H_8$. A l'aide du calcul, on peut varier à l'infini ces modes de décomposition, de façon à obtenir des hydrogènes carbonés plus ou moins hydrogénés, ou plus ou moins carbonés, que celui qui nous occupe maintenant, en enlevant au sucre plus ou moins d'acide carbonique ou d'eau que nous ne l'avons fait; car la formule du sucre se prête, aussi bien que ses propriétés chimiques, à en faire un des corps les plus capables de subir toute espèce de métamorphoses. Nous avons donc ici un nouveau mode de décomposition des sucres, une nouvelle cause de destruction de ce principe, une nouvelle source d'acide carbonique et d'eau dans l'intérieur même du végétal, et sous l'influence de la force vitale qui l'anime.

On pourrait dire aussi que les hydrogènes carbonés naissent de la désoxydation simultanée de l'eau et de l'acide carbonique qu'absorbent les plantes; car 1 équivalent de chacun de ces principes produit 1 équivalent d'hydrogène carboné et 3 d'oxygène. Mais si les corps gras se produisaient ainsi, on les retrouverait dans les feuilles, et surtout dans la sève : c'est ce qui n'arrive pour ainsi dire jamais, puisqu'il n'y a que quelques arbres des pays tropicaux qui fassent exception à cette règle.

Ce ne sont pas seulement les graisses que produisent les hydrogènes carbonés, mais bien aussi les huiles essentielles, et leurs oxydes, les résines; puis les alca-

loïdes, ces poisons doués des propriétés des basés,
qu'on trouve dans le buis, la belladone, les pavots, et
surtout ces couleurs admirables qui embellissent toute
la nature, et qui paraissent être dues à un hydrogène
carboné nitrogéné, qui, à mesure qu'il s'oxyde, change
de teinte et produit les couleurs de l'arc-en-ciel et
toutes celles qui naissent de leur union en diverses
proportions.

En faisant l'étude des corps appartenant au premier
groupe, nous avons involontairement empiété sur ceux
qui constituent le second, et auxquels on devrait rapporter toutes les substances qu'on vient, d'énumérer
si on pouvait les séparer nettement d'avec les précédentes, avec lesquelles elles ont une si intime liaison
qu'il vaut mieux les laisser réunies.

Le second groupe, comprenant les matières communes à la plupart des plantes, embrasse : les huiles
essentielles, les résines, l'acide hydrocyanique, l'asparagine, l'alcool, la matière colorante verte et le principe amer.

Les huiles essentielles peuvent être partagées en
deux grands groupes, suivant qu'elles contiennent ou
non de l'oxygène. Le type des premières est l'alcool C_4
$H_6 O_2$, et celui des secondes, l'essence de térébenthine,
$C_{20} H_{16}$. Toutes absorbent avec avidité l'oxygène de
l'air, et forment alors, les premières, des acides, et les
secondes, des résines ou acides très-faibles et mal définis. Ces dernières sont les plus abondantes, quoiqu'elles soient toutes très-répandues. Toutes les essences sont caractérisées par leur odeur en général
agréable, leur saveur âcre et brûlante, et la faculté

qu'elles possèdent de s'enflammer à l'approche d'un corps en ignition. De là les brillantes fusées qu'on voit s'élancer de tous les côtés lorsqu'on jette dans un feu une branche de sapin ou qu'on fait jaillir sur la flamme d'une bougie l'essence contenue dans les réservoirs de l'écorce d'une orange ou d'un citron. Les huiles es-sentielles, et surtout celles de la seconde section, constituent les corps organiques les plus riches en car-bone et en hydrogène. Tous naissent de la désoxyda-tion du sucre de raisin effectuée suivant le mode in-diqué à la page 228, et ont pour point de départ l'hydrogène carboné CH, qui les produit, soit en con-servant le rapport entre ses principes intact, ou bien modifié par l'oxydation d'une partie de son carbone ou de son hydrogène. D'ailleurs, comme cet hydro-gène carboné possède la propriété de changer de ca-ractères physiques et chimiques à mesure que sa mo-lécule se condense, il ne faut pas s'étonner si, avec deux causes de changement aussi puissantes, les va-riétés d'essences se multiplient à l'infini : il n'y a pour ainsi dire pas une seule plante qui ne possède la sienne propre, à laquelle elle doit son odeur.

Les essences se trouvent généralement dans les or-ganes d'excrétion ou d'oxydation des plantes; elles s'accumulent dans l'écorce de la tige et des racines, dans celle des fruits, et vient enfin se fixer aussi dans toutes les feuilles âgées. Il est extrêmement rare d'en découvrir dans de jeunes feuilles. C'est ainsi que les bourgeons de sapin n'ont presque pas de saveur, et que les jeunes feuilles des lauriers, qui produisent la cannelle et le camphre, sont parfaitement insipides, tandis que celles qui sont âgées sont très-chargées des principes qui rendent ces deux arbres si précieux. Jamais on n'a vu une huile essentielle dans le suc nutritif ascendant d'une plante ; la sève même des sapins en est exempte. On ne trouve l'essence de térébenthine que dans les parties externes des arbres résineux, et surtout dans leurs organes sécrétoires par excellence, dans leurs racines. La sève des sapins est parfaitement limpide et chargée d'acide pectique. ainsi que probablement aussi de sucre, qui, sous l'influence de la vitalité spéciale à ces arbres, se métamorphose en essence de térébenthine, qui, en descendant sous l'écorce, s'oxyde et se transforme ainsi partiellement en résine qui s'écoule par toutes les plaies qu'on y fait.

L'abondance des huiles essentielles, ainsi que des corps gras en général, paraît être très-intimement liée avec la chaleur du climat. Tous ces composés, peu abondants dans les pays tempérés, où ils sont remplacés par la fécule, sont excessivement répandus dans les pays chauds, où il n'y a presque pas de végétal qui ne possède à la fois les uns et les autres. C'est aux îles de la Sonde et aux Philippines que l'Europe doit toutes ses épices ; à la côte occidentale de l'Afrique les huiles de palme et de coco, qui inondent tous les ports de mer ; enfin, aux parties les plus chaudes des Cordillières qu'elle va demander cette cire que recueillent péniblement nos abeilles, et qui, là, coule avec abondance le long des tiges et des feuilles de certains palmiers. Au point de vue de leurs produits agricoles, on pourrait appeler les pays tempérés : *pays des fécules,* et les pays chauds : *pays des graisses.* Les pays froids

n'appartiennent pas plus à l'une qu'à l'autre de ces
classes, quoiqu'ils se rapprochent plutôt de la première ; ils en font une à part, qui, ne pouvant demander que fort peu de chose aux végétaux, tire presque
tous ses aliments des animaux, qui leur fournissent,
le gibier, sa chair, et les poissons, leur graisse. Le ligneux seul apparaît sur ces terres désolées, sous forme
de pins et de bouleaux rabougris, accompagnés par la
pectine sous forme de ces lichens aux tiges arides et
rameuses que le renne et le lièvre mangent avec avidité, et qui, après avoir été lavés avec une dissolution
de cendres de bois, qui leur enlève leur amertume,
constituent un aliment fort nutritif pour l'homme.

Marchant sur les traces de la nature, l'homme a fabriqué plusieurs huiles essentielles ; il a reproduit l'essence de reine des prés en oxydant la salicine ; celle
d'amandes amères, en faisant fermenter l'amygdaline ;
puis, enfin, celle de menthe poivrée, ou une autre fort
analogue, en hydrogénant la mannite à l'aide des hy-
drates alcalins en fusion. Il a obtenu l'alcool en faisant fermenter les sucres, et une foule de nouvelles
essences en faisant fermenter les feuilles de plusieurs
espèces de plantes ; en oxydant la fécule qui se trouve
dans le son des céréales, et ainsi de suite. Si les huiles
essentielles sont si faciles à reproduire et à créer, c'est
qu'elles ne sont pas organisables ; c'est qu'elles sont,
au contraire, des excrétions des plantes, qui ne sont
plus régies par ces lois, actuellement tout exceptionnelles, de la vie, mais bien par celles qui agissent sur
la nature inanimée.

Une même plante peut contenir deux essences toutes

différentes : le réséda, par exemple, a dans ses fleurs une essence d'une odeur très-agréable, et si subtile qu'on ne l'a pas encore isolée, tandis qu'on trouve dans ses racines l'essence de moutarde ; de même encore le volkameria a dans les feuilles une huile fétide, tandis que celle des fleurs possède un délicieux parfum ; l'essence des feuilles de l'oranger a une tout autre odeur que celle de ses fleurs, et celle-ci diffère encore plus de celle de ses fruits.

Presque toutes les huiles essentielles sont liquides et grasses au toucher ; il y en a cependant qui, comme l'alcool, ne graissent pas les doigts, et d'autres qui, comme le camphre, sont solides à la température ordinaire. Il est bien probable qu'il existe aussi une classe d'essences gazeuses à la température ordinaire, comprenant celles de toutes les fleurs et parties végétales dans lesquelles on ne peut les voir enfermées dans des cellules spéciales, comme dans les feuilles d'oranger et de myrthe, et dont on ne peut les extraire par la distillation. C'est le cas de la plupart des fleurs odorantes, entre autres, des lis, du muguet, du réséda, du jasmin, du lilas, de la jacinthe, des narcisses et des jonquilles. Il faut, pour recueillir ces essences, les dissoudre dans des huiles grasses qu'on met en contact avec les fleurs dont on veut isoler le parfum. Ces essences si subtiles sont en général malsaines à respirer ; elles causent facilement des maux de tête, et peuvent même provoquer de violentes attaques de nerfs chez les personnes faibles. Ces caractères-là ne sont cependant pas absolument spéciaux aux huiles essentielles gazeuses ; ils appartiennent aussi, quoiqu'à un bien moindre degré, à plusieurs essences isolables, et spécialement à celle de roses.

Si les essences isolables se développent toujours en fort grande quantité sous l'influence de la chaleur et de l'action directe des rayons solaires, il paraît n'en pas être ainsi pour la plupart des huiles essentielles gazeuses : c'est ainsi que les violettes, les chèvre-feuilles, et plusieurs autres fleurs très-odorantes le matin et le soir, perdent leur parfum lorsque le soleil luit, et que d'autres, comme le géranium triste, ne répandent leur délicieuse odeur qu'au milieu des ténèbres.

Outre les différentes essences dont nous venons de parler, il en est d'autres si peu répandues qu'elles sont très-caractéristiques pour les familles végétales dans lesquelles on les rencontre : ce sont les huiles essentielles d'ail et de moutarde, qui diffèrent des précédentes en ce qu'elles contiennent, outre l'hydrogène, le carbone, et quelquefois l'oxygène, toujours du soufre.

Les usages des essences semblent bornés dans les plantes, où elles sont répandues en petite quantité, à les préserver de l'attaque des insectes, pour lesquels elles sont en général de violents poisons. Telle est la raison pour laquelle les chenilles n'attaquent jamais les noyers, les oignons, le persil et la sauge. Dans les végétaux où elles sont universellement répandues, elles ont par contre, comme dans les arbres résineux, pins et sapins, une influence énorme, puisque c'est à elles seules qu'il faut attribuer la propriété qu'ont ces plantes de continuer à végéter par les froids les plus vifs, à raison du peu de conductibilité que les huiles essentielles, et surtout les résines produites par leur oxydation, ont pour la chaleur, ce qui fait que ces arbres, enveloppés de toutes parts par elles comme d'une épaisse fourrure, ont la sève constamment assez fluide pour agir sans cesse, et permettre à leurs feuilles, toujours vertes, de décomposer, même au gros de l'hiver, cet acide carbonique qui les baigne avec plus d'abondance qu'en toute autre saison, parce que le feuillage des autres plantes à feuilles caduques n'agit plus sur lui. C'est à cette nouvelle et admirable précaution de la nature que les forêts d'arbres toujours verts doivent leur classique réputation de salubrité, réputation si bien acquise qu'on peut dire qu'il n'y a pas d'air aussi pur que celui des forêts d'arbres résineux, qu'on devrait planter surtout autour des villes, afin de détruire, autant que possible, à mesure qu'elles le produisent, cette masse d'acide carbonique qu'elles jettent dans l'atmosphère, et qui est une des causes les plus actives de la dégénérescence de l'espèce humaine dans les lieux fort peuplés.

Nous avons déjà dit ailleurs que les essences exposées au contact de l'air passaient à l'état d'acide organique ou d'acide carbonique et d'eau, en absorbant son oxygène, ou bien qu'elles se solidifiaient dans ces circonstances en formant des *résines* qui conservent souvent la formule de l'essence qui les a produites, plus une certaine quantité d'oxygène, tandis que d'autres fois elles perdent une certaine proportion de carbone ou d'hydrogène, qui est alors remplacé par de l'oxygène. Quelle que soit leur origine, les résines retiennent toujours beaucoup des caractères des huiles essentielles ; elles brûlent facilement, sont en général odorantes et jouent le rôle d'acides faibles ; toutes sont des produits d'excrétions qu'on rencontre surtout dans l'écorce, et quelquefois aussi dans des réservoirs particuliers placés au-dessous d'elle, et où elles circulent du haut en bas des arbres jusqu'à leurs racines. Les résines sont beaucoup moins communes que les huiles essentielles, parce que ces dernières se brûlent souvent tout entières sans laisser après elles des produits résineux, ou bien peut-être aussi parce qu'elles s'unissent aux corps gras pour produire, en s'oxydant avec eux, ce corps appelé *cire* que toutes ses propriétés placent entre les suifs et les résines.

Fort répandues sur toutes les parties des végétaux, les différentes espèces de *cires* semblent avoir pour but d'empêcher l'eau de pénétrer dans les feuilles des plantes et d'obstruer ainsi leurs pores destinés à absorber l'acide carbonique pendant le jour et à le laisser passer pendant la nuit. La cire qui recouvre les fruits assure leur conservation en les mettant à l'abri du contact de l'air ; celle qui enveloppe certaines graines contribue, ainsi que les huiles grasses et essentielles qui en couvrent d'autres, à les empêcher de germer dès qu'elles sont mûres, et à assurer ainsi la conservation de l'espèce.

Les résines caractérisent certaines familles de plantes, telle que celle des conifères, où se rangent les sapins, absolument comme les huiles essentielles en délimitent d'autres, telles que celles des sauges, des carottes, des orangers, et tant d'autres encore.

Facilement reconnaissable à son odeur analogue à

celle des amandes amères, l'acide *hydrocianique* ou prussique est abondamment répandu dans le règne végétal, où on le rencontre dans les feuilles du laurier-cerise, dans les noyaux des cerisiers, dans les feuilles et les noyaux des amandiers, pêchers et abricotiers, ainsi que dans une foule de fleurs qui sont remarquables, comme celles du merisier et de l'épine blanche, par leur odeur douce et agréable, analogue à celle des amandes amères. Toutes les parties des plantes imprégnées d'acide hydrocyanique ont une saveur amère, due sans doute au principe qui forme cet acide, et non pas à lui-même, parce qu'il y existe en trop petite quantité pour que sa saveur puisse être aussi marquée. Ce principe est à découvrir dans les feuilles des arbres ; on l'a découvert dans les amandes amères, d'où lui vient le nom d'amygdaline. Il faut cependant bien prendre garde de le confondre avec ces beaux principes cristallins et amers qui semblent changer avec les espèces de plantes, et qu'on a appelés salicine lorsqu'on l'extrayait de l'écorce de saule, populine lorsqu'elle provenait des feuilles du peuplier, et phlorizine quand on l'enlevait à l'écorce des racines des pommiers, poiriers et cerisiers. La composition de tous ces principes est si complexe, et leur présence dans les écorces ou dans les organes d'excrétion si constante, qu'ils doivent être tous envisagés comme des produits d'excrétion, comparables, sous tous les rapports physiologiques, aux résines, dont ils diffèrent d'ailleurs par leur grande solubilité dans l'eau. L'étude de ces principes, souvent spéciaux à de certaines familles végétales, peut devenir d'un grand secours pour leur diagnostic botanique. Il est d'ailleurs du plus haut intérêt de savoir si ces principes ne peuvent pas, dans certaines circonstances, entrer dans la sève et servir à former des couleurs, ou des résines, ou des essences, et autres principes analogues. Parmi les corps appartenant à cette classe, mais qui sont privés de la saveur amère, il en est un qu'on a découvert dans les asperges, ainsi que dans les racines de guimauve, et qui pourrait bien être commun à tous les végétaux : c'est l'asparagine C_8 N_2 H_8 O_6 , longtemps envisagée comme un principe immédiat, tant à cause de ses propriétés chimiques que de la beauté et de la régularité de ses cristaux. Laissé de côté pendant longues années, ce principe vient de prendre une des premières places dans la chimie physiologique, depuis qu'on l'a vu apparaître dans les pois étiolés, où il reste parce qu'il n'est pas brûlé hors du contact de la lumière. L'asparagine est formée par de l'acide malique, dont 1 des équivalents d'oxygène est remplacé par 1 équivalent d'un corps gazeux appelé amidogène NH_2 ; car C_4 H_2 O_4 , formule de l'acide malique anhydre, moins 1 équivalent d'oxygène, est C_4 H_2 O_3 , auquel il suffit d'ajouter NH_2 pour obtenir C_4 H_4 NO_3 , formule de la malamide, qui est la moitié de celle de l'asparagine. Cette malamide, ou asparagine, comme on voudra, se décompose facilement en ammoniaque et acide malique, en s'appropriant 1 équivalent d'eau. C'est ce qui fait que ce corps ne peut pas exister dans les parties vertes des plantes, où il se détruit aussitôt qu'il se forme, en produisant de l'acide malique, qui se brûle et disparaît, et de l'ammoniaque, qui s'unit à l'acide pectique, avec lequel il produit le pectate ammonique, dont la destruction donne naissance à la protéine.

Il n'y a pas le moindre doute pour nous que l'*alcool* existe dans tous les fruits charnus, et que c'est à lui que la plupart d'entre eux doivent leur parfum tout spécial, et qui rappelle au plus haut degré celui des bonnes eaux-de-vie ; mais sa présence est encore à prouver.

La matière colorante verte, commune à la plupart des végétaux, caractérise aussi, pour l'observateur superficiel, l'ensemble du règne végétal. En effet, le feuillage de toutes les plantes, à fort peu d'exceptions près, est vert, et cette couleur uniforme, quoique très-variée dans ses teintes, se retrouvant dans les feuilles les plus différentes, doit avoir une origine identique pour elles toutes, comme celle de l'acide pectique et des autres principes de cette nature qui leur sont communs. Déjà étudiée à plusieurs reprises, et par les savants les plus distingués, la *chlorophylle,* ou matière colorante verte des feuilles, n'a jamais pu être isolée, parce qu'elle est toujours unie avec de la cire et des résines, dont il devient excessivement difficile de la séparer, parce qu'elles se dissolvent toutes deux dans les mêmes véhicules qu'elle. De ce côté-ci, les industriels, en extrayant de plusieurs espèces de plantes l'indigo, nous en ont plus appris que les savants. Il n'y a pas de doute que c'est à cette substance bleue qu'est due la couleur de toutes les feuilles vertes. L'indigo peut exister, lorsqu'il est désoxydé, avec la teinte blanche ; puis, à mesure qu'il s'oxyde, il passe au jaune, au

rose, au rouge, au violet, au bleu, teinte la plus stable
de la série ; puis, à mesure qu'il s'oxyde et se décompose, il devient d'un vert de plus en plus clair, et passe
enfin au jaune ou à la teinte feuille morte. Or, si nous
examinons de quelle manière se teignent les feuilles,
nous pourrons suivre pas à pas tous ces changements.
Jaunes au sortir du bourgeon, parce qu'elles renferment de l'indigo non encore oxydé, les feuilles deviennent d'un vert toujours plus foncé jusqu'à ce
qu'elles aient acquis tout leur développement ; puis,
ensuite, à mesure que la feuille vieillit, sa teinte se
dégrade et passe au jaune quand tout l'indigo a été
oxydé. Lorsqu'on met les plantes dans une atmosphère
d'hydrogène, ou de tout autre gaz privé d'oxygène,
leurs feuilles non-seulement ne jaunissent pas, mais
deviennent d'un vert très-foncé, parce que, dans ces
conditions, l'indigo, une fois produit, reste intact dans
la feuille et ne s'oxyde plus. Il est probable d'ailleurs
que la feuille ne conserve pas durant toute sa vie la
quantité d'indigo qu'elle contenait lors de sa formation, et que cette quantité varie avec celle de tous ses
autres principes. C'est à cette incessante formation et
destruction de l'indigo dans les feuilles, et à l'existence
simultanée des couleurs qui en résultent, que ces organes doivent leur teinte caractéristique dans chaque
espèce de plantes. Certaines feuilles, au lieu de se colorer en jaune avant de tomber, prennent, comme les
vignes et la vigne-vierge quelquefois, une teinte rouge ;
mais cette coloration appartient aussi tant aux produits
de réduction que d'oxydation de l'indigo, en sorte
qu'elle est une preuve de plus à l'appui de la colo-

ration des feuilles par cette substance. Toutes les tiges et feuilles doivent leurs teintes, quelque variées qu'elles puissent être, à une seule substance, qui est *l'indigo*.

Le troisième groupe, comprenant les produits végétaux spéciaux aux diverses familles, comprend une foule de substances aussi innombrables qu'elles sont intéressantes. Il n'y a presque pas de plante qui ne renferme un produit spécial, quoique toujours analogue à ceux qu'on trouve dans certaines de ses congénères, desquelles il devient ainsi facile de la rapprocher. *Les couleurs* sont caractéristiques pour certaines familles ; il n'y a point de campanules jaunes, point de roses ni de dahlias bleus, fort peu de fleurs vertes, tandis que toutes les couleurs semblent être l'apanage de certaines familles, telles que les pois, les chardons, et quelques autres encore, quoiqu'elles soient en général peu nombreuses. Les couleurs des fruits sont aussi variées que celles des fleurs et tout aussi caractéristiques. Il en est de même de celles des feuilles, dont la teinte verte peut être plus ou moins foncée, comme celle des houx et des laitues, ou bien variée de diverses nuances de vert, de rose ou de rouge, comme celles des lierres, des betteraves et des cyclamens. Il y a des plantes dont les feuilles sont rouges, comme celles de l'épinard du Malabar et de certaines variétés de noisetier et de hêtre, tandis que d'autres les ont violettes, comme le limodorum abortivum ; jaunes, comme le gui, ou blanches, comme les variétés albines de beaucoup de nos plantes. Toutes ces teintes sont dues, pour les tiges et les feuilles, à des modifications de l'indigo ; mais il n'en est pas de même pour les feuilles et les fruits, parce que ces organes sont par toute leur superficie des points d'excrétion comparables à l'é-corce ; aussi est-il probable qu'ils sont colorés par un principe propre à la plante. On pourrait donc admet-tre que les pommes, les prunes et les cerises sont co-lorées en rouge et en violet par un même principe, la phlorizine, qu'on trouve dans leurs racines et qui pro-duit toutes ces teintes lorsqu'on la met en présence de l'ammoniaque. En un mot, nous envisageons la colo-ration des fleurs et des fruits des végétaux comme l'expression de leur individualité, tandis que celle de leurs feuilles est au contraire l'expression de leur com-munauté.

Aucune matière colorante, quelle qu'elle soit, ne peut se former dans l'obscurité ; pour qu'elle appa-raisse, elle doit avoir été oxydée, et il faut pour cela qu'elle ait subi l'action des rayons solaires. De là vient que les plantes blanchissent, s'étiolent, quand on les prive de la lumière, et qu'elles se colorent dès qu'on leur rend cet agent si indispensable à leur vie.

Il y a des végétaux dans le suc desquels on trouve des matières colorantes ; c'est le cas de la chélidoine, dont la sève semble jaune. Mais cette teinte n'est pas celle de la sève elle-même, mais bien d'une substance, d'une espèce de résine produite par une altération de la sève nutritive, et qu'on ne trouve que dans la sève descendante, qui, ainsi que nous l'avons déjà vu, est chargée non pas seulement de nourrir la plante, mais aussi d'en faire sortir tous les principes qui pourraient lui nuire, et parmi lesquels on doit ranger cette ma-tière colorante jaune et la plupart des autres.

Certaines essences caractérisent une famille : celle de térébenthine, les conifères; celle de cumin, les cumins; celle de roses, quelques-unes des variétés de cette fleur, et enfin celle de sauge, certaines variétés de cette plante. De même on ne trouve la poix que sur les conifères, la laque et l'oliban que sur certains arbres. La gomme adragante provient essentiellement des astragales, et la gomme arabique des acacias ; la fécule des céréales, des pommes de terre et des palmiers, quoique ces deux principes existent dans toutes les plantes. Les graisses solides appartiennent aux palmiers; les huiles grasses aux choux, aux oliviers et à quelques autres végétaux; les huiles siccatives aux lins, aux pavots, aux noyers et à d'autres encore. La gomme élastique ne se trouve, dans les pays tempérés, que chez les figuiers, tandis que sous les tropiques elle existe dans le suc de plusieurs arbres.

Les substances les moins communes parmi les végétaux sont :

Les alcaloïdes ou alcalis végétaux; ces substances, à la fois remèdes et poisons si énergiques, répandus, ainsi que le venin des serpents, avec profusion dans les pays chauds, fort rares dans ceux qui sont tempérés, et encore plus dans ceux qui sont froids, semblent être un des poids mis par la nature dans la balance qui doit équilibrer les avantages et les dangers de tous les climats.

Les alcaloïdes jouissent de la plupart des caractères des résines, dont ils diffèrent par leur légère solubilité dans l'eau. Ce caractère, bien peu marqué, l'est cependant assez pour être perceptible ; il provient sans doute de la petite quantité de nitrogène qui existe dans ces combinaisons, probablement sous forme d'ammoniaque. Il est possible que les alcalis végétaux naissent de l'oxydation de certaines huiles essentielles en présence de l'ammoniaque, avec laquelle s'unissent leurs produits de décomposition, ou qu'ils se forment par la décomposition de certains principes non encore découverts. Le fait de la production facile d'alcaloïdes artificiels indique déjà qu'ils sont tous des excrétions des plantes ; c'est aussi ce que prouve leur localisation dans les écorces des arbres et des fruits, ainsi que dans les sucs de l'écorce et dans les feuilles. Fort répandus sous les tropiques, les végétaux qui produisent des alcaloïdes sont rares dans nos climats, où on ne rencontre guère ces principes que dans la belladone, la ciguë, la jusquiame, les tabacs, la digitale et les pommes de terre. Comme toutes ces plantes sont douées d'une odeur nauséabonde fort caractéristique, on peut croire qu'une huile essentielle préexiste chez elles aux alcaloïdes. Il y a d'ailleurs un fait qui prouve que la formation des alcaloïdes n'est pas nécessaire à la vie de la plante, et qu'il n'est qu'accidentel et en rapport direct avec la nature du sol : c'est que les digitales pourprées, qui sont extrêmement vénéneuses lorsqu'elles croissent en liberté sur des rochers granitiques, perdent toutes leurs propriétés narcotiques lorsqu'elles sont cultivées dans des sols calcaires, ou des jardins riches en alcalis et en sels ammoniacaux. On sait bien d'ailleurs que les pommes de terre, qui, lorsqu'elles sont dans une bonne terre, ne contiennent que des traces de solanine, en renferment beaucoup quand

on les fait germer hors de terre, où elles sont forcées
de se créer les alcalis que leur refuse le sol. Maintenant que la production des alcaloïdes de l'opium a
donné une nouvelle extension à la culture des pavots,
il est du plus haut intérêt de tenir compte des observations que nous venons de faire, puisque l'abondance
et surtout la qualité de l'opium peuvent être en rapport direct avec la nature du sol dans lequel on cultive les pavots.

On a découvert depuis quelques années, et dans
plusieurs espèces de plantes, des principes qui sont
quelquefois communs à plusieurs espèces, comme la
caféine, qui appartient à la fois aux thés, aux cafés et
aux pauliniées, tandis que d'autres, comme la populine, est propre aux peupliers, et la salicine aux
saules. Il est possible que tous les végétaux dont les
propriétés toniques ou médicamenteuses sont très-
prononcées soient douées d'un principe spécial, placé
par ses propriétés, comme les précédents, entre les
sucres et les résines, ainsi que les alcaloïdes; mais la
plupart d'entre eux sont encore à découvrir et à étudier. Il y en a un dans le sureau, pris entre beaucoup
d'autres. Mais dans quelles parties de ce végétal
existe-t-il? Faut-il le chercher dans les fleurs, qui sont
un puissant sudorifique, dans les feuilles, ou dans l'é-
corce, à laquelle aucun animal ne touche jamais? A
coup sûr, il n'existe pas dans les fruits, puisqu'ils sont
une substance alimentaire assez usitée. Ces principes,
spéciaux à beaucoup de végétaux, se trouvent tellement
répandus dans toutes leurs parties qu'il pourrait bien se
faire qu'on dût les ranger parmi les produits essentiels

à la plante, et qu'ils fussent un des caractères les plus saillants des espèces botaniques. Il ne faut cependant pas croire que ce soient des matières nécessaires à la formation des végétaux, puisqu'on ne les rencontre pas dans tous; bien plus, ils sont constamment des produits d'excrétion, puisqu'on ne les rencontre que dans les organes excrétoires.

L'étude des *principes propres* est facile à faire, parce qu'ils cristallisent tous sans peine. Ils sont neutres et en général très-solubles dans l'eau ; tous se décomposent avec la plus grande facilité en présence des bases, des acides et des oxydants. Les produits de leur décomposition sont tellement multiples et si extraordinaires qu'ils méritent à un haut degré l'attention des naturalistes.

La salicine, principe spécial à l'écorce du saule, se transforme, en présence des acides, en sucre de raisin et en une belle résine blanche. Oxydée par l'acide chromique, elle produit une essence qui est précisément celle qu'on trouve dans les fleurs de cette gracieuse reine des prés qui fait l'ornement de tous les marais ; traitée par l'acide sulfurique, elle se métamorphose en superbe couleur rouge.

La phlorizine, principe propre aux racines de la plupart de nos arbres fruitiers, possède un caractère qui la rapproche de la salicine : c'est celui d'être décomposée, par les acides faibles, en résine et en sucre de raisin ; quand elle s'oxyde en présence de l'ammoniaque, elle donne naissance à une teinte pourpre de la plus grande intensité, due à sa transformation en phlorizine, que nous avons retrouvée dans la matière

colorante des baies de la myrtille. Il n'y a donc pas de
doute ici, les principes neutres, spéciaux à diverses
plantes, n'y restent pas plus que les sucres ; eux aussi
se métamorphosent, mais pour produire ces essences,
ces couleurs et ces autres principes qui caractérisent
certaines familles botaniques à l'exception des autres.

L'essence de reine des prés porte aussi le nom d'a-
cide salicyleux ; oxydée par la potasse en fusion, elle
se transforme en un acide solide et bien cristallisé,
plus oxygéné que lui et appelé acide salicylique. Il est
très-curieux de voir cet acide, qu'on croyait né d'une
des réactions les plus violentes que la chimie ait mises
à notre disposition, se retrouver dans les feuilles d'une
petite bruyère des Etats-Unis, où il est uni avec une
espèce d'alcool appelé méthylène. Cette essence présente donc l'unique exemple de la production naturelle de deux principes que la chimie avait vus dans
ses laboratoires, depuis longues années, comme produits de l'art. S'il y a des essences simples, c'est-à-dire
formées, comme celles de rose, par un principe immédiat unique, il y en a donc aussi de complexes, et
c'est probablement le cas de la plupart de celles qui
sont oxydées.

Dans toutes les plantes il y a deux circulations,
celle qui s'élève des racines aux feuilles, et qui contient des principes analogues chez tous les végétaux,
et celle qui descend des feuilles aux racines, et contient des principes variables pour les diverses espèces.
C'est à cette sève descendante qu'on applique le nom
de suc propre et suc laiteux ; c'est lui qui représente
l'individualité de la plante, en ce qu'il forme non-

seulement celles de ses parties qui lui sont communes avec tous les autres végétaux, mais aussi les couleurs, les résines, les essences et les formes qui la caractérisent et la font distinguer de toutes ses congénères. La sève descendante des arbres fruitiers contient en abondance du sucre; celle des sapins, une espèce d'essence; celle des pavots, une résine et des alcaloïdes; celle des chélidoines, une résine colorée en beau jaune, et enfin celle des figuiers, de la gomme élastique en abondance. On voit par ce peu d'exemples quel intérêt présente l'étude de la sève descendante de tous les végétaux, tandis que la sève ascendante, formée presque uniquement de substances minérales, est très-facile à étudier, et ne présente probablement pas de grandes différences lorsqu'on l'examine sur un végétal ou sur un autre.

CHAPITRE II.

Formation.

Tandis que les minéraux, dépourvus de toute espèce d'appareils destinés à conduire des sucs, s'accroissent par simple juxta-position des particules inorganiques avec lesquelles ils entrent en contact, tous les êtres vivants, sans exception aucune, se forment aux dépens des sucs nourriciers contenus et dirigés dans leurs divers organes par des tubes plus ou moins bien clos, plus ou moins compliqués, et placés tou-

jours dans l'intérieur des tissus animés. Les minéraux
ont un mouvement de formation et un autre de destruction ; mais tous les deux sont impossibles à observer, à cause de l'énorme distance qui les sépare. On
peut cependant concevoir qu'un minéral vive et s'ac-
croisse indéfiniment ; ce qui différencie la nature morte
de la nature vivante, c'est que la vie des minéraux peut
être infinie, tandis que celle des végétaux , et surtout
celle des animaux, est finie et bien déterminée. Tous
les êtres appartenant aux deux règnes animés ont un
point de départ commun : c'est l'œuf, ou partie séparée d'un être vivant adulte, dans lequel la vie semble
sommeiller pendant un certain temps, pour apparaître
ensuite avec toute sa puissance. Cet œuf naît quelquefois tout développé ; il constitue les bourgeons des
plantes vivaces et les petits des animaux vivipares. Les
végétaux, si différents des animaux lorsqu'on compare
entre eux les êtres les plus perfectionnés de ces deux
grandes classes, se confondent si bien avec eux, lorsqu'on descend à leurs derniers embranchements, qu'il
devient absolument impossible de les séparer d'une
manière absolue. On peut cependant dire d'une façon
générale que les animaux diffèrent des plantes en ce
qu'ils ne sont pas fixés au sol qui les nourrit, et surtout parce qu'ils ont la conscience de leur existence.

Les plantes tirent leur nourriture du sol et de l'atmosphère lorsqu'elles sont adultes ; pendant la germination, elles l'empruntent aux fécules, gommes et
graisses qui entourent l'embryon destiné à produire
la jeune plante ; il faut donc que les provisions amas-
sées dans la graine disparaissent pour que celle-ci

germe, absolument de même que l'huile du jaune d'œuf doit se consumer pour que le poulet puisse se former. Pour étudier le développement de la plante, nous prendrons la graine, dont l'histoire est aussi celle du bourgeon. Toutes les graines sont formées de deux parties distinctes : l'embryon ou germe de la plante, et le ou les cotylédons, qu'on appelle aussi feuilles primordiales, et qui sont des dépôts de fécule, de pectine ou de corps gras destinés à nourrir l'embryon. Si les graines étaient nues, il suffirait de les mettre dans le sol pour qu'elles germassent, pour ainsi dire, sur-le-champ, si les conditions dans lesquelles on les aurait placées étaient convenables. Bien plus, elles germeraient dès qu'elles seraient mûres s'il venait à pleuvoir sur elle. Heureusement que, guidée par cette divine sagesse qu'elle nous fait toucher à chaque pas, la nature les a revêtues d'une enveloppe plus ou moins dure et épaisse, qui leur assure une conservation d'autant plus longue que cette enveloppe est plus impénétrable à l'eau et à l'air. Une fois qu'elles sont mûres, il suffit donc d'enlever aux plantes leurs graines pour pouvoir les conserver lorsqu'on les met à l'abri des trois conditions indispensables à leur développement, et qui sont l'eau, l'air et une certaine chaleur; le sol n'y prend aucune part. Les graines ont donc un autre mode de formation que la plante adulte, ce qui vient de ce qu'elles tirent leur nourriture d'elles-mêmes. Pendant toute la durée de la germination, les graines vivent aux dépens de ces amas de nourriture qui enveloppent l'embryon. A mesure que celui-ci se développe, la masse des cotylédons diminue; puis ces organes tombent dès que la jeune plante est assez forte pour tirer sa nourriture du sol. Quand la plante ne trouve pas le sol, ce qui arrive lorsqu'on la fait germer sur du verre, des éponges, ou d'autres substances qui ne lui cèdent rien, elle se développe, mais mal, et meurt sans avoir porté des graines, ou bien en n'en donnant que fort peu. Quand les cotylédons sont féculents, comme ceux des fèves, ils se transforment lentement en pectine, dextrine et sucre qu'absorbe la jeune plante. La même métamorphose paraît s'effectuer lorsqu'ils sont gras, comme ceux du chanvre ou du lin, à moins cependant que les corps gras qui s'y trouvaient ne soient directement brûlés par l'oxygène de l'air, qui formerait avec eux de l'acide carbonique et de l'eau; ce qui, en eux, nourrirait la plante, serait, dans cette hypothèse, seulement la pectine et la fécule, qui accompagnent toujours les corps gras dans les graines oléagineuses. Il est probable qu'alors la sève ascendante est nutritive, et que la sève descendante n'a pas d'autres fonctions que celle de conduire au dehors les excrétions de la jeune plante. Les choses se passent donc tout autrement pendant la germination que lorsque la plante est adulte; en effet, dans le premier cas, le végétal se rapproche de l'animal, parce qu'il reçoit sa nourriture toute préparée, et qu'il ne va pas l'emprunter, comme il le fera plus tard, au règne minéral.

Dès que la jeune plante est distincte, elle offre deux groupes d'organes; l'un tend vers la terre : ce sont les racines; l'autre s'élève vers les cieux : ce sont les feuilles. Entre elles existe un point de jonction sou-

vent assez difficile à découvrir, et qui a reçu le nom
de nœud vital, parce qu'on l'a quelquefois envisagé,
mais à tort, comme le siége de la vie de la plante. Une
fois enfoncée dans la terre, la radicule, d'abord unique,
ne tarde pas à laisser poindre de toutes parts une multitude de petites radicelles, en même temps que la
plantule montre ses premières feuilles. Alors commence la vie proprement dite du végétal. Les racines
enlèvent au sol de l'eau, de l'acide carbonique, des
sels solubles d'alcalis et de chaux ; peut-être aussi
quelques-uns de ces acides gélatineux qui se forment
toutes les fois que les substances organiques se décomposent dans la terre en présence de l'eau ; puis, agissant sous l'influence de la capillarité, de l'endosmose,
qui en est une modification, et d'autres forces physiques, ainsi que sous celle de véritables forces vitales,
telle que la contractilité des membranes, les vaisseaux
de la plante poussent rapidement vers les feuilles cette
sève ascendante, qui ne contient guère que des parties
minérales. Arrivées là, les substances dissoutes dans la
sève se décomposent, parce que les feuilles sont pendant le jour des organes réducteurs très-puissants : l'a-
cide carbonique perd son oxygène, qui se dégage et se
change en carbone, qui, au moment où il se produit,
s'unit à l'eau, en présence de laquelle il se trouve,
pour former, avec tous ses dérivés, cette pectine indispensable à la nutrition de tous les végétaux. Les
nitrates apportés par les racines passent à l'état d'ammoniaque, qui forme avec la pectine ce pectate ammonique destiné à produire plus tard la protéine, et
la sève, chargée de ces deux produits, descend vers la

périphérie de la plante, en fixant sur son trajet les aliments qu'elle porte. En échange, elle reçoit du végétal toutes celles de ses parties qui sont décomposées ; c'est alors qu'elle se charge d'acides, de gomme arabique, d'huiles essentielles, de résines et de tant d'autres principes variables avec chaque espèce. Enfin, arrivée aux racines, elle est peu fluide ; elle ne contient presque plus de principes nutritifs : elle n'est, pour ainsi dire, plus chargée que du suc propre né de la décomposition du végétal. De là vient la présence de tous les principes médicamenteux surtout dans les racines des plantes qui les produisent, lorsqu'ils ne sont pas de la nature des huiles essentielles et des résines, qui restent dans l'écorce à cause de la facilité avec laquelle elles se fixent mécaniquement dans le ligneux et s'y incrustent.

Les acides solubles, continuant leur chemin, se dissolvent dans l'eau du sol, où ils ne tardent pas à se combiner avec les alcalis, ainsi qu'avec la chaux, en présence desquels ils se détruisent bientôt, sous l'action de l'oxygène de l'air, en formant de l'acide carbonique et de l'eau, que les racines absorbent lorsqu'elles ne s'en emparent pas plus tôt, en les reprenant sous forme de sels qui vont se décomposer dans les feuilles, où l'acide se désoxyde, tandis que la base reste en dissolution dans la sève quand elle est soluble, ou se fixe dans les feuilles lorsqu'elle est peu soluble, comme la chaux. La décomposition des excrétions des plantes dans le sol peut être très-prompte, surtout en été, c'est-à-dire au moment où elles sont le plus abondantes, à raison de la propriété qu'ont toutes les terres de retenir avec force de l'oxygène, qui brûle, au moment où elles se dégagent, la majeure partie des excrétions des plantes; ce qui fait qu'il est habituellement impossible de les découvrir dans des terres exposées au contact de l'air. On ne les obtiendra facilement qu'en faisant végéter des plantes dans l'eau; et qui n'a vu avec quelle rapidité se charge de substances organiques celle où croissent des plantes aquatiques? L'existence de ces excrétions n'est, d'ailleurs, pas toujours si passagère qu'elle ne puisse devenir sensible. C'est à leur présence qu'il faut attribuer l'impossibilité de faire revenir plusieurs fois de suite une même espèce de plantes dans un même sol, tandis que d'autres aiment, au contraire, comme les topinambours et le chanvre, à être cultivées toujours dans la même terre. Pour avoir une bonne théorie des assolements, il faut étudier la nature des substances excrétées par les racines de chaque espèce de plante. Alors on saura combien il leur faut de temps pour se décomposer, et au bout de combien d'années une plante, telle que la pomme de terre ou le froment, peut revenir sur le même sol. Dans la théorie des assolements ou de la rotation des récoltes, un fait seul est positif, et ne peut être expliqué que par la théorie que nous soutenons, et qu'on doit au grand de Candolle : c'est l'impossibilité de retirer d'abondants produits des plantes qu'on fait revenir plusieurs fois de suite dans le même champ, quelles que soient d'ailleurs la masse et la nature des engrais qu'on y introduise. On s'explique très-bien, d'après cette manière de voir, la croissance non interrompue des arbres, qui vivent quelquefois pendant des siècles sur le même sol, lorsqu'on sait que leurs racines ne croissent que par le bout, en sorte que, s'allongeant sans cesse, elles ne sont jamais en contact avec leurs propres ex-crétions, puisqu'elles changent continuellement de terre ; d'ailleurs, la croissance si lente des arbres ne suppose pas chez eux des excrétions aussi abondantes que celles des plantes herbacées, dont la végétation est infiniment plus active.

Les feuilles réduisent donc l'acide carbonique que leur apporte la sève poussée par les racines dans l'in-térieur de la plante ; mais, ce qui est fort curieux, c'est que cette réduction n'a lieu que pendant le jour, et surtout sous l'influence directe des rayons solaires. Pendant la nuit, les feuilles dégagent de l'acide carbo-nique en abondance, et comme il provient essentielle-ment du sol, on pourrait, en le mesurant, déterminer approximativement la fertilité des terres, qui serait d'autant plus grande que les feuilles dégageraient da-vantage d'acide carbonique pendant la nuit. Quoique la majeure partie de l'acide carbonique fixé par les plantes provienne du sol, elles enlèvent aussi à l'at-mosphère celui qui s'y trouve et contribuent d'une manière très-active à la purifier. On voit par là que l'action des végétaux sur l'atmosphère varie, et que, s'ils la purifient de jour, ils la vicient de nuit, en la chargeant d'acide carbonique. C'est de là que vient le danger qu'il y a à habiter des maisons placées au mi-lieu des arbres, et surtout sous de grands arbres, parce que l'acide carbonique descendant vers le sol, en vertu de sa grande pesanteur, il tombe sur elles, les entoure et les rend fort malsaines. Il n'y a peut-être d'exception à faire ici que pour les arbres résineux, dont les racines pivotantes et peu nombreuses n'enlèvent, pour ainsi dire, rien au sol, en sorte que leur action sur l'atmosphère est éminemment utile ; les maronniers, par contre, les noyers et autres arbres très-touffus et riches en racines, vicient l'air au dernier degré et ne devraient jamais être plantés auprès des habitations.

Dès que, grâce au concours simultané des racines et des feuilles, la plante est achevée ou adulte, il se passe en elle de singuliers changements : on voit apparaître à l'aisselle de ses feuilles, ou, mais plus rarement, sur d'autres points de sa surface, des boutons ou bourgeons qui ne tendent pas à se développer et à former de nouvelles plantes sur leur mère ; mais ceci n'arrive jamais que pour les plantes vivaces par leur tige, comme les arbres, qui ne sont pas autre chose qu'une agglomération d'individus de la même espèce, et fonctionnant en général ensemble, quoique quelquefois on en voie un ou deux, plus actifs que leurs frères, accaparer toute la sève des autres et les faire périr. On appelle ces individus des branches gourmandes. C'est encore à cette indépendance relative des branches d'avec le tronc que les boutures doivent de reprendre beaucoup plus facilement quand on les sépare du tronc en les déchirant qu'en les coupant, parce qu'on enlève dans le premier cas avec elles une espèce de talon qui remplit alors l'office des racines, et qui les attachait au tronc chargé de les porter et de les nourrir toutes. L'arbre le plus parfait n'est donc pas autre chose qu'une agglomération d'individus qui n'ont pas entre eux une solidarité absolue, tandis que cela n'a lieu chez les animaux que pour les classes les plus infimes, telles que les polypes et certains vers. L'animal est un tout, fort complexe, dont les parties sont si étroitement liées entre elles qu'on ne peut nuire à l'une d'elles sans les frapper toutes ensemble du même coup.

Si l'on rencontre toujours sur les arbres des bourgeons destinés à former des branches, comme ceux dont nous venons de parler, ils ne sont presque jamais seuls; mais on les voit en général accompagnés par d'autres bourgeons qui produisent des feuilles altérées, connues sous le nom de fleurs et de fruits. La relation qui existe entre les véritables feuilles et celles qui ont subi cette modification est si intime qu'il est absolument impossible de la nier, puisqu'on les voit passer sans transition de l'une à l'autre sur plusieurs plantes, mais tout spécialement sur le trèfle blanc, où l'on peut suivre la transformation en feuilles de toutes les parties de la fleur et du fruit. Les graines de toutes les plantes sont donc des espèces de feuilles. Les plantes sont en conséquence des agglomérations de feuilles plus ou moins modifiées. On retrouve la présence de ces organes dans la tige des plantes grasses vivaces, qui, comme les cactées, restent toujours vertes, tandis qu'il est impossible de la constater dans d'autres, comme, par exemple, dans les troncs des arbres. Si la graine naît de la feuille, celle-ci est à son tour moulée par la graine; et si on étudie son mode de développement, on verra qu'elle est précédée par une utricule ou cellule, qui, en s'unissant à d'autres, finit par produire enfin cet organe qui est l'essence de toutes les plantes. Les végétaux, comme les animaux, sont tous formés, en dernière analyse, par une agglomération de cellules infiniment petites. Admirable uniformité faite pour braver la sagesse de l'homme, qui voit une si effrayante multitude de formes, aussi différentes que possible les unes des autres, naître d'une seule petite cellule sous l'influence de cette force invisible, insaisissable, que nous appelons la vie, et qui est le partage du Créateur. Cette vie, c'est le ciel combattant contre la destruction et la mort, qui est la terre, puisque toutes les lois qui régissent ce monde concourent à rendre la vie impossible. La présence des êtres vivants à la surface de la terre est la preuve la plus palpable, la plus évidente, de l'existence d'une force supérieure à toutes les autres, d'un Être trop puissant, trop parfait, pour que nous puissions l'analyser, ni même le connaître.

Les fleurs des plantes sont des organes d'oxydation incapables de préparer eux-mêmes leur nourriture ; aussi la reçoivent-ils du tronc, ou plutôt des feuilles. Les fleurs, qui semblent n'avoir été créées que pour embellir la nature, s'effacent dans plusieurs espèces, qui ne conservent d'elles que leurs parties essentielles, c'est-à-dire celles destinées à produire la graine : on les appelle étamines et pistil. C'est à la base de ce dernier que se trouve l'ovaire ou enveloppe des graines. On a dit que la fleur servait à préserver les organes de la fructification ; mais on ne peut pas l'admettre, puisque les enveloppes florales ne sont pas indispensables à la formation des graines.

Les fleurs présentent une admirable variété de formes, de couleurs et d'odeurs. Elles sont riches en produits d'oxydation, et se détruisent rapidement à cause du peu de consistance de leurs tissus, qui sont en général fort aqueux et très-poreux. A mesure que la fleur avance en âge, son odeur et ses couleurs changent ou disparaissent ; puis elle tombe en laissant la graine à nu. Il y a cependant des fleurs dites scarieuses, qui, comme celles des immortelles, ne tombent pas et ne changent point de couleur, parce que, n'ayant pas d'eau dans leurs tissus, elles ne peuvent pas se décomposer. Leur matière colorante, enfermée entre les lames résineuses qui composent les pétales de ces fleurs, s'y conserve intacte à l'abri de l'oxygène, et brave l'action des ans.

Dès que la fécondation est accomplie par le passage du pollen ou poussière des étamines sur le pistil, les jeunes graines ou ovules contenues dans l'ovaire placé à la base du pistil commencent à se développer, et ne peuvent se transformer en graines parfaites qu'après avoir subi l'action de la poussière fécondante qui remplit les petits sacs ou anthères qui terminent les étamines. Les ovules, qui apparaissent d'abord sous forme d'utricules pleines d'une substance gélatineuse, s'accroissent rapidement ; bientôt elles renferment du sucre et de l'albumine dissous dans beaucoup d'eau, qui font bientôt place à une graine sèche composée de fécule, de graisse, et d'une substance nitrogénée plus ou moins analogue à de l'albumine desséchée. La graine est quelquefois enfermée dans une enveloppe coriace, comme celle du colza, du lin, des pavots ;

d'autres fois, cette enveloppe est charnue : elle constitue alors les fruits proprement dits, tels que les
poires, les groseilles et les figues. Dans leur jeunesse,
et tant qu'ils sont verts, les fruits décomposent l'acide
carbonique comme les feuilles, et ont toutes les propriétés de l'acide pectique sec ou du ligneux ; plus
tard, on les voit se remplir d'acide dont l'action métamorphose, sous l'influence de l'eau, cette pectine
sèche en pectine gélatineuse et en sucre. Alors le fruit
mûrit ; il devient tendre, translucide : sa couleur
change ; il se parfume et devient alors non-seulement
incapable de décomposer l'acide carbonique, mais il
en dégage même beaucoup et devient le siége d'une
puissante oxydation, ou bien seulement il laisse passer l'acide carbonique que lui apporte la sève ascendante, sans être nullement attaqué par l'oxygène de
l'air, ou bien les deux causes agissent simultanément.
Ce qu'il y a de positif, c'est que les fruits mûrs ne
décomposent pas l'acide carbonique, mais qu'ils en
dégagent. On s'explique sans peine ce changement
dans les fonctions des fruits lorsqu'on envisage qu'une
fois mûr le fruit cesse de faire partie de la plante, absolument comme une feuille sèche, et qu'il est soumis
ensuite aux lois d'oxydation qui régissent toutes les
substances organiques après leur mort. Une fois que
l'enveloppe des fruits est détruite, les graines peuvent germer, lorsqu'elles tombent à terre et y trouvent assez d'humidité, ainsi qu'une chaleur convenable.

Il y a des plantes qui meurent après avoir fructifié :
ce sont toutes celles qui sont annuelles ou bisannuelles.

Celles qui sont vivaces, comme les arbres, survivent
seules à cet acte, qui est tellement épuisant qu'on voit
tous les sucs de la plante se porter dans les fruits.
Les carottes et les betteraves qui ont porté graines
ont leurs racines tout à fait desséchées, et les arbres
qui ont fructifié abondamment pendant une année ne
produisent que fort peu de chose ou rien dans celle
qui suit, toutes les fois que le sol n'est pas excessivement fertile et l'année chaude et humide.

Les graines des plantes sont des bourgeons entourés d'assez de nourriture pour pouvoir vivre hors du
contact de la plante qui les a produites; quant aux
bourgeons proprement dits, comme ils ne contiennent que des feuilles agglomérées et pas de provisions,
ils périraient si on les séparait de la plante-mère, sur
laquelle ils se développent comme les graines placées
dans un sol fertile. L'évolution des bourgeons est en
tout semblable à celle du germe des graines, puisque avant de nourrir la plante qui les porte ils vivent
d'abord à ses dépens, et absorbent la pectine déposée
pendant la saison chaude sous l'écorce des arbres.

La plante adulte se forme aux dépens de l'acide
carbonique, de l'acide nitrique, de l'eau, de l'ammoniaque et des substances inorganiques solubles que
ses racines enlèvent au sol, ainsi qu'aux dépens de
l'acide carbonique que ses feuilles empruntent à l'air.
La quantité d'acide carbonique et d'ammoniaque que
l'air fournit à la végétation est excessivement minime;
aussi les plantes qui, comme celles qui croissent dans
des sables, ne reçoivent du sol que de l'eau, sont-elles
toujours très-faibles. Pour qu'elles prospèrent, il faut

15.

que la terre contienne des débris organiques dont la décomposition leur fournit de l'acide carbonique. Pour prouver que les engrais n'ajoutaient rien à la production des terres, on a comparé le rendement des prairies à celui des forêts, sans tenir compte de la masse de feuilles qui jonchent le sol de ces dernières et les fertilisent à un bien plus haut degré que l'engrais porté sur des prairies, parce qu'elles sont plus abondantes. Pour arriver à des données positives sur l'effet des fumiers, il faudrait ensemencer des terres dépourvues de tous débris organiques, puis en fumer une portion et laisser l'autre telle quelle; l'effet ne tarderait pas à prouver que les engrais organiques sont indispensables toutes les fois qu'on veut imprimer aux plantes un développement plus considérable que celui qu'elles ont à l'état sauvage. Les forêts, au moment où on les plante, se trouvent dans les mêmes conditions qu'une terre défrichée qu'on ensemencerait sans l'avoir auparavant fumée; c'est-à-dire que toutes les deux ne donnent que de faibles produits, jusqu'au moment où les débris que les plantes laissent chaque année dans le sol, en perdant leurs feuilles et leurs radicelles, sont assez abondants pour leur fournir un surcroît d'acide carbonique sans lequel aucun végétal ne se développe avec vigueur.

Quoique toutes les plantes exigent pour prospérer la présence de débris de substances organiques dans le sol, toutes ne peuvent pas vivre dans les différentes espèces de terres. Ainsi le sainfoin ne prospère que dans les sols calcaires, et le pas d'âne, ainsi que les prêles, seulement dans ceux qui sont argileux. D'au-

tres, comme toutes les récoltes racines, et spécialement les carottes, tiennent moins à la nature chimique
du sol qu'à sa consistance ; elles ne prospèrent que dans
des terres légères et fraîches, qui permettent à leurs
racines de se développer sans peine dans tous les sens.
Le labour, le buttage, le ratelage, et toutes les opé-
rations qui ont pour but la division du sol, n'agissent qu'en facilitant le contact des racines avec les
engrais et avec l'oxygène de l'air, destiné à transformer ces derniers en acide carbonique. On aurait beau,
cependant, diviser à l'infini un sol dépourvu de débris
organiques, il resterait stérile comme ces terres que des
éboulements portent des entrailles des montagnes à la
surface du sol ; pour qu'il produise des récoltes plus
abondantes que celles que nous offre la nature à l'état
sauvage, il faut donner aux racines des plantes qu'on
y sème une nourriture convenable et abondante : c'est
ce qu'on fait avec les engrais. Les plus anciennement
connus sont les fumiers, dont la composition représente à la fois tous les agents qu'on a proposé de leur
substituer. Les fumiers sont le pain des végétaux ;
leurs principes essentiels sont des substances végétales, telles que de la paille, des feuilles, puis des sels
ammoniacaux contenus dans les déjections solides et
liquides des animaux ; enfin des phosphates alcalins
et terreux provenant des premières et des secondes.
Il est fort probable que les sels ammoniacaux et les
phosphates agissent sur des terres riches en débris de
substances organiques, et que ces dernières réagissent
sur les sols qui contiennent beaucoup des premiers ;
mais il ne faut pas conclure de là que l'un des trois

principes essentiels des fumiers lui soit plus indispensable que les deux autres. Quand on jette sur des terres riches en humus des sels ammoniacaux ou des phosphates, on en augmente beaucoup le rapport, mais seulement jusqu'à ce que les plantes aient enlevé au sol tout son humus; une fois qu'il a disparu, les deux sels dont nous parlons cessent d'exercer sur les végétaux une action utile : ils ne peuvent plus que les tuer s'ils sont en grande proportion, ou ne pas agir sur eux quand on les emploie à très-faible dose.

Quand le fumier est enfoui dans le sol, il ne fournit pas seulement de l'acide carbonique aux plantes, mais aussi de l'eau et de l'ammoniaque, deux principes qu'il reforme pour ainsi dire sans cesse, à cause de la tendance qu'il a à fixer l'humidité de l'atmosphère, et à former, avec cette eau et le nitrogène de l'air, de l'ammoniaque. Plus une terre est abondante en terreau ou humus, plus sa fertilité est grande, plus elle augmente chaque année. L'humus est le capital de la valeur des terres, dont les récoltes sont l'intérêt; on comprend donc que l'agriculteur entame son capital toutes les fois qu'il demande à ses terres des récoltes épuisantes sans compenser cette perte **par** un apport d'engrais. En employant séparément les divers principes constitutifs du fumier, on peut commettre de graves erreurs, parce que, innocents tant qu'ils agissent de concert, ils peuvent faire périr plusieurs espèces de plantes lorsqu'on les isole ; ainsi, il suffit d'arroser les épinards avec des sels ammoniacaux pour les tuer sur—le—champ. On a aussi essayé d'utiliser les alcalis et leurs sels, mais ils n'ont eu qu'une faible influence heureuse sur la végétation, toutes les fois qu'ils ne lui ont pas nui. Il n'y a d'exception à faire que pour les nitrates et les sels à base d'ammoniaque, qui ont décidément une utile influence sur les plantes, dans le cas où la terre est fertile et un peu humide. Concluons en disant que le seul engrais nécessaire est précisément celui qui est employé depuis la naissance de l'agriculture, que c'est le fumier, c'est-à-dire le mélange des pailles et autres substances végétales avec des déjections animales. On doit éviter avec soin de mettre sur les champs des fumiers tout frais, parce qu'ils ne se décomposent qu'imparfaitement quand le sol est sec, et que, s'il est humide, ils subissent alors la fermentation putride et font pourrir tout ce qui les touche. Ici encore nous approuvons une autre donnée de la pratique, qui veut que l'on ne fume les terres qu'avec des fumiers parfaitement consommés, et assez décomposés pour avoir passé à l'état de masse bien noire, homogène et d'un toucher gras.

Il est vraiment désastreux que, dans la plupart de nos campagnes et petites villes, on ait la déplorable habitude de perdre les déjections humaines ; on se prive ainsi d'un des engrais les plus actifs. Combiné avec de la paille ou des feuilles, il produit un effet beaucoup plus intense que celui du meilleur fumier de bêtes à cornes.

En ne recueillant pas les eaux qui s'écoulent des fumiers, on perd une de leurs parties les plus actives ; il faut les conserver avec grand soin et les répandre sur les champs aussitôt après la pluie. Si on le faisait pendant une sécheresse, les sels ammoniacaux que renferment ces eaux se concentreraient sur les racines des plantes et pourraient les détruire.

Outre les conditions de végétation que nous avons déjà examinées, il y en a deux autres encore qui sont fort importantes, savoir : l'eau et la chaleur. Sans eau et sans chaleur, il n'y a pas de végétation possible ; l'eau agit en lubréfiant les tissus, en leur permettant de fonctionner sans peine ; puis, à cause de la facilité avec laquelle elle se réduit en vapeur, elle remplit une troisième fonction qui est mécanique, celle de faciliter le mouvement de la sève et d'accélérer l'endosmose qui s'exécute dans les racines, en s'évaporant sans cesse à travers les feuilles. La sève se concentre alors dans les vaisseaux, ce qui donne à l'endosmose une activité énorme ; car l'eau pénètre dans les racines avec d'autant plus d'énergie que la sève s'y trouve plus concentrée. Ce n'est guère que par l'extrémité des racines que s'effectue l'ascension de l'eau du sol dans la plante, parce que, ces organes ne cessant de s'accroître, ils offrent toujours à leur extrémité des tissus jeunes et à parois si minces qu'elles laissent passer l'eau avec la plus grande facilité. L'extrémité des racines est difficile à voir parfaitement intacte ; on peut l'observer cependant dans les racines des plantes aquatiques, ainsi que dans les racines adventices qui croissent au-dessus de terre dans les céréales, telles que le maïs et plusieurs autres végétaux encore, immédiatement après la pluie. Elle se présente alors sous forme de petit capuchon gélatineux, parfaitement semblable à de la pectine, et qui paraît sous le microscope formé par une multitude de petites

enveloppes qui ont l'air de téguments de grains de fécule, et qui sont de la plus grande hygroscopicité. Un
rayon de soleil les flétrit ; une goutte de pluie les dilate. L'extrémité des racines est un filtre extrêmement complexe ; aussi ne laisse-t-elle passer que des
matières en dissolution parfaite, et tout à fait incapables de nuire au végétal. Il suffit d'une trace de sel
métallique ou de toute autre substance caustique pour
faire retirer sur elle-même la spongiole ou extrémité
de la racine ; elle cesse alors de fonctionner et la
plante se flétrit. D'autres fois le poison, après avoir
contracté la spongiole, la détruit et pénètre ensuite facilement dans la plante par les orifices béants des vaisseaux des racines, incapables de s'opposer à sa marche et à son action destructrice. La plante meurt alors
au bout d'un temps plus ou moins long ; elle est vraiment empoisonnée. Sans eau, pas de dilatation des
spongioles, pas de sève, pas de mouvement de la sève ;
donc, pas de nutrition possible ; l'eau remplit aussi des
fonctions chimiques que nous allons passer en revue.

Il y a dans tous les sols fertiles des débris organiques plus ou moins noirs qu'on a appelés humine, ulmine ou acide humique, fertile sujet de querelles entre
les botanistes, les physiologistes, et surtout les chimistes, qui allaient jusqu'à lui refuser toute espèce
d'utilité, tandis que l'expérience enseignait aux praticiens qu'elle est un des principes essentiels aux bonnes terres. Cherchons à nous rendre compte de l'action que cette humine ou humus joue dans le sol.
Cette substance est douée d'une composition éminemment variable ; elle peut cependant être représentée,

en définitive, par une forte proportion de carbone uni avec une quantité assez minime, mais cependant très-sensible, d'hydrogène, et fort peu d'oxygène. Pour étudier le rôle de cette matière, n'y voyons que du charbon, parce que nous sommes persuadé que l'hydrogène et l'oxygène qui lui sont unis n'ont pas d'autre but que celui de faciliter sa décomposition, absolument de même que la présence de l'eau dans l'alumine facilite sa dissolution dans les acides, et qu'il suffit d'un peu de levain pour transformer en alcool de grandes quantités de sucre. Comme l'humus est noir, ou au moins d'un brun très-foncé, il est clair que, si cette substance était absorbée telle quelle par les racines, on l'y retrouverait, et on pourrait, grâce à sa teinte caractéristique, en poursuivre la marche jusque dans l'intérieur de la tige. Il n'en est rien ; les fluides que contiennent les racines sont en général tout à fait incolores et limpides ; mais, au contact de l'air, tous déposent beaucoup de flocons translucides et gélatineux, doués des caractères de la pectine, et absolument semblables à ceux qui se forment par l'oxydation lente de l'hydrogène protocarboné au contact de l'air humide. Comme d'autre part la sève, ou plutôt l'eau, qui s'élève des racines dans toute la plante, contient une énorme quantité d'acide carbonique, on découvre dans la présence de ces deux composés une explication très-plausible du rôle probable de l'humus. L'humus qui existe dans le sol s'y trouve en présence de l'eau ; or, comme il a une grande affinité pour l'oxygène, il est probable qu'il s'approprie celui de l'eau ; mais l'humus ne pouvant soustraire ce corps à l'eau sans

mettre en liberté une quantité correspondante d'hydrogène, il est clair que, ce gaz se trouvant à l'état
naissant en présence du carbone, il s'y unit pour former ce même carbure dihydrique dont nous venons
de regarder la présence comme probable dans la sève, à
cause des flocons gélatineux qu'on voit y apparaître
lorsqu'on l'expose au contact de l'air. Telle est, suivant nous, la double action chimique qui rend l'humus capable d'être assimilé par les plantes, et de produire sur leur végétation ces effets si remarquables et
qui ont rendu leur culture fructueuse. Les plantes
peuvent vivre dans un sol qui ne contient que des principes minéraux ; mais elles ne prospèrent que dans
celui qui est riche en humus provenant de la destruction des êtres organisés.

Comme l'eau, constituant la sève ascendante, est
chargée d'acide carbonique, elle peut dissoudre du
carbonate et du phosphate calciques qu'elle entraîne
effectivement avec elle. Mais cette action est-elle purement chimique, ou bien est-elle vitale, et a-t-elle
une influence sur la végétation? Nous pensons que
oui, et que ces deux sels basiques agissent en saturant
les acides nés de la destruction des tissus ; l'acide carbonique du carbonate passe alors dans les feuilles, où
il disparaît, tandis que le phosphate, après avoir cédé
aux acides végétaux la moitié ou les deux tiers de sa
base, se transforme en biphosphate, qui repasse dans
le sol, ou reste fixé pendant plus ou moins de temps
dans les tissus végétaux. On voit donc par là que le
phosphate n'aurait qu'une utilité indirecte pour la
formation du végétal, et qu'il pourrait être remplacé

par toute autre terre combinée avec un acide faible, tel que l'acide borique, l'acide silicique, et surtout l'acide carbonique. L'utilité directe et absolue des phosphates ne sera prouvée à nos yeux que lorsqu'on aura reconnu leur présence constante, et en quantité proportionnelle au poids des tissus, dans tous les organes essentiellement vitaux de la plante, surtout dans les graines et les bourgeons. On trouve cependant des phosphates terreux dans les semences de tous les végétaux, mais dans des proportions qui varient avec chacun d'eux, et surtout avec le sol sur lequel on les cultive; mais on y rencontre aussi d'autres sels des mêmes bases, auxquels on n'a pas attribué la même importance qu'aux premiers, et à tort, parce que nous sommes persuadé que, dans les cendres des plantes, le carbonate calcique peut se substituer au phosphate, comme dans les os des animaux. L'utilité des phosphates insolubles pourrait donc bien n'être pas absolue en agriculture.

Il y a des plantes qui ont beaucoup plus besoin d'eau pluviale que d'autres: ce sont toutes celles dont les racines restent à la superficie du sol et dont les feuilles sont très-poreuses, comme celles des salades et des pommes de terre; les autres peuvent s'en passer plus ou moins longtemps, tant parce que les racines allongées des unes, comme celles des luzernes et des arbres en général, vont la puiser bien au-dessous de la surface du sol, que parce que l'épiderme à texture serrée des autres, comme les joubarbes, les sedums, les cactus, ne laissent pas passer l'eau qui baigne leurs tissus intérieurs. On envisage que les premières fertilisent le sol et que les autres l'épuisent. De là deux grandes classes parmi les plantes cultivées : l'une comprend les végétaux *épuisants ;* l'autre ceux qui sont *fertilisants.*

Les racines des plantes fertilisantes ne contiennent jamais de dépôts de fécule ; ils sont spéciaux aux tiges souterraines de certaines plantes dont les racines restent toujours à la superficie du sol. C'est le cas de celles des pommes de terre. Jamais on n'en rencontre dans les racines du trèfle ni dans celles des arbres. Les racines grosses et charnues n'appartiennent qu'aux plantes dont le développement est complet en un an ou deux au plus, comme les carottes et les salsifis. Les tiges souterraines, communément appelées racines, des plantes bisannuelles ne contribuent pas directement à leur nutrition, puisqu'elles sont le réservoir où s'entasse le fruit de leur végétation annuelle, qui n'est utilisé que par la végétation de l'année suivante, qui l'épuise d'abord avant de pouvoir enlever à la terre et à l'air les principes nécessaires à son existence, absolument de même que le jeune animal se nourrit aux dépens du lait de sa mère avant d'être assez fort pour tirer ses aliments des êtres qui l'entourent. Il en est tout à fait de même des arbres, dont le tronc reçoit chaque été les provisions nécessaires au développement des bourgeons de l'année suivante. Envisagés au point de vue sous lequel nous les avons présentés, les dépôts de matières féculacées qu'on trouve dans beaucoup de racines jouent donc le même rôle que ceux qu'on rencontre dans les cotylédons de la plupart des graines, avec lesquels ils ont la plus grande analogie, puisqu'ils portent en eux-mêmes le germe de la vie, dans ce ou ces petits enfoncements qu'on remarque à leur surface, et qu'on appelle yeux dans la pomme de terre et couronne dans la carotte.

Comme les racines charnues constituent, après les graines, le revenu le plus abondant de l'agriculteur, il est de la plus haute importance de connaître les conditions dans lesquelles elles se développent le mieux. Il faut, pour qu'elles acquièrent un volume remarquable, qu'elles végètent dans un terrain assez meuble pour qu'elles ne soient pas comprimées et qu'elles puissent facilement s'étendre en tous sens. En général, elles exigent un terrain léger, bien fumé et un peu humide. Trop d'eau les fait pourrir, souvent déjà dans le champ même où elles se sont formées, et toujours, plus tard, dans la cave où on les entasse mouillées. C'est ce qui a si fort favorisé le développement de l'épidémie des pommes de terre en 1845.

Lorsqu'on arrache les racines succulentes, on doit éviter avec le plus grand soin d'y faire des blessures, qui, quelque petites qu'elles soient, prennent facilement la pourriture, qu'elles communiquent rapidement à leurs voisines.

Les racines petites et courtes appartiennent surtout aux végétaux annuels ou bisannuels, et n'ont pas d'utilité directe pour l'homme. Très-rarement chargées d'un peu de fécule, elles ne contiennent souvent que de la pectine, ou un peu de dextrine et de sucre.

Examinons maintenant, en opposition avec l'importance que nous avons accordée aux racines, les objections tirées des ouvrages des chimistes qui veulent ne

voir dans ces organes que des prolongements de la
plante destinés à l'unir avec le sol. Un illustre chimiste
a vu, dans la faculté que possèdent certains végétaux de
vivre dans l'air seulement, la preuve qu'ils ne tiraient
que de ce mélange gazeux leur nourriture, et qu'ils
ne recevaient du sol que quelque peu de substance
inorganique. Si cette opinion a été émise et soutenue,
c'est que le développement de ces plantes n'a pas été
suivi assez longtemps, et qu'on n'a pas assez tenu
compte de la composition de leurs tiges. En effet, si
on avait sorti les plantes sur lesquelles on a fait ces
observations des serres où elles vivaient, elles auraient
très-rapidement décliné, parce qu'elles n'auraient
plus eu à leur disposition l'acide carbonique et la vapeur d'eau qui remplissent l'atmosphère de ces bâtiments. L'observation capitale a porté sur un beau
figuier exotique, qui a continué à croître et à se développer dans une serre, quoiqu'il ne tînt plus à la terre
que par une tige très-étroite. Ce fait, bien qu'observé
par un habile botaniste, ne prouve pas grand'chose,
puisque le figuier est précisément un des arbres sous
l'écorce desquels s'amasse le plus de cette substance
plastique, pectine et albumine, qui sert au dévelop-
ment ultérieur de la plante. Pour que des observations
de cette nature soient concluantes, elles doivent être
faites avec des végétaux à tissus secs et incapables de
contenir des provisions capables de les nourrir pendant un certain temps à leurs propres dépens. Il faudrait
opérer sur des graminées ou d'autres plantes annuelles.

La vérité de cette assertion saute aux yeux lorsqu'on
se rappelle les oignons de scille qu'on fait croître dans

l'air après les avoir suspendus à un ruban, ou bien ceux de jacinthe qu'on fait végéter dans l'eau pure. Dans l'un et l'autre cas, ils se développent, fleurissent et mûrissent même quelquefois une ou deux graines ; puis, ce qui n'arrive jamais dans la terre, ils périssent épuisés, parce qu'ils n'ont reçu de l'air que fort peu d'acide carbonique, et de l'eau, qui dans ce cas remplace le sol, que de l'eau. Ces oignons ont donc vécu aux dépens de leur propre substance ; puis ils ont péri lorsqu'ils ont eu épuisé leurs provisions, parce qu'on leur avait ôté la faculté d'emprunter au sol ses richesses. Il existe cependant une certaine espèce de plantes, qui, végétant sur des rochers arides, semble n'avoir besoin pour vivre que de substances minérales, et cette fois le fait est presque vrai. Nous voulons parler des plantes grasses, telles que les cactus, sédums, joubarbes, et quelques autres encore. Les végétaux de cette espèce peuvent effectivement subsister sur des pierres dépouillées de toute espèce de substances organiques en décomposition ; mais en échange elles se développent avec une lenteur vraiment extraordinaire, et ne tirent leur nourriture que de l'air. Ici la règle est confirmée par l'exception, puisque tous les cactus se développent avec une rapidité très-grande lorsqu'on les place, contre leur habitude, dans une terre fertile.

Aucune plante douée d'une organisation supérieure ne vit uniquement d'air ou d'eau ; il lui faut de la terre. Il n'y a que les plantes à organisation tout à fait inférieure, comme les lichens et quelques mousses, qui soient capables de se développer facilement dans les sols qui ne contiennent pas des débris d'êtres organisés, et ces débris sont utiles au développement de toutes, sans exception aucune, parce qu'ils sont l'essence de la nourriture que leur fournit parcimonieusement l'atmosphère. L'atmosphère terrestre, le sol, fournit aux racines des plantes plusieurs principes minéraux, puis de l'ammoniaque, de l'acide carbonique et de l'eau, que l'atmosphère céleste offre aussi à leurs feuilles, mais en bien moins grande proportion. En conséquence, si les plantes peuvent à la rigueur vivre uniquement avec les produits du sol ou avec ceux de l'air, celles qui ont à leur disposition, à la fois, les matières nutritives qu'ils contiennent tous les deux, se développent seules avec vigueur, et donnent des produits beaucoup plus abondants que si elles n'étaient nourries que par l'une ou l'autre de ces sources de vie.

L'eau dont la plante a besoin lui est fournie essentiellement par ses racines. Il y en pénètre aussi quelques traces par ses feuilles, surtout quand elles sont velues et poreuses; ce qui explique l'utilité des arrosements sur les feuilles.

Toutes les plantes fertilisantes laissent dans le sol des débris abondants et lui empruntent fort peu de chose. Il semble qu'elles tirent de l'air ou du sous-sol tous les principes dont elles ont besoin. Elles augmentent la masse de la terre de tout le volume de l'abondant humus qu'elles y laissent. Rien de tout cela n'a lieu avec les végétaux épuisants, tels que les pommes de terre et les blés, qui ne laissent rien dans le sol et dévorent la plus grande partie de son humus.

En automne, les froids, ou peut-être aussi un terme

assigné au mouvement vital de la plante, comme à celui des animaux hibernants, suspendent le cours de la sève dans l'intérieur des plantes, dont les sucs vont se concentrer, suivant leurs espèces, dans le tronc, les tiges ou les racines. Elle y sommeille comme dans les oignons, jusqu'à ce qu'une température plus douce vienne', en lui rendant l'eau qu'elle a perdue, la réveiller et lui rendre toute son activité. Pendant l'hiver les plantes ne sont pas mortes, et la sève continue à y circuler, comme le sang dans les marmottes, qui, surprises par le froid, s'engourdissent pour ne se réveiller au printemps qu'avec toute la nature. Il y a, dans les plantes comme dans les animaux hibernants, ralentissement, et non pas suspension totale de la circulation. C'est ce dont il est facile de s'assurer en voyant que, par des froids très-vifs, certains arbres peu robustes ou à écorce mince périssent, parce que la gelée est assez forte pour suspendre dans leur sein la circulation de la sève.

Nous voyons par là que *la chaleur* est indispensable à la vie végétale, et c'est tellement vrai qu'elle n'est jamais suspendue sous les tropiques, qui jouissent d'un éternel été. Au-dessous de 0° C, il n'y a plus aucune espèce de végétation. C'est à l'apparition des froids qu'il faut attribuer pour une large part la chute des feuilles des plantes de nos climats, chute qui est cependant aussi régie par une espèce de vitalité spéciale à chaque espèce de plante et presque à chaque individu, puisqu'elles ne perdent pas leurs feuilles toutes ensemble, mais bien les unes après les autres. C'est encore lors de l'apparition des premiers beaux jours qu'on voit les plantes revivre au printemps, et leurs bourgeons s'ouvrir d'autant plus promptement que le soleil est plus chaud. La plante tout entière germe alors comme si elle était une graine, parce que l'eau, poussée dans ses tiges par les racines sous l'influence de diverses forces physiques, vient fournir aux bourgeons l'humidité nécessaire à leur évolution. A l'aide de la chaleur artificielle on peut soutenir durant toute l'année la vie des plantes de nos climats, dont la végétation devient bientôt continuelle comme celle des végétaux des pays tropicaux. C'est ce qu'on fait dans les serres. Ces bâtiments, trop dispendieux pour la plupart des agriculteurs à cause du chauffage, deviennent à leur portée lorsqu'ils les établissent dans l'étable même, de manière à ce qu'ils reçoivent la chaleur produite par le bétail. On peut avoir ainsi toute l'année des fleurs, des fruits et des légumes. Le seul inconvénient des serres chauffées de cette manière est qu'il se forme sur les feuilles des plantes des milliers de pucerons, qui ne tarderaient pas à les détruire toutes si on ne s'opposait à leur multiplication en lâchant dans la serre quelques pinçons ou chardonnerets, qui font rapidement justice de ces insectes.

Un fait qui prouve évidemment que c'est l'absence de chaleur qui arrête le développement des plantes dans nos climats, c'est qu'en introduisant dans une serre, pendant l'hiver, un sarment de vigne, on le fait fleurir et fructifier, tandis que le pied, qui est placé au dehors avec les autres sarments, reste stationnaire et ne développe pas un seul bouton.

Comme l'eau et les engrais lorsqu'ils sont trop abondants, une chaleur trop forte nuit aussi à la plupart des plantes. Au-dessus de 100°C., aucune végétation n'est possible, comme au-dessous de 0° C. L'effet de l'excès d'eau et d'engrais est moins directement nuisible, puisque beaucoup de plantes peuvent avoir leurs racines totalement submergées pendant plusieurs jours sans souffrir beaucoup, et qu'il en est de même pour plusieurs d'entre elles lorsqu'on surcharge le sol d'engrais. Ce qui frappe le plus dans ce dernier cas, c'est que les plantes, et surtout celles qui sont vivaces, comme les arbres, poussent alors beaucoup de feuilles et ne donnent que peu ou point de fleurs, et presque jamais de fruits. On peut tirer de ce fait la conclusion générale que la production en feuilles d'un sol est en rapport direct avec sa fertilité. Cette conclusion n'est cependant point absolument vraie, puisque, arrivée à un certain degré, l'action de l'engrais cesse de se faire sentir, quelle que soit la masse dont on l'augmente; ce qui est facile à concevoir lorsqu'on se rappelle que, les orifices des racines ayant un diamètre fixe, elles ne peuvent admettre qu'un volume déterminé de nourriture, et rien au delà.

C'est à l'action réunie de l'eau et de la chaleur que les climats tempérés doivent de voir la plupart de leurs arbres pousser avec une nouvelle vigueur dans le courant du mois d'août, absolument comme s'ils étaient sous l'influence d'une second printemps. Si la végétation s'arrête dans le courant de l'été, c'est probablement sous l'influence de l'absence de l'eau provoquée par une longue sécheresse, ou bien sous celle de l'épuisement causé par la production des fleurs et des fruits, ou bien, et plus probablement, sous l'influence de ces deux causes réunies, puisqu'on les voit agir séparément avec une égale intensité. Jamais la poussée d'août n'est plus belle que sur les arbres qui n'ont pas fleuri et après un été sec ; elle est faible sur ceux qui sont chargés de fruits. Au reste, il y a beaucoup à chercher encore avant d'avoir trouvé pourquoi les arbres qui ont beaucoup de feuilles donnent peu de fruits ; car on voit souvent, de deux individus de même espèce et plantés côte à côte, l'un fructifier abondamment, l'autre ne donner que des feuilles.

Encore quelques mots sur la fertilisation des sols par des plantes seules, pour expliquer une des bases de l'agriculture. Supposons une terre parfaitement inculte et nue, et admettons qu'on y sème du sainfoin ou tout autre fourrage, sans y avoir porté de fumier : on verra cette plante se développer fort mal et rester maigre et rabougrie, parce qu'elle n'a reçu que de l'air tout l'acide carbonique et tout le nitrogène utilisés pour son développement. En automne, comme la plante n'aura pas été fauchée, toutes ses feuilles et ses petites racines resteront à la surface ou dans le sol, où elles ne tarderont pas à se détruire en se transformant en humus. Sous l'influence de cet aliment, le sainfoin sera beaucoup plus beau la seconde année que la première, et encore plus la troisième, si on a soin de ne pas le faucher la seconde année. La troisième année, on pourra probablement le couper sans inconvénient, parce que le sol sera assez riche ; mais, plus on le laissera de temps intact, plus aussi la terre deviendra abondante en humus, plus aussi elle deviendra apte à porter d'abondantes récoltes des plantes même les plus épuisantes, comme les céréales. On le voit, l'humus vient donc en premier lieu de l'acide carbonique de l'air, et c'est lui qui constitue la force à l'aide de laquelle l'homme a pu perfectionner assez les plantes pour centupler les produits qu'elles donnent à l'état sauvage. En définitive, l'agriculture a deux buts : celui d'enlever au sol le plus d'aliments possible ; puis l'enrichissement du sol en humus, condition sans laquelle il n'y a pas de récoltes possibles. Le talent de l'agriculteur consiste donc à rendre au sol juste autant qu'il lui enlève. C'est une vérité fondamentale qu'il ne faut jamais perdre de vue si on ne veut pas voir les terres cultivées retomber dans l'état sauvage avec toutes les plantes qu'elles portent. L'état actuel de l'agriculture est un artifice, un tour de force, qui ne peut subsister qu'à force de peines, de travail et d'attention.

CHAPITRE III.

Division.

Toutes les plantes cultivées se partagent en trois classes : plantes lignifères, plantes féculifères et plantes oléifères. Comme intermédiaires entre elles, on trouve les plantes fourragères, et, comme leur complément, certaines plantes qui sont peu usitées et cultivées pour leurs produits employés en médecine, comme le pavot pour son suc, l'opium.

Les plantes lignifères, ou qui produisent du ligneux, sont essentiellement cultivées dans les forêts, où, une fois semées, elles n'exigent plus guère que des soins mécaniques, tels que l'élagage. Il y en a cependant d'autres qui, à raison de l'excessive finesse de leur fibre ligneuse, sont usitées pour la confection des étoffes : ce sont le lin et le chanvre dans nos climats, et le coton dans les pays chauds.

Les plantes féculifères comprennent toutes celles qui, contenant de la fécule ou quelqu'un de ses dérivés, constituent des aliments très-nutritifs. A cette classe appartiennent toutes les céréales, les pommes de terre, les betteraves, les carottes, les raves, les topinambours, et les fruits charnus en général.

Parmi les plantes oléifères on compte les colzas, le pavot, le lin et le chanvre, le noyer et l'olivier.

Les végétaux de ces trois classes appartiennent, par leurs parties vertes, aux plantes fourragères, quoiqu'on ait spécialement réservé ce nom aux herbes proprement dites, qui, comme les graminées, le trèfle, la luzerne et le sainfoin, composent la majeure partie des prairies.

Nous ne dirons rien des plantes peu usitées, comme la garance, le pavot, et quelques autres encore, tant parce que leur culture est spéciale à certaines contrées que parce qu'elles présentent un intérêt moins général que les précédentes, à cause de leur emploi restreint.

CHAPITRE IV.

Soins spéciaux.

En indiquant de quelle manière s'effectue la nutrition de tous les végétaux en général, nous avons indiqué quelles sont les substances indispensables à la végétation de tous. Indiquons maintenant les soins qu'on doit apporter à la culture de chacun d'eux en particulier.

Soumis aux mêmes lois de végétation que les autres plantes, les arbres forestiers croîtront d'autant plus vite que le sol sera plus riche en humus. On doit donc bien se garder d'enlever les feuilles qui le jonchent; il serait même très-profitable de les y enterrer si la main d'œuvre nécessaire à cette opération n'était pas si chère. Les arbres doivent être espacés suffisamment entre eux pour qu'ils ne se gênent pas dans leur développement et qu'ils puissent aller chercher sans peine dans l'air l'acide carbonique destiné à les nourrir. Sur les coteaux arides, on doit tenir les forêts aussi touffues que possible, parce qu'elles y ont toujours assez d'air, et qu'il importe avant tout, dans ce cas, d'empêcher l'évaporation de l'eau qui humecte le sol. L'inverse a lieu dans les plaines, où on peut et doit espacer les arbres, tant pour favoriser leur développement que pour activer l'évaporation de l'eau qui baigne et souvent noie leurs racines. Tous ces principes sont applicables aux arbres fruitiers, à ceci près qu'étant des produits de culture ils exigent des engrais dont n'ont pas besoin les arbres forestiers, qui sont abandonnés à la nourriture naturelle que leur fournit l'air. On doit éviter soigneusement de laisser le pied des arbres se garnir de mousse ou de broussailles, qui lui enlèvent à la fois les sucs et l'oxygène dont leurs racines ont besoin. On ne peut trop s'opposer à la mauvaise habitude qu'on a dans certains pays d'enlever les feuilles des arbres pour les donner aux bestiaux, ou bien d'en faire écouler le suc pour en extraire du sucre ou de la résine. Dans l'un et l'autre cas, mais surtout dans le premier, on arrête tellement le développement de l'arbre qu'on peut même le tuer. On ne devrait effeuiller ni saigner que les pieds qu'on compte abattre peu d'années plus tard. Au reste, il y a ici une question économique qui peut faire mettre en oubli, dans certains cas, les lois qui président au développement des végétaux.

Les plantes dont on veut extraire du ligneux excescessivement délié sont appelées plantes textiles; les seules qui soient cultivées en Europe sont le lin et le chanvre. Plus on les sème dru et serré, plus leurs tiges s'allongent, plus aussi la filasse qu'elles produisent est déliée. On les sèmera donc très-serré lorsqu'on voudra les employer à la confection du linge fin, tandis qu'on les sèmera clair lorsqu'on les destine à la production des cordes et autres objets qui demandent de la force plutôt que de la souplesse. Quelle que soit la manière dont on les sème, ces deux plantes donnent beaucoup de graines contenant une huile siccative qui n'est employée qu'à la confection des vernis et des savons. Le

lin et le chanvre exigent des terres bien fumées. Ce
dernier aime les sols humides, tandis que le lin vient
bien partout, pourvu que la terre soit fertile. Ces deux
plantes sont épuisantes. On doit regretter que le chanvre ne soit pas davantage cultivé pour ses graines, qui
ont la propriété de faire pondre aux oiseaux de basse
cour une prodigieuse quantité d'œufs. Les plantes textiles exigent un sol meuble, bien divisé et parfaitement débarrassé de mauvaises herbes, qui nuisent surtout au lin, à cause de sa faiblesse.

Les plantes féculifères sont toutes épuisantes, comme
celles du groupe précédent, parce qu'elles ne renferment que des végétaux modifiés par la main humaine.
Toutes exigent un sol meuble, bien préparé et soigneusement fumé. Les céréales, et surtout les plantes
à racines charnues, craignent l'excès d'eau qui les fait
pourrir. Trop d'engrais nuit aux céréales, qui poussent
alors en herbe et ne forment que peu d'épis. Il faut
alors les faucher et les utiliser comme fourrage. On
obtient quelquefois ensuite une assez belle récolte en
grains. Le peu de développement des feuilles de ces
plantes indique déjà qu'elles doivent emprunter tous
leurs aliments au sol, que leurs racines, petites et
multipliées, sont destinées à fouiller dans tous les sens.
C'est ce qui n'arrive pas aux pommes de terre et aux
carottes, qui donnent encore d'assez jolies récoltes
dans des sols mal fumés, s'ils sont bien ameublis et
suffisamment humides. Les carottes et les pommes de
terre sont le seul fourrage-racine qui croisse bien dans
des sols très-secs. Il faut, dans ce cas, remplacer l'eau
qui leur manque par une abondante fumure, qui em-

pêche l'évaporation et enlève à l'atmosphère beaucoup
d'eau. Le peu de développement des feuilles des céréales fait penser qu'il est inutile d'espacer beaucoup
entre elles ces plantes. On pourra donc les semer bien
dru ; mais il ne faut cependant pas aller trop loin,
parce que les plantes s'étiolent alors et tombent à
terre, courbées sous une ondée de pluie ou sous un
souffle de vent. Quant aux fourrages-racines, il faut
mettre assez de distance entre tous leurs pieds pour
que leurs feuilles puissent s'étendre bien à l'aise en
tous sens, puisque c'est d'elles que dépend l'abondance de la récolte, surtout quand le sol n'a pas été
suffisamment fumé. On comprend donc combien il est
dangereux d'enlever les feuilles de ces plantes avant
que leurs racines se soient totalement formées, et
combien il est nécessaire d'ôter autour d'elles toutes
les plantes parasites qui pourraient gêner leur croissance. Comme les racines de toutes ces plantes deviennent ligneuses au contact de l'air, il est bon de les
couvrir dès qu'elles s'élèvent hors de terre ; c'est ce
qu'on fait bien facilement à l'aide du butoir, petite
charrue qu'on conduit sans peine entre les lignes de
ces plantes, qui doivent toujours être semées de cette
manière. Le butage a donc un but mécanique, le nettoiement du sol, et un autre chimique, la conservation des propriétés nutritives des racines ; il en a un
troisième, qui est encore mécanique, celui d'ameublir
le sol et de permettre aux racines de s'y développer
plus aisément.

Les arbres à fruit sont trop peu soignés ; nés de l'art,
ils devraient être l'objet de soins continuels, comme

les légumes des jardins. Ce n'est qu'à ce prix que leurs produits ne dépendront plus tout à fait de l'état de l'atmosphère, et qu'ils les donneront d'une façon constante. On divise les arbres à fruit en deux groupes, comprenant : l'un, ceux à fruit charnu ou à noyau, comme les pommiers et les noyers; et l'autre, ceux à fruit aqueux, comme les vignes et les cerisiers. Tous, pour végéter avec vigueur, veulent avoir un sol profond, fertile, et surtout bien dégagé d'autres plantes. On devrait fumer les vergers comme les prairies, et les tenir aussi nets de plantes parasites qu'un champ de betteraves. Tels sont les soins à donner à tous les arbres fruitiers. Ceux dont les fruits sont aqueux exigent encore un sol frais. Ce n'est qu'à l'aide d'arrosements qu'on peut faire fructifier les pruniers sur des terres arides. On doit cependant, d'autre part, tenir compte de ce fait que les arbres donnent des fruits d'autant plus parfumés qu'ils croissent sur un sol moins fertile. Il faut donc éviter de fumer trop abondamment les vergers et rester dans une juste moyenne, comme on le fait pour les vignes. Les jardiniers doivent sacrifier la qualité à la quantité, tandis que les propriétaires font habituellement l'inverse avec raison. On fait bien d'appliquer aux arbres des collines sèches le fumier de vaches, et à ceux des terres humides celui de chevaux. Tous les arbres fruitiers craignent d'avoir les racines sous l'eau. On devra donc assainir avec le plus grand soin les terres humides dans lesquelles on veut les planter.

Les plantes fourragères qui composent les prairies sont aussi beaucoup trop abandonnées à elles-mêmes.

Pour donner des produits, il leur faut des engrais artificiels capables de venir en aide à l'humus produit par leurs feuilles et leurs racines. C'est le seul moyen de faire plusieurs récoltes d'herbe sur le même pré. La végétation de ces plantes étant continuelle quand elles ont assez d'eau, il faut, autant que possible, irriguer les prés, puis les retourner au bout de quelques années, après les avoir fumés avec soin et fortement. Un hectare de prés irrigués et fumés donne plus d'herbe que dix hectares abandonnés à eux-mêmes. Le sainfoin est le fourrage des prés calcaires et secs; la luzerne et le trèfle, celui des prés humides et profonds, tandis que les graminées sont celui des prés pauvres et arides. Les feuilles et les jeunes tiges de toutes les plantes cultivées peuvent être utilisées comme fourrage; mais, afin de ne pas arrêter leur développement, on ne doit les enlever que lorsque leur végétation est achevée. Les feuilles des arbres, et tout spécialement celles des vignes, deviennent alors un fourrage précieux, qu'on leur rend sous forme de fumier.

Il y a une espèce d'arbre, le mûrier, qu'on effeuille pour nourrir les vers à soie. On empêche ainsi les fruits de se développer, et on le tuerait même si on ne laissait pas au bout de chacune de ses branches quelques feuilles destinées à soutenir l'appel de la sève dans ses racines et à en opérer l'élaboration. On doit même, malgré cette précaution, ne pas enlever plusieurs fois de suite toutes les feuilles du même arbre.

Les fourrages sont la seule récolte absolument sûre du paysan, quand il a beaucoup de bétail, parce qu'ayant toujours du fumier il peut produire une énorme quantité d'herbe sur la croissance de laquelle l'état de l'atmosphère ne peut absolument pas influer quand le terrain est irrigable. La production des fourrages est au moins aussi importante que celle des grains, puisque c'est d'elle que dépend la vie de ce bétail dont le fumier, la chair, le lait et les forces sont indispensables à la société humaine.

Les soins à donner aux plantes oléifères sont conformes à ceux qu'on a prescrits pour les végétaux féculifères, ainsi que pour les arbres fruitiers ; elles exigent toutes des sols très-fertiles.

CHAPITRE V.

Maladies.

Les maladies des végétaux ont encore été peu observées ; on ne connaît guère que la rouille, qui attaque les blés inondés ; l'ergot, champignon parasite qui se développe sur toutes les céréales ; puis une espèce de pourriture, maladie provoquée par l'humidité ou par d'autres causes inconnues, qui sévit sur tous les végétaux. L'avortement, ou non fécondation des ovaires des fleurs, est produit par les pluies qui surviennent lors de l'épanouissement de ces organes dont ils détruisent sans retour la poussière fécondante ou pollen. La rouille est due à un commencement de décomposition des tissus dans lesquels se forme un petit champignon dont les ravages s'étendent rapidement au loin. Nous attribuons à la même cause le développement de l'ergot, et nous pensons que ces deux sources de maladie peuvent se perpétuer et devenir endémiques, parce que les graines ou spores des petits champignons, qui étaient d'abord l'effet de la maladie, en deviennent ensuite la cause en s'attachant sur les graines saines, à la surface desquelles ils ne tardent pas à se développer. Pour s'opposer au mal, il faut détruire ces spores en plongeant les graines des plantes malades dans des solutions de substances qui font périr ces parasites, telles que celles de soude caustique ou de sulfate cuivrique.

La gomme des arbres fruitiers, due à une extravasation des sucs, est toujours mortelle ; elle est causée par une nutrition incomplète, provenant de l'épuisement du sol, ou bien par la présence d'une couche de marne, ou autre minéral imperméable, dans le soussol.

La pourriture est une maladie commune aux racines de tous les végétaux, et surtout à celles qui sont charnues. Il n'y a pas d'année qu'elle n'attaque les fourrages-racines des contrées marécageuses. Elle est, par contre, assez rare dans les terrains secs. On l'a vu sévir d'une manière épidémique dans l'Europe centrale et dans tous les terrains, sur la pomme de terre, en 1844, 1845, et surtout en 1846. Cette maladie, qui se déclarait sur les feuilles de la plante, en dénotait l'altération la plus complète, puisque ces organes devenaient complétement noirs. Les tubercules attaqués

ne tardaient pas à devenir la pâture des champignons
et des insectes, qui ont probablement contribué beaucoup à répandre cette triste maladie et à la conserver,
ainsi que cela est arrivé avec l'ergot du seigle. On l'a
semée avec les fumiers sur lesquels on jetait les fanes
et les tubercules des plantes malades. On l'a confiée
au sol en plantant des pommes de terre autour et
dans les champs mêmes où ce tubercule avait été gan-
grené.

Il y a plusieurs espèces d'insectes et autres animaux
inférieurs qui attaquent les plantes ; les plus redou-
tables sont les tiques, les pucerons, les chenilles, les
limaces et les hannetons, ainsi que leurs larves. Les
deux premières espèces ne résistent pas aux cendres
de bois qu'on jette sur elles, et qui les chassent, probablement en gênant leurs mouvements. Le moyen
le plus efficace de les tuer consisterait à les asperger
avec de l'huile ou de l'essence de térébenthine, moyens
trop coûteux, et qui, d'ailleurs, nuiraient à la plante
autant qu'aux petits insectes qu'elle nourrit. Ces procédés sont les seuls applicables à la destruction des
chenilles, quand on ne veut pas leur donner la chasse
à la main, à elles ainsi qu'à leurs larves, à leurs papillons et à leurs œufs. Il n'y a que des moyens mécaniques qui puissent détruire le hanneton. En échange,
le sel de cuisine en fournit un parfait pour tuer les limaces, dont la peau gluante et mince laisse facilement
passer ce poison très-mortel pour elles.

CHAPITRE VI.

Récolte et conservation des produits.

Dans la partie centrale du tronc de tous les arbres existe un noyau de substance dure, appelée bois. Elle est formée de deux parties assez distinctes par leur couleur, ainsi que par leur consistance : l'une extérieure, et qui est la plus jeune, l'aubier, au travers de laquelle passe la sève ascendante ; l'autre intérieure, le bois proprement dit, qui est en dehors du mouvement vital de l'arbre. Lorsqu'on abat un arbre pour le brûler, on lui laisse son écorce et son aubier ; mais quand c'est pour en faire des constructions, on les lui ôte, parce que l'écorce est fragile, et que l'aubier est mou et facile à attaquer par les insectes ; on ne conserve que la partie intérieure du tronc, c'est-à-dire le bois, tant à cause de sa dureté que de son peu d'altérabilité. Malgré ces deux qualités, comme le bois est poreux, il retient avec force l'humidité, ce qui fait qu'il se tord et travaille toutes les fois que l'état de l'atmosphère change. C'est cette même porosité qui lui communique la faculté de pourrir. Aussi les bois se gâtent-ils d'autant plus facilement qu'ils sont plus poreux ou plus légers. Afin d'obvier à cet inconvénient, on a cherché à imbiber les bois avec une substance capable d'obstruer leurs pores et de les rendre inattables à la dent des insectes : c'est de l'acétate ferrique qu'on s'est servi, et qu'on injectait dans les arbres en le leur faisant absorber avec la sève au moment où leurs feuilles étaient en pleine activité. Ainsi préparé, le bois devient lourd, cassant et imputrescible. Bien plus, il devient presque absolument incombustible. Quand on imprègne le bois avec un sel déliquescent, tel que le chlorure calcique, il conserve toujours la souplesse du bois vert. On peut, à l'aide de couleurs convenables, lui donner toutes espèces de teintes. Quand on ne veut pas préparer les bois de cette manière, il faut les abattre au printemps après la montée de la sève, parce qu'ils sont alors tout à fait débarrassés de la provision de substance nutritive qui a servi à nourrir les bourgeons, et qui rendent fort sujets à être attaqués par les insectes tous les bois où ils se trouvent lorsqu'on coupe les arbres en automne, ce qui n'a pas d'inconvénients quand on veut les brûler. En abattant au printemps, après la montée de la sève, les bois de contruction, il y a un autre avantage : c'est la facilité avec laquelle ils se dessèchent, parce que leurs vaisseaux sont encore largement ouverts, de manière à laisser passer sans peine les liquides et les gaz.

Après avoir coupé un arbre, on doit en enlever la souche et les plus grosses racines, à cause de la difficulté avec laquelle elles se décomposent, ce qui fait que la place qu'elles occupent reste inutile pendant plusieurs années, jusqu'à ce qu'elles tombent en poussière et se réduisent en humus.

Le bois se décompose tout autrement sous terre que dans l'air : sous terre, c'est surtout son hydrogène et son oxygène qui disparaissent, en sorte que son carbone reste presque seul sous forme d'humus ou terreau, qui est noir ; dans l'air l'inverse a lieu, et il semble que ce soit le carbone qui disparaisse essentiellement, car il ne reste bientôt du bois qu'une masse blanche, poreuse, friable et extrêmement légère. Le premier genre de décomposition porte le nom de pourriture. On l'observe sur tous les bois placés dans des endroits humides, tandis que le second, appelé pourriture sèche, n'apparaît que sur les bois qui se trouvent plongés dans un air humide. Le premier suppose l'absence, et le second la présence de l'air.

Lorsqu'on n'a pas pu imbiber les bois sur pied avec des solutions salines, on doit le faire au moment de les employer, tant pour les préserver de la dent des insectes et des attaques du temps que pour les défendre contre les atteintes du feu, qui peut bien alors les charbonner, mais non pas les faire brûler avec flamme. Les meilleures peintures à appliquer dans ces cas-là sont des dissolutions d'acétate ferrique, d'alun, de phosphate ammonique, ou bien de verre soluble. On en enduit le bois avec un large pinceau, de manière à les faire pénétrer dans toutes leurs parties. On peut aussi assurer la conservation des bois, même en présence de l'eau, en les imbibant à chaud avec de l'huile, ce qui les rend très-élastiques et durables, parce que ce fluide, pénétrant dans leurs pores, les remplit en entier, et empêche l'air et l'eau, les deux agents de destruction les plus actifs, d'y entrer.

Les bois de chauffage devront être coupés en automne aussitôt après la chute des feuilles, parce qu'ils contiennent alors, sous forme solide, toutes les provisions destinées à la production des feuilles de l'année suivante. Or, comme ces amas nutritifs ne contiennent que des substances combustibles, il est clair qu'on perdrait une grande quantité de chaleur si on coupait le bois quand la sève est en mouvement. Plus le bois est lourd, plus aussi il produit de chaleur, mais moins il brûle facilement, parce qu'il ne se laisse pas rapidement atteindre par la flamme. Pour produire promptement de la chaleur, on doit prendre du sapin ou tout autre bois léger comme lui, tandis qu'il faut se servir de bois de hêtre ou de chêne toutes les fois qu'on désire produire une chaleur forte et soutenue. On devra se servir de bois légers pour le boisage des appartements, parce qu'ils sont plus mauvais conducteurs de la chaleur que les bois lourds, et ne pas les imbiber de dissolutions salines, parce qu'en le faisant on bouche leurs pores, et on les transforme alors partiellement en bois lourds ou peu poreux, et meilleurs conducteurs de la chaleur que ceux qui sont très-poreux, ce qui rend les appartements plus difficiles à chauffer.

Dès que les arbres sont abattus, on doit les enlever le plus vite possible de dessus le sol, où ils ne se dessèchent point, et où ils peuvent même contracter un commencement de putréfaction. On les dépose ensuite dans des hangards secs, après avoir enlevé leur écorce, lorsqu'on veut en faire des bois de construction, ou bien on les scie et on les entasse de suite quand on veut les brûler, parce que le bois produit d'autant plus de chaleur qu'il est plus sec.

On ne coupe pas les plantes textiles, on les arrache avec soin ; on en détache toute la terre adhérente à leurs racines ; puis on les submerge dans une mare, ou bien on les étale sur un pré, où on leur fait subir l'action des rayons solaires, en ayant soin de les arroser fréquemment. On sépare de cette manière la fibre ligneuse fine et élastique d'avec le bois proprement dit, de la résine, et des autres principes qui la salissaient et la rendaient dure et rude. Dès qu'en brisant une tige de lin ou de chanvre traité de cette manière on voit que les filaments se détachent nettement d'avec le corps de la tige, on n'a plus qu'à lui faire subir l'opération toute mécanique du teillage pour avoir la filasse. Cette filasse se détruit dans les mêmes circonstances que le bois. Il importe donc beaucoup de la conserver dans un endroit très-sec. Il est possible qu'on puisse parvenir à isoler la fibre textile du lin et du chanvre sans rouissage, et tout simplement en versant sur les tiges de ces plantes une solution bouillante de cendres dans laquelle on les laisserait tremper pendant quelques heures ; après quoi on les laverait et les dessécherait comme d'habitude. La lessive agirait ici en dissolvant la résine, et il est probable que la filasse qu'on obtiendrait ensuite serait beaucoup plus facile à blanchir que lorsqu'elle a été soumise au rouissage, qui n'enlève pas la résine brune appliquée à sa surface.

Les racines sont, après les graines, la ressource la plus sûre de l'homme contre la famine ; mais elles ne sont pas aussi nourrissantes qu'elles, puisqu'elles contiennent presque toutes entre 70 ou 80 pour 100 d'eau, en sorte qu'il en faut beaucoup plus que des premières pour produire une même masse de chair. Les pommes de terre, qui sont fort riches en fécule, sont un aliment beaucoup plus nutritif que les carottes et les raves, ainsi que les autres racines, qui, pauvres en fécule, ne contiennent guère que de la pectine, aliment fort nutritif, il est vrai, mais tellement gonflé par l'eau qu'il trompe l'appétit en remplissant l'estomac sans le satisfaire. On ne doit arracher les racines qu'au moment où leur développement est complet, et choisir pour cela un jour, autant que possible, sec et chaud, afin qu'au moment où elles sortent de terre on puisse les étendre à sa surface, de manière à en dessécher l'épiderme et à en faner les tiges. On met soigneusement de côté toutes les racines gâtées ou blessées, qu'on utilise de suite afin de ne pas les perdre, parce qu'elles pourrissent ou moisissent facilement, et communiquent ce mouvement de décomposition à leurs voisines, qui seraient sans cela restées saines. Vers le soir, on relève toutes les racines éparses sur le sol, on en détache la terre et on coupe les fanes près du collet de la racine, afin d'en séparer tout élément de décomposition ; puis on les transporte dans une cave profonde et à l'abri de la gelée, qui détruit toutes les racines sans exception aucune, en les rendant plus ou moins malsaines. La gelée agit en augmentant le volume de l'eau contenue dans les tissus des racines, qu'elle fait éclater en tous sens, ce qui permet à l'air de s'y introduire lors du dégel et d'y causer une fermentation qui les détruit rapidement. Les carottes et les raves pourrissent alors ; les pommes de terre deviennent molles et douceâtres, parce que leur fécule passe à l'état de gomme et de sucre ; puis elles prennent une odeur vireuse si désagréable que tous les animaux les rejettent. Une fois qu'elles sont entassées dans des caves sèches, les racines se conservent longtemps lorsqu'elles ne sont pas sucrées, comme celles des betteraves, parce que la facile altérabilité du sucre que contiennent ces dernières fait qu'elles subissent un mouvement spontané d'où résulte la disparution totale du sucre, qui passe à l'état de gomme et peut-être aussi de pectine insoluble ou bois, en sorte qu'on utilise les racines de betteraves le plus vite possible lorsqu'on veut les employer à la fabrication du sucre, et on applique les tourteaux résultant de cette industrie à l'engraissement du bétail. Quand les caves sont humides, il faut préserver les racines du contact de leurs parois, qui les feraient pourrir, en les en séparant avec des planches ou avec une couche de paille. Il est bon, dans ces cas-là, d'isoler les racines les unes d'avec les autres en plaçant entre elles, de distance en distance, un lit de paille longue qui permet à l'air de circuler au milieu d'elles, et empêche la pourriture de se communiquer à tout le tas si elle atteint quelques individus. On peut, en général, se dispenser de ces précautions lorsqu'il s'agit des pommes de terre, parce que ces racines, infiniment moins aqueuses que les autres, ne se gâtent pas si facilement qu'elles. Au printemps, toutes les racines subissent une altération plus ou moins rapide, qui est la suite du développement du ou des bourgeons qu'elles sont destinées à nourrir ; il faut se hâter alors d'utiliser les racines, parce qu'elles ne se conservent plus longtemps, et qu'elles se gâtent chaque jour davantage en perdant les uns après les autres tous leurs principes nutritifs, jusqu'à ce qu'il ne reste plus d'elles que l'épiderme et les parties ligneuses. Ce qu'il y a de mieux à faire dans ce cas-là, c'est de les planter ou de les dessécher après les avoir coupées en petites rondelles qu'on met au four après le pain, de manière à leur ôter leur eau ; on assure ainsi leur conservation en enlevant l'eau nécessaire à leur végétation. Elles deviennent ainsi susceptibles d'être gardées sans altération pendant plusieurs années consécutives. On peut aussi râper les pommes de terre et les transformer en fécule qu'on extrait de la pulpe ainsi obtenue en la lavant dans un tamis, sous un filet d'eau qui entraîne toute la fécule en ne laissant sur le tamis que la fibre ligneuse. Si la conservation des racines n'est pas si facile que celle des graines, c'est qu'elles portent en elles un germe, une cause de destruction, savoir, l'eau, qui est une des trois conditions de décomposition des substances organiques, dont les deux autres sont la chaleur et l'oxygène de l'air. Il n'y a que deux de ces conditions qui soient nécessaires à la germination des graines et des racines, savoir, l'eau et la chaleur, parce que leur embryon se procure l'oxygène nécessaire à sa vie en décomposant l'eau à laquelle il enlève ce gaz, en mettant en liberté une quantité correspondante d'hydrogène. On peut donc conserver les racines en les desséchant pour leur enlever leur eau, c'est ce qu'on fait quelquefois, ou bien en les exposant à une température constamment inférieure à $0°$ C, ce qui est impraticable en grand. Si les racines étaient un aliment plus précieux, on pourrait les traiter en grand, comme on le fait en petit dans les ménages, c'est-à-dire les couper en petites tranches qu'on salerait et conserverait dans des tonneaux sous une couche d'eau ; mais ce procédé est trop coûteux. Le sel agit ici comme antiseptique ; il empêche la putréfaction : c'est une propriété qui lui est commune avec plusieurs autres composés minéraux et dont on ignore la cause.

Le procédé de conservation des racines dans les silos ou fosses est basé sur le même principe que celui des caves ; il consiste à enterrer ces organes végétaux dans des trous assez profonds pour que l'eau, le froid et l'air ne puissent pas avoir d'accès jusqu'à eux. Les racines qu'on place dans les silos sont plus fraîches que celles des caves, parce qu'elles ne peuvent pas se dessécher ; en échange, elles se gâtent très-rapidement au contact de l'air quand on les en tire, parce qu'elles ont l'épiderme encore tout humide et perméable à l'oxygène de l'air.

Les fruits de toutes espèces, charnus comme les racines et aqueux comme elles, portent dans leur sein les mêmes germes de décomposition, sauf celui de la germination, dont il n'y a guère à tenir compte que pour les châtaignes. Il est impossible de conserver ces graines, quelque soin qu'on en prenne ; elles se gâtent toujours, parce que leur bourgeon se développe et les fait pourrir, ce qui oblige à les employer assez rapidement, ou bien à les dessécher au four, tant pour leur enlever leur eau que pour détruire leur germe. En échange, comme les graines des fruits charnus ne se développent presque jamais dans leur sein, ils ne sont plus soumis qu'aux trois causes de décomposition indiquées plus haut. On cueille les fruits

par un temps sec, et on les entasse pendant quelques
heures ou quelques jours dans des caisses, où ils ne tardent pas à s'échauffer un peu et à se couvrir d'une espèce de vernis gras qu'on leur enlève avec soin en les
essuyant, afin d'ouvrir leurs pores et de permettre à la
peau de se dessécher ; sans cette précaution, l'humidité surabondante du fruit s'amasse sous sa peau et y
cause une altération spontanée qui le fait pourrir ou
le rend farineux. Ce procédé n'est applicable qu'aux
pommes ; tous les autres fruits sont d'une conservation
difficile, à cause de la grande quantité d'eau qu'ils renferment. Il est impossible de préserver de la fermentation les fruits juteux, tels que les prunes, les cerises
et tant d'autres, qu'on ne peut conserver qu'en les
desséchant. Les poires seront toujours mises dans des
fruitiers aussi secs que possible, et espacées entre
elles comme les pommes préparées ainsi que nous l'a-
vons dit, afin que celles qui se gâtent ne communiquent
pas le mal à leurs voisines. De tous les fruits, les pommes sont les plus faciles à conserver, parce que leur
épiderme épais les préserve du contact illimité de l'air,
et que leur chair ferme et sèche ne se prête pas facilement à la fermentation.

Comme la gelée altère tous les fruits, on ne peut
leur appliquer ce mode de conservation. En échange,
on peut en garder beaucoup, même de ceux qui se
gâtent facilement, comme les pêches, les melons, les
prunes et plusieurs autres encore, en les préservant du
contact de l'air, ce qu'on fait en appliquant à leur
surface une couche de cire, ou bien en les plongeant
dans un gaz qui ne contienne pas d'oxygène libre.

Les fruits doivent rester parfaitement intacts dans des vases pleins d'hydrogène ou d'acide carbonique; il est à regretter que ce procédé, d'une application dangereuse, ne soit pas exploitable en grand. On lui en a substitué un autre parfait sous tous les rapports; il consiste à introduire les fruits avec de l'eau dans des bouteilles remplies jusque tout près du bouchon, soigneusement fermées, et placées ensuite dans un bain d'eau bouillante où on les laisse pendant quelques heures. Ce procédé est basé sur l'absorbtion de l'oxygène de l'air qui se trouve dans ces bouteilles, ce qui vient de ce que ce gaz se combine à une température peu élevée avec le suc des fruits, et passe alors à l'état d'acide carbonique qui est sans action sur eux.

La facilité avec laquelle tous les fruits mous se décomposent les a fait employer de bonne heure à la préparation des boissons fermentées, dont la plus usitée est celle qui est connue sous le nom de vin, et qu'on extrait des raisins. Pour se rendre un compte exact de la fabrication du vin, il faut ne voir en définitive dans le raisin que deux principes : du sucre et du blanc d'œuf, tous les deux en dissolution dans l'eau et séparés par des parois en pectine qui les isolent totalement, en sorte qu'ils ne peuvent pas agir l'un sur l'autre. C'est ce qui permet de conserver ces baies. Mais lorsqu'on vient à rompre ces cellules en broyant les raisins, l'albumine se décompose au contact de l'air d'autant plus facilement qu'il fait plus chaud ; puis, réagissant sur le sucre $C_{12} H_{12} O_{12}$, elle le transforme en alcool $C_4 H_6 O_2$; chaque équivalent du premier en donne 2 du second et 4 d'acide carbonique, qui se dégage d'après la formule C_{12} H_{12} O_{12}, égale $2 (C_4$ H_6 $O_2)$ $+ 4$ CO_2. En laissant continuer l'action et en ne soustrayant pas l'alcool produit à l'action du ferment né de la décomposition de l'albumine des raisins, l'alcool s'altère, subit une seconde fermentation qui lui enlève 2 équivalents d'hydrogène, qui sont remplacés par 2 autres d'oxygène, et passe à l'état de vinaigre ou acide acétique C_4 H_4 O_4, d'après la formule C_4 H_6 O_2, moins H_2, plus O_2, égale de l'acide acétique C_4 H_4 O_4. En présence de ces métamorphoses du sucre, on tire plusieurs conclusions que voici : plus un moût est riche en sucre, plus le vin qu'il donnera sera riche en alcool; plus la fermentation sera rapidement terminée, plus aussi le vin sera pur et exempt de vinaigre. Pour qu'un vin ne tourne pas à l'aigre, on doit l'enlever le plus vite possible de dessus son ferment, c'est-à-dire de dessus ses lies. Quand la fermentation du moût traîne en longueur, non-seulement l'alcool produit passe en partie à l'état de vinaigre, mais le sucre sur lequel le ferment n'agit pas avec énergie se modifie et se transforme en pectine ou gomme gélatineuse, qui communique aux vins la désagréable propriété de devenir filants ou gras. Pour avoir de bons vins, on doit accélérer autant que possible la fermentation, en plaçant les cuves pleines de moût, et couvertes avec des draps, dans des appartements chauffés; puis, dès que la fermentation cesse, faire écouler le vin dans des cuves ouvertes, larges et plates, disposées dans un local aussi froid que possible. Immédiatement le moût se refroidit, la lie se dépose, et on peut l'introduire bientôt après dans les tonneaux, qu'on doit auparavant avoir soigneusement soufrés, pour en déplacer, autant que possible, tout l'oxygène, afin d'empêcher le peu de ferment qu'il contient encore de réagir sur l'alcool. C'est à la même cause du déplacement de l'oxygène qu'il faut attribuer le soin si rationnel que prennent les encaveurs de tenir leurs tonneaux constamment pleins.

Dans les années pluvieuses et froides, les raisins contiennent trop peu de sucre pour produire du bon vin. Il faut leur donner alors ce qui leur manque, et il serait utile de commencer le plus tôt possible une série d'expériences destinées à établir la quantité de sucre que contient chaque litre de moût dans les bonnes années, afin de fixer un point de départ stable pour trouver la quantité de sucre qu'il faut y ajouter quand ce principe manque au moût. En ajoutant trop peu de sucre, on n'atteint pas le but complétement ; en y en mettant trop, on fait une dépense inutile. Il est donc de la plus haute importance de savoir quand on y en a mis assez.

Le développement du bouquet des vins est postérieur à la fermentation du sucre ; il est dû probablement à la modification lente d'un principe analogue aux huiles essentielles et contenu dans la gousse des raisins. Il varie avec les sols et semble n'exister que pour les vins des pays tempérés ; car les vins si forts du Midi n'ont pas de bouquet. Il n'y a pas de doute qu'on ne puisse modifier le parfum des vins à l'aide de celui d'autres fruits. Il y a peu de liquides qui prennent aussi facilement qu'eux l'odeur de tous les corps avec lesquels ils sont en contact. Le bouquet des vins du Rhin rappelle l'odeur de l'écorce d'orange; celui de certains blancs 1834 de Neuchâtel, celle des framboises; celui des blancs 1834 du Haut-Rhin rappelle un peu l'odeur des feuilles de noyer, et ainsi de suite.

Tous les moûts contiennent encore, outre les deux principes qui viennent de nous occuper, un composé, le bitartrate potassique, ou crême de tartre, qui donne aux vins leur légère acidité et assure leur conservation, parce que tous les acides sont des antiseptiques. Comme ce sel est d'autant plus soluble dans l'eau qu'elle contient moins d'alcool, il est clair qu'il doit être fort abondant dans les vins faibles et n'exister qu'en très-petite quantité dans ceux qui sont forts. La crême de tartre paraît être utile à la santé humaine en facilitant la digestion, à cause de la grande facilité avec laquelle son acide se brûle, tandis que sa base passe à l'état de carbonate potassique. Il est probable que ce sel n'est pas indispensable aux vins, et qu'il peut être remplacé dans beaucoup de cas par le bitartrate calcique, dont l'action est fâcheuse, parce qu'étant beaucoup plus soluble dans le vin que la crême de tartre il lui communique une acidité plus intense.

La couleur des vins leur est donnée par la peau des grains du raisin, ce qui fait qu'elle est d'autant plus intense qu'on a laissé le moût plus longtemps en contact avec la grappe; ce qu'on doit éviter, parce que ce liquide, dissolvant le tannin dont elle est chargée, prend un goût âpre et fermente difficilement, parce que ce principe précipite beaucoup de l'albumine dont il est chargé et qui est la cause de sa fermentation. On ne peut donc pas trop se hâter d'égrapper toutes les espèces de raisins.

La récolte des graines féculentes et huileuses doit être faite par un temps sec, et, autant que possible, un peu avant leur maturité totale, qui amène toujours une perte légère, parce que les épis et les gousses s'entr'ouvrent et laissent échapper leur contenu. D'ailleurs, en fauchant les graines un peu trop tôt, elles peuvent essuyer sans danger une pluie, qui les fait bien vite germer quand elles sont parfaitement mûres. Les graines féculentes, telles que les blés et les pois, sont extraites de leurs enveloppes et mises dans des greniers où on les retourne fréquemment, tant afin d'empêcher qu'elles ne s'échauffent que pour faciliter leur dessiccation et en chasser les insectes qui les rongent et ne supportent pas cette manutention lorsqu'elle est souvent répétée. Néanmoins, toutes les graines féculentes doivent être préservées avec le plus grand soin de l'humidité qui les fait germer, ou, tout au moins, leur communique un goût de moisi qui passe dans le pain et le rend fort désagréable. Quels que soient les soins qu'on donne aux grains, il arrive quelquefois qu'ils sont dévorés par une multitude d'insectes qu'on ne peut détruire qu'en passant les blés au four ou bien en les enfermant dans des tonneaux goudronnés et privés d'air par la combustion d'une mèche soufrée. Ce moyen est facile et infaillible ; on devrait l'appliquer partout à la conservation des pois, qui sont si complétement rongés par un gros ver rose qu'il n'en reste souvent que l'épiderme, ce qui cause des pertes énormes. Dès qu'on s'aperçoit que des graines s'échauffent, ce qui n'arrive que lorsqu'elles sont humides, on se hâte de les répandre sur un sol sec et propre jusqu'à ce qu'elles soient bien sèches ; puis on les met dans un endroit où elles soient parfaitement à l'abri de l'humidité, qui, si elle les atteignait une seconde fois, les gâterait infailliblement.

Tout ce que nous avons dit des grains est applicable aux farines, dont la conservation n'est jamais facile à cause de la fâcheuse habitude qu'ont les meuniers de la mouiller, ce qui permet au gluten qu'elles contiennent de réagir sur la fécule, qui passe à l'état de sucre, puis d'alcool et de vinaigre, qui, une fois formé, rend la farine inemployable pour la panification, qui se base précisément sur la première partie de cette altération ; en sorte que ces farines fermentées ne fournissent qu'un pain lourd, aigre et fort mal levé. Il y a donc dans la farine deux principes : le gluten et la fécule, qu'on sépare facilement l'un d'avec l'autre en malaxant sous un filet d'eau un morceau de pâte. Les grains légers que l'eau entraîne sont de la fécule ; la masse molle et élastique qui reste dans les mains est le gluten, qui a toutes les propriétés de la viande et peut être employé comme tel. Plus une farine est riche en gluten, plus elle est nutritive ; plus le pays dans lequel croissent les blés est chaud, plus ils renferment de gluten. C'est une preuve en faveur de la théorie que nous avons émise sur la transformation du pectate ammonique en albumine sous l'influence de la vitalité, qui est bien plus active dans les pays chauds que dans les nôtres. Là, il y a réduction simultanée de l'acide pectique et de l'ammoniaque, tandis qu'ici la dernière s'oxyde souvent seule et laisse l'acide pectique se transformer en fécule sous l'influence d'une action lente. Plus l'été est chaud, plus aussi les grains se chargent de gluten. Quand l'été est froid, les grains, peu chargés de ce principe, ne donnent qu'un pain lourd et peu nourrissant.

Quand on humecte et pétrit de la farine avec de l'eau, de manière à en faire une pâte d'une certaine consistance, et qu'on l'expose dans un endroit chaud, elle ne tarde pas à entrer en fermentation; le gluten se décompose, et, réagissant sur la fécule, il la fait passer à l'état de dextrine et de sucre, qui se métamorphose bientôt, sous la même influence, en alcool et en acide carbonique. Le premier sous forme de vapeur, le second sous celle de gaz, soulèvent la pâte et s'en échappent dans toutes les directions; la pâte subit donc alors la même altération que le moût de raisin. Dès que la fermentation a gagné toute la masse, on met la pâte au four, où une cuisson convenable arrête la fermentation; on a alors du pain, tandis que, si on n'avait pas traité la pâte de cette manière, on n'aurait qu'une masse lourde et indigeste qui ne pourrait dans aucun cas remplacer cet utile aliment. On a cherché à remplacer la fermentation de la pâte par une addition à cette masse de substances minérales, très-saines d'ailleurs, qui, comme le bicarbonate sodique, se décomposent sous l'influence de la chaleur en dégageant des gaz qui forment dans la pâte de petites cavités ou yeux analogues à ceux qu'y fait naître la fermentation.

Ainsi préparé le pain est magnifique; mais au lieu de dextrine, de gomme soluble, que contient le véritable pain, celui-là renferme de la fécule qui, échappant en partie à l'action de l'estomac, le rend peu nourrissant et d'une digestion difficile. Pour produire un pain sain, la pâte doit avoir fermenté.

Afin d'améliorer la qualité du pain fait avec des grains peu riches en gluten, on peut l'animaliser en y ajoutant des œufs, de la gélatine ou du lait étendus d'eau, et avec lesquels on pétrit la farine; on obtient ainsi du pain fort nutritif, mais qui ne se conserve point aussi longtemps que celui auquel on n'a pas fait d'addition de cette nature.

La fabrication des macaronis et pâtes d'Italie est basée sur l'analyse de la farine, à laquelle on enlève plus ou moins de fécule après l'avoir convertie en pâte, jusqu'à ce qu'elle retienne assez de gluten pour produire, lorsqu'elle est sèche et étendue en lames minces, une substance douée d'une certaine élasticité, comme les macaronis, et non pas cassante et friable, comme de la pâte ordinaire desséchée, qui, étant trop riche en fécule, tombe en poussière sous une pression assez faible.

A raison de leur extrême division, du mélange de leurs principes et de la facilité avec laquelle elles absorbent l'humidité atmosphérique, les farines fermentent avec tant de facilité qu'elles sont d'une difficile conservation; aussi fait-on bien de ne faire moudre que la quantité de grain qu'on veut sur-le-champ transformer en pain.

Il serait facile de parer à la famine, et surtout de

s'opposer à une excessive hausse dans le paix du pain, si dans les années d'abondance on convertissait une certaine quantité du grain en fécule, qui se conserve avec la plus grande facilité pendant nombre d'années, et en gluten, qui, divisé en plaques minces ou petits grains lorsqu'il est humide, desséché ensuite et réduit en farine, pourrait aussi être très-facilement conservé dans des magasins parfaitement secs. Il suffirait, dans les temps de famine, de mêler le gluten et la fécule, dans les proportions où ils existent dans la farine, pour reformer avec eux une pâte parfaite et capable de fournir d'excellent pain.

Si on peut réduire en farine les grains au moment presque où ils viennent d'être extraits de l'épi, il est impossible d'extraire l'huile des graines oléagineuses, dans les mêmes circonstances, sans les avoir auparavant chauffées de manière à les torréfier légèrement. Cela vient de ce que l'huile est enfermée dans des cellules de pectine qui résistent, par leur élasticité, à l'action de la presse tant qu'elles retiennent encore de l'eau, et ne se laissent écraser qu'au moment où elles l'ont perdue. C'est ce qui force à conserver assez longtemps, dans des appartements fort secs, les graines dont on veut extraire de l'huile comestible, parce qu'elles rendent d'autant plus de ce liquide qu'elles sont plus sèches. Quand on ne veut que de l'huile à brûler, alors on peut porter immédiatement les graines au moulin, où on les torréfie pour leur enlever leur eau avant de les exprimer ; mais comme cette opération n'est jamais faite avec soin, une partie de l'huile se brûle, et l'acroléine, provenant de la décomposition de la glycérine qui y existe, se dissolvant dans l'huile qui s'écoule, elle lui communique une odeur et un goût fort désagréables qui empêchent de la man- ger ; ce qui est fort heureux, parce qu'elle doit être malsaine.

Lorsqu'on conserve longtemps les graines oléagi- neuses, elles subissent une sorte de fermentation dont la cause pourrait bien être la décomposition de cette glycérine ou principe doux des huiles. Ce qu'il y a de certain, c'est que les huiles rances ne renferment plus que peu ou point de cette substance, qu'elles sont acides, âcres, immangeables, et douées d'une odeur fort désagréable provenant de la transformation de la glycérine et des acides gras en d'autres acides plus ou moins volatils. Dès que l'huile contenue dans les grai- nes a subi cette métamorphose, elle ne peut plus être employée, même comme combustible; aussi faut-il éviter avec soin de laisser les graines oléagineuses trop longtemps exposées au contact de l'air chaud, parce que c'est l'oxygène de l'air qui provoque cette alté- ration. Une fois qu'elles sont isolées, toutes les huiles peuvent rancir, surtout lorsqu'elles sont exposées au contact de l'air ou qu'elles contiennent des substances organiques capables de se décomposer facilement, comme l'albumine qui s'échappe avec elles de la presse et les trouble. Pour purifier les huiles, on a proposé plusieurs procédés dont le plus usité consiste à les mê- ler avec de l'acide sulfurique étendu d'eau, qui brûle l'albumine sans décomposer beaucoup d'huile; tou— jours est-il qu'on perd par ce procédé un peu de ce précieux liquide. Il vaut infiniment mieux secouer violemment l'huile avec une forte solution d'écorce de chêne, qui, coagulant aussitôt l'albumine, la rend insoluble, en sorte qu'il suffit de laisser reposer le mélange pour qu'il se clarifie. On peut encore accélérer cette opération en filtrant l'huile sur de la sciure de bois blanc, qui la laisse passer tout à fait limpide ; on l'introduit aussitôt dans des vases qu'on ferme avec le plus grand soin, de manière à ce que l'huile soit complétement à l'abri du contact de l'air.

L'huile rance n'est pas perdue ; il faut la battre avec de l'eau tiède qu'on renouvelle jusqu'à ce qu'elle cesse de devenir acide, et à laquelle on substitue alors une légère lessive froide de cendres de bois, avec laquelle on la bat encore, et qu'on rejette ensuite, puis qu'on remplace de nouveau par une ou deux eaux tièdes. Le mauvais goût de l'huile a sensiblement disparu après cette opération ; mais elle reste immangeable et n'est plus bonne qu'à être brûlée. L'huile serait le combustible par excellence si elle ne dégageait pas en brûlant une odeur âcre et une fumée riche en charbon ; heureusement qu'on évite ces deux graves inconvénients à l'aide d'une disposition particulière des lampes qui brûlent ces deux produits. Si on parvenait à oxygéner l'huile un peu plus qu'elle ne l'est, on pourrait la brûler dans des lampes communes ; mais sa flamme serait bien moins brillante, parce qu'elle contiendrait moins de charbon incandescent en suspension : elle prendrait alors une teinte bleu clair comme celle de l'alcool.

Il y a deux espèces d'huiles : celles qui rancissent au contact de l'air, c'est le cas des huiles grasses, telles que celles de colza et d'olives, tandis que les autres, les huiles siccatives, se résinifient, comme celles de pavot, de noyer, et surtout de lin. Ces dernières paraissent différer des précédentes en ce qu'elles contiennent moins de glycérine, moins d'acide gras solide, acide margarique, et plus de l'acide gras liquide, appelé acide oléique ; il est d'ailleurs assez probable que l'acide oléique de ces dernières diffère de l'acide oléique des huiles grasses, parce qu'il contient un peu plus de carbone et d'oxygène que lui, ainsi que nous l'avons découvert en analysant l'huile de lin. Toutes les huiles contiennent donc deux acides gras que nous venons de nommer : l'un est solide, l'autre liquide. Nous pensons que la proportion relative de ces deux corps varie dans les huiles avec la température du pays où on les récolte, en nous appuyant sur ce fait que les huiles liquides, assez rares sous les tropiques, y sont remplacées par les huiles solides, beurres et suifs, tandis qu'elles sont fort communes dans les pays tempérés. Tout près de cette question en est une autre que nous sommes tenté de résoudre affirmativement : c'est celle de la possibilité de la transformation de l'acide oléique en acide margarique.

Comme toutes les huiles prennent facilement l'odeur des corps avec lesquels elles entrent en contact, on doit les conserver dans des vases très-propres et dans des appartements exempts de mauvaise odeur.

On emploie quelquefois les huiles grasses à la conservation des aliments, qu'on couvre d'une couche de ces fluides, qui les préserve de toute décomposition en empêchant l'air d'arriver jusqu'à eux. Il arrive assez souvent, lorsqu'on néglige de placer les aliments ainsi préparés dans des endroits frais, et qu'on ne couvre pas avec soin les vases où ils se trouvent, que l'huile rancit et gâte ce qu'elle aurait dû garantir, en sorte qu'on perd tout ; aussi les préparations de cette natures sont-elles assez rares et peu usitées.

La conservation des parties foliacées des végétaux est une des parties les plus essentielles de l'agriculture, puisqu'elle a trait à la nourriture hibernale des bestiaux. On dessèche les feuilles ou on les sale. La première préparation se fait en grand pour le foin, et la seconde en petit pour certaines feuilles, ainsi que pour la nourriture de l'homme.

Le moment propice à la fauchaison des foins est celui qui précède la fleuraison, parce qu'alors la plante est gorgée de sucs qui diminuent beaucoup lors de la fleuraison, et se transportent plus tard, presque en entier, dans les graines, en abandonnant les tiges, qui ne sont plus alors qu'une espèce de bois. Une fois coupé, le foin est étendu si le temps est beau, et rentré lorsqu'il est presque sec, afin qu'il subisse dans le fenil une légère fermentation, qui transforme la fécule en gomme soluble et la pectine insoluble en substances solubles. Quand le foin est assez sec pour devenir cassant, il ne subit pas cette fermentation, et perd beaucoup de ses propriétés nutritives. Par les temps humides on doit se hâter de mettre l'herbe fauchée en grands tas ou meules coniques, dans lesquelles la pluie ne peut pénétrer, de manière à la laver et à en enlever les parties solubles. Bientôt l'herbe s'échauffe et subit en plein air cette fermentation qui

18

a lieu d'habitude dans le fenil. Alors on se hâte de défaire les meules aussitôt que le soleil se lève ; on les étend à la surface du champ, où l'herbe se dessèche rapidement, parce que ses tissus sont ouverts par la fermentation qui s'y est faite ; puis on la met sous toît dès qu'elle est sèche. Il y a certains fourrages, tels que la luzerne et le trèfle, dont les tiges sont si compactes et si pleines de vie qu'il est fort difficile de les transformer en foin sous la seule influence des rayons solaires. Il faut toujours, avant de les dessécher, les faire fermenter assez fortement pour qu'on ait de la peine à tenir la main dans les tas qu'on en forme. Après avoir subi cette demi-cuisson, les feuilles de ces plantes ne se détachent plus des tiges, qui se dessèchent facilement, et forment avec elles un fourrage bien supérieur à celui qu'elles donnent lorsqu'on les traite par l'ancienne méthode. La dessiccation des regains ou seconde coupe des prairies se fait de même que celle des foins, à ceci près qu'elle est plus difficile, parce que les herbes contiennent beaucoup plus d'eau dans leur jeunesse que lorsqu'elles sont adultes ; c'est ce qui engage souvent les paysans à rentrer les regains à moitié secs. Une fois entassés dans les fenils, et à l'abri du contact de l'air froid, les regains fermentent et s'échauffent tellement qu'ils s'enflamment ; c'est ce qui occasionne les incendies si fréquents en automne dans les fermes.

Il est rare qu'on dessèche des feuilles pour la nourriture du bétail, parce qu'on n'emploie guère à cet usage que les feuilles sèches qui se détachent des arbres en automne, et qui constituent un très-maigre fourrage, quoique les moutons le mangent avec plaisir. Par contre, on sale assez fréquemment les feuilles des betteraves et des carottes, qu'on entasse dans de grandes cuves par couches alternatives de feuilles et de sel. Quand la cuve est pleine, on charge les feuilles avec des planches sur lesquelles on met de grosses pierres, puis on verse sur le tout de l'eau jusqu'à ce que les feuilles soient submergées ; bientôt la masse fermente, puis ce mouvement s'arrête, et les feuilles sont alors bonnes à être employées avec du foin par parties égales. On peut utiliser de cette manière les feuilles des vignes qui sont perdues presque partout.

Quant aux légumes nécessaires à l'alimentation de l'homme, on les conserve dans des caves à l'abri de la gelée, en les plantant, comme les choux et les chicorées, dans du sable humide, ou bien on les dessèche, comme les haricots verts, ou bien on les sale, comme les feuilles de choux réduites en choucroûte, ou bien encore on les met à l'abri du contact de l'air en les enfermant dans des vases hermétiquement bouchés, ou couverts d'une couche de graisse ou d'huile.

Afin de pouvoir accélérer et prolonger l'éducation des vers à soie, il serait utile de pouvoir enlever l'eau des feuilles du mûrier blanc ; on y parviendrait sans peine en les desséchant après les avoir fait fermenter en tas comme le trèfle. Il suffirait ensuite d'exposer pendant un temps suffisant ces feuilles à un courant de vapeur d'eau, pour leur rendre leur humidité primitive et en tirer le même profit que des feuilles les plus fraîches. Nous ne doutons pas que ce procédé ne soit applicable à la conservation de la plupart des légumes, qu'on devrait alors faire revenir en les cuisant à la vapeur,

et non pas, comme on le fait maintenant, en les laissant tremper longtemps dans l'eau, qui leur enlève
tout leur suc.

Quand l'automne est humide, il devient fort difficile
de conserver les oignons, qui moisissent et se décomposent très-vite; d'ailleurs, lors même qu'ils ont
bien passé l'hiver, ils germent tous au printemps, en
sorte qu'on est obligé de les jeter. On pare à tous ces
désagréments en partageant en deux les oignons et les
desséchant dans un four après les avoir jetés un instant
dans l'eau bouillante, qui rompt leurs tissus et leur
permet de laisser échapper rapidement l'eau qu'ils
contenaient.

Qu'on me permette encore un mot sur la confection des provisions de ménage avec les fruits : l'une
d'elles, fort répandue sous le nom de raisiné, se fait
avec des fruits cuits jusqu'à réduction en pâte dans
du jus de raisin ou de fruits mal mûrs. On la prépare toujours dans de vastes chaudières en cuivre, ce
qui est sans danger lorsqu'on ne l'y laisse pas refroidir, ainsi que cela se fait presque toujours. Cela n'empêche pas qu'effrayée du danger que pourraient cou-
rir les gens qui mangeraient du raisiné chargé d'un
peu de cuivre, une personne a proposé de mettre au
fond des chaudières où on le prépare quelques morceaux de fer, qui retiennent effectivement tout le cuivre
qui se dissout dans la substance, mais qui, en se dissolvant lui-même, communique au raisiné un si affreux
goût de fer et une teinte si noire qu'il ôte toute en-
vie d'en goûter, en sorte que le remède est pire que le
mal.

Un autre genre de provisions comprend les gelées et les confitures de toute espèce, dont beaucoup de bonnes ménagères encombrent leur office à la fin de chaque été. Laissons les confitures en général, contre l'abus desquelles nous nous éleverons en traitant, dans un autre ouvrage, de l'hygiène humaine, pour ne parler que des gelées, qui sont formées par de l'acide pectique, de l'eau, ainsi que par les acides et les essences propres aux fruits avec lesquels on les a préparées. Utiles dans beaucoup de maladies où on doit remplir l'estomac sans le surcharger d'aliments, elles peuvent être toutes remplacées avec avantage par l'acide pectique extrait des carottes, uni avec un peu du suc des fruits dont on veut avoir le goût et l'arome. Pour faire ces gelées, on râpe des carottes blanches et on lave avec soin leur pulpe à l'eau tiède ; puis on l'exprime et la fait bouillir pendant une ou deux minutes avec deux fois son poids d'eau, dans laquelle on a placé un nouet plein de cendres de bois, jusqu'à ce qu'elle ait pris une saveur alcaline bien sensible. Ensuite on jette le tout sur une toile où on l'exprime avec soin, et on verse le suc encore chaud dans les vases où on veut mettre la gelée ; on y ajoute alors le jus du fruit dont on désire lui communiquer l'odeur, puis, goutte à goutte, du jus de citron, jusqu'à ce que le goût du mélange soit devenu légèrement aigrelet ; on remue bien et on place la préparation dans un endroit frais, où elle se conserve assez longtemps lorsqu'on a la précaution de la garantir du contact de l'air en la couvrant de papier et en la conservant dans des vases fermés. A l'aide de ce procédé, il devient facile de préparer les gelées au moment où on en a besoin, et inutile d'en faire à l'avance de grandes provisions qu'on voit d'ailleurs se gâter assez fréquemment.

Lorsqu'on prépare des sirops de fruits, on cherche à en séparer tout l'acide pectique, afin qu'ils ne se prennent pas en gelée, ce qui est assez difficile. On y parvient sans peine en ajoutant au jus des fruits, avant de les sucrer, quelques gouttes de suc de cerises, qui met sur-le-champ en liberté l'acide pectique. Cette action extrêmement curieuse est encore à expliquer.

TROISIÈME PARTIE.

CHIMIE DES ANIMAUX.

CHAPITRE Ier.

Composition.

En traitant des caractères généraux des plantes, nous avons signalé des différences bien saillantes qui les séparent d'avec les minéraux ; mais il nous a été impossible de les distinguer d'une manière tranchée d'avec les animaux. C'est qu'effectivement il n'y a aucune ligne de démarcation bien nette entre ces deux grandes classes d'êtres doués de la vie. Le polype, qui est un animal, se contracte et se retire sur lui-même quand on le touche, comme le font la sensitive et les étamines de bien d'autres plantes dans les mêmes circonstances ; les astéries, animaux qui vivent au fond de la mer, ont des formes qui rappellent, sous tous les rapports, celles des fleurs ; bien plus, les infusoires, ces petits animaux verts qui peuplent les eaux croupissantes, dégagent, comme les plantes, sous l'influence des rayons solaires, des torrents d'oxygène provenant de la réduction de l'acide carbonique dissous dans ces eaux. Enfin les coraux, les huîtres et bien d'autres mollusques encore, nous offrent l'exemple d'animaux fixés au sol. On croyait que les animaux seuls contenaient du nitrogène, mais l'analyse chimique a fait justice de cette erreur en amenant à retrouver le même principe dans les graines, les bourgeons, et tous les jeunes organes des plantes. De ces divers points de ressemblance on peut conclure que les végétaux ont beaucoup d'analogie avec les animaux, et qu'il est impossible de les séparer les uns d'avec les autres ; telles sont les conclusions forcées où nous amène la considération des propriétés générales des deux règnes animés, qui, étant tous les deux sous le joug de la vie, présentent la connexion la plus intime qu'il soit possible d'imaginer.

Lorsqu'on examine un des animaux les plus parfaits, tel que le cheval, par exemple, et qu'on le compare au cerisier, qui est une des plantes les plus complètes, on saisit cependant de grandes différences. Ainsi, par exemple, la nutrition s'effectue dans le cheval par la bouche ; les excrétions, par les intestins, le poumon et la peau. Dans le cerisier, la nourriture pénètre par les feuilles et les racines ; les excrétions en sortent par l'écorce, les feuilles et les racines. Le cheval est mobile ; il a la conscience de son existence ; il va chercher au loin ses aliments. Le cerisier est fixe ; il ignore son existence, et reçoit telle que la nature la lui offre la nourriture que son immobilité l'empêche d'aller chercher. A mesure qu'on s'élève dans l'échelle animale, on voit toutes les fonctions vitales se centra-

liser, chaque sécrétion avoir son point fixe, et on découvre entre elles toutes un concert admirable dont
le but est de soutenir la vie de l'animal. Les différentes parties du cheval ne sont pas greffées les unes sur
les autres comme celles du cerisier ; nées à la fois
elles vivent toutes ensemble. Il y a entre elles la solidarité la plus absolue ; des vaisseaux continus en parcourent tous les replis pour les nourrir ; les nerfs qui
les traversent transmettent à tout l'être l'impression
perçue sur la plus petite de ses parties. La vie se per-
fectionne rapidement en passant, dans les animaux,
du ver informe au limaçon, à l'insecte, au poisson, à
la grenouille, à l'oiseau, pour arriver enfin aux quadrupèdes à mamelles, tels que le bœuf et le chien.
Parmi les animaux domestiques qui sont le plus habituellement en contact avec l'homme, et qui n'ont
pas entre eux de grandes différences d'organisation,
on en trouve d'énormes dans l'intelligence ; bien plus,
on les retrouve encore parmi les animaux d'une seule
et même espèce. L'intelligence est la faculté de rai-
sonner ; il faut bien la distinguer d'avec cet instinct qui
n'est pas autre chose qu'un besoin de la nature, comme
la faim et le sommeil. L'instinct se retrouve dans les
classes les plus infimes des animaux, surtout chez les
fourmis et les abeilles ; l'intelligence n'appartient
qu'aux oiseaux et aux mammifères. Si nous pensons
que l'instinct soit commun à tous les animaux, nous
ne croyons pas, en échange, que l'intelligence soit
constamment leur partage à l'état sauvage ; nous pensons, au contraire, qu'elle leur est presque toujours
communiquée par leur commerce avec l'homme, et

nous avons tous les jours des preuves de cette vérité, quand nous examinons les animaux qui vivent habituellement avec lui. Le chien, le cheval sauvages sont des bêtes féroces ou farouches; apprivoisés, ils deviennent les compagnons du maître de la terre, et souvent même ils devinent sa pensée et préviennent ses désirs. Il semble qu'une portion de l'âme humaine soit venue effleurer et exciter leur cerveau de brute, comme le rayon de soleil vivifie la fleur qui s'épanouit à sa douce chaleur. L'intelligence paraît avoir son siége matériel dans le cerveau. C'est aussi dans cet organe, chez l'homme, qu'on a cru découvrir celui de l'âme, cette faculté sublime qui lie le maître du monde au Maître de l'univers, comme l'intelligence rapproche l'homme de la brute. L'homme seul a une âme, dont l'action est si prononcée sur son intelligence, sur son instinct et sur toutes les fonctions de son corps, qu'il devient à peu près impossible d'étudier ces dernières, tant elles sont soumises à la puissance de cette force morale qu'on est convenu d'appeler l'âme. Pour découvrir des vérités absolues dans les phénomènes vitaux, il faut les étudier là où ils sont le moins sujets à être modifiés par les trois mystérieuses forces dont on vient de faire l'énumération; on observera alors les animaux les plus incomplets, tels que ces mollusques qui peuplent les eaux, les insectes, les limaces; mais, outre que ces animaux sont difficiles à se procurer, ou que leurs fonctions échappent souvent à l'investigation la plus minutieuse, leur organisation est tellement différente de celle des animaux supérieurs qu'il est impossible d'appliquer à ces derniers les conclusions auxquelles aura amené l'étude des premiers. Personne n'osera avancer que les mammifères dégagent de l'oxygène parce que la respiration des infusoires forme ce gaz en abondance ; de même encore personne n'aura l'idée de dire que, parce que les mollusques n'ont pas d'os, ces curieux organes sont inutiles aux gros animaux. Non ; pour découvrir la vérité sur la nature des phénomènes vitaux d'une certaine classe d'animaux, on les observera sur les êtres les moins perfectionnés de la série à laquelle ils appartiennent, sur ceux dont les fonctions sont, par conséquent, le moins exposées à être influencées par l'énergique action de l'intelligence. Parmi les ruminants, on choisira pour ces recherches le mouton ; parmi les gallinacées, la poule ; parmi les rongeurs, le lapin, et ainsi de suite. Pour connaître les phénomènes vitaux des différentes espèces animales, on devra étudier, dans les mêmes circonstances et pendant des années, plusieurs individus des deux sexes soumis à la même alimentation, puis tirer de la moyenne des observations des conclusions qui doivent être aussi approchées que possible de la vérité. Il est malheureux que l'étude de la vie de l'homme soit, dans certains détails, si repoussante que personne ne l'entreprenne ; car c'est elle qui amènerait le plus rapidement au but, parce que l'homme seul peut se rendre un compte exact de ce qui se passe en lui, de manière à permettre d'arriver à des conclusions sûres. Il y a d'ailleurs un autre obstacle à ce travail : c'est l'impossibilité matérielle où est l'homme de se contenter d'un seul et même aliment ; il lui faut une nourriture variée, ce qui décuple la difficulté en empêchant de découvrir à coup sûr l'effet produit par chaque aliment. Le but des recherches de la chimie physiologique étant leur application à l'homme, elle devra donc étudier d'abord ceux des animaux dont les fonctions se rapprochent le plus des siennes; ceux qui, soumis depuis longtemps à la servitude, ont perdu leur instinct naturel, et ne subsistent plus que d'une vie factice, c'est-à-dire les animaux domestiques.

L'homme a tiré parti de tous les animaux, quoique les soins de l'agriculteur ne s'appliquent qu'à quelques-uns d'entre eux; nous devons donc ne nous occuper que de ces derniers, qui sont de tous les mieux connus.

L'homme donne ses soins à un seul mollusque, le colimaçon; à deux insectes, l'abeille et le ver à soie; à un amphibie, la tortue; à plusieurs poissons; mais surtout à la carpe, à la tanche et au brochet; à plusieurs oiseaux, tels que la poule, le dindon, le pigeon, la pintade, le canard et l'oie; à un seul mammifère carnivore, encore n'est-ce à titre d'animal productif que dans les îles de la mer du Sud, le chien; à deux pachydermes, le cheval et le porc; puis à un rongeur, le lapin; et enfin et surtout à la plupart des ruminants, qui sont la vache, le mouton, la chèvre, le chameau et le llama. Ces animaux sont bien peu nombreux, et cependant quelle diversité de formes! Quel abîme entre l'escargot et le cheval! Toutes ces différences-là sont plus apparentes que réelles, et si l'œil de l'anatomiste ne l'avait pas déjà prouvé, celui du zoologiste nous l'aurait appris, en nous faisant toucher au

doigt, entre ces deux animaux, une multitude d'êtres
dont les organes, de plus en plus parfaits, établissent
de l'un à l'autre une relation telle qu'il n'y a plus
moyen de douter un instant qu'ils ne soient des êtres
semblables au point de vue anatomique, physiologique,
et surtout chimique.

Afin de bien se rendre compte des fonctions qui sont
absolument indispensables chez tous les animaux, exa-
minons-les de près pour découvrir les organes et les
corps qu'on retrouve dans chacune de leurs classes.
Le corps de tous les animaux est limité par un organe spécial appelé peau, en dedans duquel se trouvent les viscères destinés à l'entretien de la vie. On
peut les diviser en trois groupes, suivant qu'ils sont
destinés à soutenir la vie de l'individu, à le reproduire,
ou à le faire entrer en relation avec les autres animaux. Le premier groupe comprend les phénomènes
de la digestion, de la circulation et de la respiration ;
le second, ceux de la locomotion et de la sensation ; le
troisième enfin, ceux de la multiplication.

Les aliments sont saisis par les animaux à l'aide de
la bouche, d'où ils passent ensuite dans un tube ouvert aussi à l'autre extrémité, par laquelle sortent
toutes les parties de la nourriture qui n'ont pas été
absorbées par le canal intestinal, parce qu'elles ne
sont pas aptes à soutenir la vie. Ce tube digestif, qui
est plus ou moins long et plus ou moins compliqué,
l'est toujours d'autant plus que les aliments sont moins
nutritifs. Il est très-court chez les carnivores, tandis
qu'il acquiert une longueur extraordinaire et se remplit d'une foule d'appendices appelés estomacs, ou au-

trement, chez les herbivores. Toute la surface des intestins est garnie d'une très grande multitude de ramifications des vaisseaux sanguins, qui absorbent, à mesure qu'elles s'isolent, toutes les parties nutritives des aliments qu'elles vont fixer dans les différentes parties du corps, après leur avoir fait subir l'action du foie, glande énorme qui paraît destinée à métamorphoser les sucres en graisse, ainsi qu'à empêcher que le résidu des aliments ne subisse dans le corps la fermentation putride. Au-devant du canal alimentaire on trouve la bouche, par où se fait l'entrée de la nourriture, souvent garnie d'un appareil spécial : les dents destinées à la broyer et à la triturer ; et au fond de cette cavité, des glandes qui sécrètent un liquide particulier : la salive destinée à imbiber les aliments, afin de les faire descendre plus facilement dans l'estomac, et de les préparer à y subir une rapide décomposition. Non-seulement l'intestin nourrit l'animal, mais il conduit aussi au dehors toutes les parties de son corps qui sont usées, qui ont fait leur temps. Cette excrétion étant gazeuse, liquide et solide, a lieu par trois organes chez les animaux supérieurs ; l'extrémité postérieure du tube intestinal reçoit les déjections solides, et quelquefois aussi, comme chez les oiseaux, celles qui sont liquides, tandis que, chez la plupart des animaux domestiques, elles ont un réservoir, la vessie, canal spécial qui les porte au dehors. Quant aux excrétions gazeuses, elles sont jetées dans l'air par la peau ou un de ses replis intérieurs qu'on appelle le poumon. Puisque la nutrition animale s'effectue dans un seul canal, il est clair qu'il faut un organe capable d'en porter les fruits dans toutes les parties du corps. Cette fonction est départie à un système circulatoire spécial, celui du sang, doué d'un centre appelé cœur, tandis que le centre du système digestif est appelé estomac, et celui du système respiratoire poumon. Le cœur, réduit à sa plus simple expression, est une espèce de poche à parois très-fortes, et aux deux extrémités de laquelle aboutissent les orifices de deux systèmes de tubes, dont l'un apporte le sang chargé de substances alimentaires après qu'elles ont subi l'action du foie, tandis que l'autre le conduit dans le poumon, où il subit une nouvelle purification sous l'influence de l'oxygène de l'air, et d'où il passe ensuite dans les diverses parties du corps. Les vaisseaux qui amènent au cœur le sang chargé des matières alimentaires s'appellent vaisseaux lymphatiques et veines, et ceux qui le ramènent du poumon dans le reste du corps sont les artères. Ces deux systèmes de tubes ne sont pas séparés l'un de l'autre : ils se continuent, au contraire, par leurs extrémités, qui sont tellement déliées qu'elles n'ont souvent pas la grosseur d'un cheveu, et qu'on les a appelées pour cette raison vaisseaux capillaires, en sorte que, s'ils sont très-distincts au moment où ils aboutissent au cœur, ils se confondent l'un avec l'autre à la périphérie du corps, en sorte qu'on peut envisager les veines comme la continuation des artères ; ce qui devait être, puisque les artères, tout en nourrissant les divers organes, reçoivent aussi le produit de leur destruction, qu'elles vont immédiatement déverser dans les veines chargées de jeter au dehors ces substances, tant par le tube intestinal que par les reins, la peau et les poumons. Le cœur est animé d'un mouvement tout particulier, qui fait qu'il se dilate pour recevoir le sang veineux ou artériel, et se contracte immédiatement après l'avoir reçu, pour chasser le premier dans le poumon et le second dans tout le corps. Nous avons dit que le sang, chargé de substances alimentaires, se purifie d'abord dans le foie avant d'arriver au poumon, en sorte que nous avons séparé de cette manière cet organe d'avec le système digestif, auquel on a l'habitude de le réunir. Il existe entre le foie et le poumon une solidarité telle qu'il est impossible de ne pas admettre qu'ils remplissent tous les deux des fonctions analogues ; c'est ainsi que, dans les pays chauds, où l'activité des poumons n'est pas fort grande, celle du foie est tellement diminuée qu'il s'engorge souvent, tandis que dans les pays froids cela n'a pas lieu, parce que les poumons fonctionnent avec autant de vigueur que le foie. Mais si le foie est traversé et même formé presque en entier par des vaisseaux veineux chargés des produits de la digestion, il n'en est pas moins vrai qu'il a un conduit sécréteur qui verse dans l'intestin une liqueur particulière bien connue sous le nom de bile et qu'il a enlevée au sang ; or, cette bile est essentiellement formée d'eau et d'une substance qui a les propriétés et les caractères des graisses : c'est l'acide bilique, qui doit être sécrété avec une abondance d'autant plus grande que les poumons auront brûlé moins de graisse. Ce que le tube digestif fournit au sang est, en définitive, de la protéine, du sucre, et probablement un peu d'acide acétique ou lactique, mélange de corps qui traverse le foie, où la protéine ne subit pas d'altération, tandis que le sucre, se décomposant d'après la formule indiquée page 228, passe à l'état d'hydrogène carboné, qui s'accumule sur l'acide acétique, avec lequel il produit de l'acide margarique que la veine cave intérieure va conduire au cœur, tandis que l'acide carbonique et l'eau nés de la métamorphose du sucre se dégagent avec la bile, ou sont entraînés par le sang et rejetés par les poumons. Nous pensons donc que le foie est l'organe générateur de la graisse; ce qui explique la maigreur de toutes les personnes dont le foie est malade, ainsi que l'importance de cet organe pour le poumon, auquel il fournit la matière combustible, la graisse, qu'il a élaborée; car il paraît bien que c'est sous cette forme que le poumon brûle les matières amylacées, et non pas sous celle de sucre. Toute la graisse produite par l'action du foie sur le sucre provenant des matières amylacées ingérées dans l'estomac n'est pas brûlée dans les poumons, et ce qui en reste va se fixer à la périphérie du corps, où elle forme d'abondants dépôts, fort connus chez le porc sous le nom de saindoux et de lard; dès que le poumon ne fonctionne pas avec activité, il brûle peu de la graisse produite, ce qui permet aux dépôts graisseux d'augmenter rapidement. C'est afin d'atteindre ce but qu'on place les bœufs dans des étables très-chaudes qui, paralysant l'action de leurs poumons, force la graisse produite par la métamorphose de la fécule, qu'on leur donne avec profusion, à aller se déposer dans leurs tissus au lieu de se brûler. Une autre indication à tirer de ces données est relative à la nourriture des personnes qui souffrent de maladies du foie

et des poumons, et dont le régime devrait être essentiellement composé de matières nitrogénées et grasses,
sur lesquelles le foie a peu ou point d'action, tandis
qu'on en bannirait les fécules et les sucres, qui surexci-
tent ce viscère, et peuvent attaquer le poumon s'ils lui
arrivent avant d'avoir revêtu la forme de graisses. Le
foie a donc sur le sang une action énorme et qui facilite beaucoup celle du poumon.

La bile que le foie jette dans l'intestin est alcaline ;
elle doit cette propriété chimique aux sels alcalins, à
l'acide organique que l'estomac fournit au sang, et
qui, passant à l'état de carbonates après s'être brûlés
dans les poumons, restent dans le sang artériel, qu'ils
rendent alcalin, puis sont transmis par lui aux veines,
qui les apportent au foie, chargé lui-même de les éliminer lorsqu'ils sont en excès dans le sang. La matière résineuse et grasse qui constitue, avec un peu de
cholestérine et quelques autres principes, la partie solide de la bile, doit être regardée comme produite par
la graisse qui, ayant fait son temps dans les tissus, est
rejetée au dehors ; ce n'est donc que par cette excrétion, que par la bile, que le foie est en rapport avec
le canal digestif; il appartient réellement au système
respiratoire, pour lequel il prépare le combustible destiné à entretenir la chaleur animale. La bile qui arrive
dans les intestins neutralise les acides qui se sont formés par le séjour prolongé des aliments dans l'abdomen, et empêche leur putréfaction, probablement en
les imprégnant de la graisse résine qu'elle contient.

Tous les animaux ont besoin d'aliments qu'on partage
en deux classes : ceux qui sont nitrogénés et qui re-

produisent leurs muscles, comme la chair, et ceux qui
sont carbonés et hydrogénés, comme les fécules et les
sucres, ainsi que les graisses, qui entretiennent leur
respiration et forment ces dépôts graisseux dont l'augmentation est un des buts que se propose l'agriculteur. Un juste équilibre entre ces deux espèces
d'aliments constitue la nutrition normale ; l'usage des
aliments nitrogénés dispose à la formation de la chair,
et celui des aliments carbonés à la production de la
graisse ; de là vient que les porcs nourris avec de la
viande de cheval ont beaucoup de chair, et que ceux
qu'on engraisse avec des légumes ont des lards
énormes.

Nous avons vu ailleurs que c'est aux végétaux qu'est
départie la fonction de métamorphoser les substances
minérales en matières organiques aptes à entretenir
la vie. Toutes les plantes sont formées essentiellement de pectine et de protéine, qui sont précisément
les deux seules substances absolument indispensables
à l'alimentation des animaux. A peine la plante est-
elle formée qu'elle se couvre d'insectes avides de sa
sève sucrée et nourrissante, ou bien on la voit disparaître engloutie par la bouche avide des rongeurs ou
des ruminants, deux classes de mammifères destinés
à animaliser les végétaux. Ces êtres broient avec soin
sous leurs dents les aliments qu'ils ont enlevés au sol,
et qui passent ensuite dans leur estomac, où, soumis
à une douce chaleur, à l'action du suc gastrique et à
la pression des parois de cet organe, ils ne tardent
pas à se réduire en une espèce de bouillie légèrement
acide, probablement à cause de la fermentation qui

s'y manifeste ; puis à laisser absorber par les veines et les vaisseaux chylifères toutes leurs parties solubles, qui sont de la protéine et du sucre, outre quelques autres matières, mais en très-faible proportion. Une fois sortie de l'estomac, la masse, ou bol alimentaire, traverse tous les intestins, où elle se tamise d'une façon assez complète pour qu'au moment où elle est rejetée au dehors elle ne contienne plus, pour ainsi dire, une seule parcelle de substance capable de contribuer à la nutrition. Les aliments une fois amenés dans l'estomac y subissent une altération si remarquable qu'elle mérite d'être étudiée avec soin. Supposons que la matière ingérée soit de l'herbe ; cette substance représente de la gomme, de la fécule, du ligneux et de la protéine. L'herbe, immédiatement après avoir été mâchée, s'imbibe de salive, qui, transformant en sucre la gomme et la fécule, leur permet d'être absorbées sur-le-champ par les parois de l'estomac. Le bol alimentaire ne contient plus alors que le ligneux et la protéine insoluble à l'état de gluten ou d'albumine coagulée. Sous l'influence du contact de cette masse solide, les follicules de l'estomac sécrètent en abondance un fluide blanc et légèrement acide, qui ne tarde pas à agir sur la protéine insoluble, qui se dissout aussitôt et passe dans le sang, tandis que le ligneux, qui n'est qu'à peine attaqué et très-partiellement transformé en sucre, traverse l'intestin avec les parties du corps qui ont fait leur temps, et va, avec la bile, se jeter au dehors de l'animal. Tel est le mécanisme de la digestion dans sa plus grande simplicité : on y voit les aliments se dissoudre dans l'estomac sous l'influence d'un acide faible, qui est probablement cet acide lactique qui se produit toutes les fois que du sucre fermente à 30° C. de chaleur, en présence des substances animales, ainsi que cela arrive dans l'estomac. Ces matières se dissolvent, passent dans les veines, dont le contenu est alcalin ; puis, de là, dans le foie, qui leur enlève le sucre, qu'il métamorphose en graisse, et arrivent enfin au poumon, qui brûle une partie de leur graisse. Au sortir de cet organe, le sang a changé de couleur ; de noir il est devenu rouge et apte à former le corps de l'animal, dans tous les organes duquel il s'élance, poussé par la puissante impulsion du cœur. Il dépose la graisse qui n'a pas été brûlée dans les réservoirs où s'accumule cette substance ; la protéine sur les muscles qui se forment, et l'oxygène que lui ont fourni les poumons sur les muscles et sur la graisse qui sont restés assez longtemps dans le corps. Sous l'influence de l'oxygène, les parties de l'organisme qui ont fait leur temps deviennent solubles ; la chair se change en gélatine, employée à la formation des os ; en urée, qui est emportée par les urines, et en ammoniaque, qui est brûlé par la respiration, ainsi qu'en créatine, principe singulier qu'on retrouve dans l'épaisseur des muscles, ainsi que dans l'urine. La graisse, en s'oxydant à son tour, passe à l'état d'acide carbonique et d'eau qu'entraîne le sang ou qui s'échappent par les pores. Toutes les parties de l'organisme, à mesure qu'elles se détruisent, sont dissoutes par les veines qui les portent au dehors. Il n'y a pas une seule molécule animée qui soit en repos ; elles sont toutes douées d'un mouvement non interrompu de décomposition et de forma-

19.

tion. Là gît peut-être le secret de la conservation, pendant la vie, de ces substances animales qui se putréfient aussitôt après la mort.

Le mouvement de décomposition dans les êtres doués de la vie est tellement fort qu'on voit maigrir et rapidement dépérir tous les animaux auxquels on refuse de la nourriture, et cependant leurs intestins ne cessent pas de rejeter au dehors des débris de substances organiques, et leurs poumons continuent à fournir à l'atmosphère de l'acide carbonique produit par la combustion de ces mêmes substances organiques. Dans ces circonstances-là, il n'y a plus de nutrition. La graisse ne peut se former par la décomposition de la graisse, ni la chair par celle de la chair. Il y a véritable destruction lente de la graisse de l'animal et de sa chair. La première, alimentant la combustion qui s'effectue dans les poumons, entretient la chaleur de l'être vivant, tandis que la seconde, brûlée à petit feu dans l'intérieur du corps, s'échappe par les pores sous forme de gaz et sort aussi par les intestins.

Après s'être assimilé les principes nutritifs des plantes, les herbivores sont formés de chair et de graisse qui deviennent à leur tour la proie des bêtes féroces et de l'homme, qui trouvent dans ces deux principes des substances capables de reformer leurs muscles et d'entretenir leur respiration. On serait tenté, d'après cela, de partager, comme on le fait actuellement, tous les aliments en matières respiratoires, telles que les fécules et les graisses, et en matières alimentaires, telles que la protéine et ses dérivés ; mais il suffit de se rappeler que les bêtes féroces vivent en parfaite santé

lorsqu'on les nourrit avec de la chair tout à fait dé-
graissée, pour sentir toute l'imperfection de cette division. Tous les aliments, quels qu'ils soient, peuvent
entretenir la respiration ; la protéine et ses dérivés peuvent seuls former la chair des animaux. Il y a donc bien
des substances alimentaires destinées spécialement,
mais non pas uniquement, à la formation du corps, tandis qu'il y en a d'autres qui paraissent ne servir qu'à la
nutrition de la respiration. Elles peuvent d'ailleurs
toutes remplir cette fonction, dont l'accomplissement
paraît être une des premières conditions de la vie.

Les poumons brûlent avec grande production de
chaleur, et en les changeant en acide carbonique et
en eau, une partie de la graisse formée par la digestion, ainsi que des autres substances apportées avec elle
par le sang, et provenant soit des aliments, soit de la
destruction lente des diverses parties du corps. La chaleur propre des animaux varie beaucoup ; plus elle
s'élève, plus aussi le besoin d'alimentation devient impérieux. Les poissons, qui ont le sang froid, mangent
peu ; les mammifères et l'homme, dont le sang est assez
chaud, mangent beaucoup ; et les petits oiseaux, dont
la chaleur est très-grande, ont un besoin de manger
si impérieux, si continuel, qu'ils périssent au bout de
peu d'heures quand on les prive de nourriture. Chez
tous les animaux l'appétit croît avec le froid et diminue lorsque la température de l'air s'élève. On pourrait croire que le degré de chaleur propre à chaque
animal varie avec celui de l'atmosphère qui l'enveloppe ; mais il n'en est rien : il reste immuable, parce
qu'en hiver l'activité du poumon produit un excès de

chaleur qui contrebalance juste l'effet du refroidissement, tandis qu'en été le peu d'activité des poumons
et le refroidissement provenant de l'évaporation cutanée produisent un abaissement de température tel
que la chaleur de l'air n'agit pas d'une manière sensible sur celle des animaux. Les fonctions des poumons
sont tellement importantes que ces organes restent
seuls en action chez les animaux qui, comme les marmottes, passent l'hiver dans un état d'engourdissement
absolu. Les intestins semblent paralysés ; la circulation
est si lente qu'elle devient imperceptible, et cependant
les poumons fonctionnent, puisqu'ils brûlent pendant
l'hiver la totalité de la graisse qui, en automne, garnit les
intestins de ces animaux, et sur lesquels il est impossible d'en trouver la moindre trace au moment où ils
se réveillent au printemps. On peut regarder les poumons comme les organes chargés d'éliminer, sous forme
de gaz, les principes carbonés et hydrogénés du sang,
tandis que les reins en séparent, sous forme d'urée ou
d'acide urique, les matières nitrogénées, et que les
intestins en conduisent au dehors les substances solides
impropres à la digestion. Il y a entre ces trois groupes
d'organes sécréteurs une corrélation si intime que l'u-
rée passe dans les intestins sous forme d'ammoniaque
lorsqu'on enlève les reins, et que toutes les maladies
du poumon agissent sur les reins et sur les intestins,
comme celles de ces deux groupes d'organes réagissent
sur les poumons. Si on dosait exactement la quantité
d'urée rendue chaque jour par un animal, il est probable qu'en transformant en chair, par le calcul, tout
le nitrogène contenu dans cette substance, on pour-

rait remonter à l'aide de ce principe à la quantité de chair détruite chaque jour dans l'animal sous l'influence de l'oxygène qui est absorbé et fixé sur elle par le sang.

Résumant les fonctions des trois groupes d'organes qu'on vient d'étudier, nous disons que le tube digestif est destiné à fournir au sang des principes nutritifs que le foie rend aptes à la combustion pulmonaire et à la fixation dans le corps animal. L'appareil pulmonaire et cutané brûle une partie de la graisse et des autres principes contenus dans le sang veineux, et fournit au sang artériel l'oxygène destiné à consumer les parties du corps qui ont fait leur temps, et dont les produits de destruction sont conduits au dehors tant par les poumons et la peau que par les reins et les intestins.

Les organes destinés à la locomotion et à la sensation sont, chez tous les animaux, des nerfs et des muscles plus ou moins distincts, et accompagnés, dans les animaux supérieurs, par les os, qui leur servent souvent d'enveloppe et de point d'attache ou d'appui. Les nerfs sont formés d'une substance grasse et molle enfermée dans une gaine fibreuse; ils partent tous du cerveau ou des organes qui le remplacent, et dont ils transmettent la volonté aux muscles, comme les touches d'un piano communiquent à ses cordes l'impulsion qu'elles reçoivent. La composition des nerfs ne peut en rien expliquer la nature de leurs fonctions, puisque c'est précisément au cerveau et aux nerfs qui en sont la prolongation que la Providence a confié le dépôt si important de l'instinct, de l'intelligence, et même de l'âme. C'est un fait bien curieux que de voir ces trois

précieuses facultés morales siéger dans la partie du
corps qui est la plus altérable, la moins bien organisée, et la plus facilement décomposable. Ce qu'il y a
de positif, c'est que le volume du cerveau est d'autant
plus grand que l'intelligence est plus développée, sauf
une seule et bien mystérieuse exception, qui ne s'applique qu'à l'homme : c'est celle des imbéciles, qui
constitue une objection invincible opposée par la nature à l'absurde idée des matérialistes, qui veulent
voir dans le cerveau une espèce de pâte dont le mouvement ou la fermentation produit les pensées. Relativement à la masse du cerveau, il n'y a donc, du génie
le plus transcendant et le plus sublime à l'idiot le plus
abject, qu'un pas imperceptible au point de vue matériel, tandis qu'au point de vue spirituel il y a un
abîme. Pauvre, pauvre nature humaine, qui hésite si
souvent à reconnaître son Maître, précisément parce
qu'elle ne subsiste que par son action immédiate et éter-
nellement continuée !

Les muscles sont des fibres allongées, formées par
l'apposition des globules du sang, qui, collées et sou-
dées les uns contre les autres, produisent des espèces
de filaments qui ne tardent pas à se réunir pour former des groupes de fibres constituant les muscles. Ces
derniers sont enveloppés dans des gaines fibreuses
dont les extrémités sont en rapport avec les nerfs ou
avec les os, ou autres organes auxquels ils font passer
l'impulsion qu'ils ont reçue du nerf. Les muscles sont
donc formés par le sang ; c'est de leur réunion que
naît cette chair qui est le principe caractéristique de
tous les animaux, et dont la consistance varie avec

chacun d'eux et pour chacun de leurs organes. La chair constitue un des aliments les plus indispensables à l'homme. Le sang qui forme la chair est un fluide alcalin et rouge, qui contient beaucoup d'eau, dans laquelle on voit nager une quantité de corpuscules arrondis formés de fibrine, et qui, lorsqu'ils s'agglomèrent, donnent naissance aux muscles. Le fluide dans lequel nagent les corpuscules du sang contient de l'albumine, ainsi que du soufre, du phosphore, du fer, de la chaux, des alcalis, des acides et des sels en petite quantité ; on l'appelle sérum, et on ignore encore ses fonctions relativement à la formation des globules du sang, auxquels il serait bien possible que son albumine donnât naissance. La coloration de ce fluide paraît être due à du sulfocyanure ferrique, et sa réaction alcaline à du phosphate sodique tribasique, qui, sans avoir les propriétés destructrices des alcalis libres, en possède cependant la réaction, et peut neutraliser tous les acides qui passent dans le sang. La consistance et la constitution du sang varient avec l'état de santé des individus ; mais ses altérations ne sont pas suffisamment connues pour que nous nous y arrêtions ; qu'il nous suffise de dire que le point de départ de toutes les maladies pourrait bien venir d'une altération du sang, et que celle-ci doit être la suite inévitable d'un dérangement dans les fonctions digestives. C'est pour cette raison qu'on voit l'abus des fruits produire la fièvre et la dyssenterie, ce qui vient de ce qu'ils introduisent dans le sang beaucoup d'acides, qui en changent momentanément la constitution, ou peuvent même l'altérer assez profondément pour détruire les

corpuscules du sang, et produire ces affreuses hémor-
rhagies qui caractérisent la dyssenterie. Dès que les
aliments contenus dans l'estomac deviennent fortement acides, la digestion se dérange et ne se rétablit
que par l'usage des alcalis. Tout le monde sait avec
quelle rapidité l'usage abusif du vinaigre détruit les
facultés digestives des estomacs les plus robustes, et
ce n'est qu'en leur faisant avaler de la craie pilée que
les paysans guérissent cette fatale diarrhée, qui emporte tant de veaux à la mamelle, parce qu'ils neu-
tralisent ainsi l'excès d'acide qui se trouve libre dans
l'estomac de ces animaux. En présence de ces faits, on
est tenté de nier la nécessité de la présence d'un acide
dans l'estomac pour que la digestion se fasse ; cependant le bol alimentaire est acide ; mais il se pourrait
bien que l'acide qui s'y développe pendant la digestion
ou qui lui est fourni par la muqueuse de l'estomac
soit rejeté dans l'intestin au lieu d'être absorbé ; toujours est-il que tous les liquides destinés à nourrir le
corps sont constamment alcalins, tandis que les fluides, les gaz et les solides qui proviennent de sa décomposition sont toujours acides, sauf peut-être la
sueur qui provient de certains organes et les cas de
maladies graves.

Les muscles sont nourris, comme tous les organes,
par des artères, et les produits de leur décomposition
enlevés par des veines. Ils sont colorés en rouge par
le sang qui les baigne ; on en acquiert la preuve en
voyant les tissus animaux se décolorer sous l'influence
d'une pression, du froid, ou de toute autre cause capable d'empêcher le sang d'arriver jusqu'à eux. Dès

que les muscles sont en contact direct avec l'air, ils
en absorbent l'oxygène, s'enflamment et se détruisent
en s'écoulant sous forme de pus, c'est-à-dire d'albumine dissoute dans l'eau. C'est pour prévenir cette
destruction de la chair que la nature a revêtu tous les
animaux d'une peau plus ou moins compliquée, qui
est souvent un organe d'une grande sensibilité.

La peau enveloppe tout le corps, et se présente sous
forme de membrane assez compacte, peu perméable
et demi-transparente ; sa texture varie beaucoup d'ailleurs avec les différentes parties qu'elle est chargée de
défendre : très-épaisse et dure sur le dos des mammifères, elle s'amincit beaucoup et devient tout à fait
souple sur les parties dénuées de poils, comme le tour
de la bouche et les replis intérieurs du haut des
cuisses. Elle est excessivement mince chez les oiseaux,
que leurs plumes protégent suffisamment, et atteint
son maximum de dureté et d'épaisseur sur les animaux qui ont, comme l'éléphant, la peau tout à fait
nue. La couleur de la peau varie beaucoup ; cependant
elle est habituellement rose, ce qui vient du sang qui
circule dans ses vaisseaux, car elle est réellement parfaitement blanche. Chez les animaux domestiques dont
le pelage est tacheté, on voit ordinairement, mais
pas toujours, la couleur de la peau varier avec celle
du poil. Il y a fort peu d'animaux dont la peau soit
nue ; elle est en général couverte d'appendices plus ou
moins abondants tirés de sa masse même et doués de
la même composition qu'elle. Ils prennent la forme
d'écailles chez les poissons, celle de plumes chez les
oiseaux, et de poils chez les mammifères. Les variétés

de coloration et de formes de ces appendices cutanés
sont tellement nombreuses qu'ils embellissent aux
yeux de l'homme les animaux, comme la grâce des
fleurs lui fait apprécier les autres beautés des plantes. En
général, les animaux changent au moins une fois par an
leurs appendices cutanés, à peu près aux mêmes époques où les végétaux poussent leurs feuilles, c'est-à-
dire à la fin de l'hiver et à la fin de l'été dans les climats tempérés. Il est possible que, dans les pays
chauds, la chute des plumes et des poils ne s'accom-
plisse pas plus périodiquement que celle des feuilles,
puisque sa cause, l'approche des froids, manque. Dans
nos climats, le pelage d'hiver est beaucoup plus touffu
et plus fin que celui d'été, afin de mieux garantir les
animaux contre le froid. Un fait bien curieux est que
la plupart des animaux qui habitent les régions très-
froides, et qui sont fauves en été, sont blancs en hiver ;
c'est le cas des lièvres et des lagopèdes des Alpes, pour
lesquels la nature a pris cette précaution, afin de les
soustraire aux poursuites des laemmergeyer, dont l'œil,
quelque exercé qu'il soit, ne les distingue pas au milieu
des neiges. Les oiseaux de proie, les ours et les cha-
mois ne subissent pas ce changement dans leur pelage,
et suivent la loi générale, qui est que la couleur des
mêmes animaux ne varie pas sensiblement avec la saison. Un fait très-curieux, c'est qu'il y a fort peu d'a-
nimaux dont les poils soient persistants, comme les
cheveux de l'homme ; il n'y a guère que le cheval qui
en possède dans les crins qui ornent son col et sa
queue, ainsi que certaines espèces de chiens, telles
que les barbets. Il n'y a que cette seule espèce de poils

qui blanchisse avec l'âge, car ceux qui se renouvellent chaque année conservent toujours leur teinte, et la plupart des mammifères et des oiseaux qui meurent de vieillesse ont un pelage admirablement beau ; car, pour eux, il semble que chaque mue soit un retour vers la jeunesse. Le temps de la mue est une époque d'autant plus critique que la masse des téguments à renouveler est plus considérable ; de là vient qu'elle est si dangereuse pour les oiseaux, dont la quantité de plumes est souvent prodigieuse. La chute des plumes n'offre rien de remarquable, mais leur croissance est très-curieuse : il y a alors une véritable poussée du sang vers la peau, qui devient rouge et enflammée ; bientôt apparaissent des espèces de tuyaux pleins de sang dans lesquels se forment les plumes, qui ne tardent pas à se faire jour au dehors en les brisant. Les plumes ont tout à fait la même composition et la même texture que les poils, dont elles sont, comme les cornes et les ongles, une agglomération compacte. Ce qui les en sépare d'une façon tranchée, c'est l'éclat de leurs teintes, dont les poils offrent très-souvent un pâle reflet. Malgré leur grande variété, il est probable qu'elles proviennent toutes d'une même substance, que nous pensons être l'acide urique, parce que ce principe peut, en se métamorphosant, offrir, comme l'indigo, mais à un plus haut degré que lui, toutes les colorations imaginables, depuis le rouge le plus intense jusqu'au bleu le mieux nourri. Les preuves à donner à l'appui de cette théorie sont, outre les métamorphoses si bien connues de l'acide urique, la diminution considérable de ce principe dans les déjections des oiseaux qui muent. Ce qui fait que les colorations des mammifères diffèrent tellement de celles des oiseaux, c'est que les poils des premiers, constamment lubréfiés par un liquide aqueux ou huileux, permettent à la matière colorante de se décomposer avec rapidité, tandis qu'elle ne peut s'altérer que difficilement dans les plumes des oiseaux, où elle paraît être enfermée entre des lames de mucus comme dans des fioles de verre. Cependant les teintes de toutes les plumes s'altèrent à la longue, surtout au contact des rayons solaires. La couleur la plus répandue parmi les oiseaux est le fauve, comme le jaune est la plus commune chez les plantes. Les plumes de certains oiseaux, et tout spécialement celles du paon, doivent une partie de leurs brillants reflets à une certaine disposition des lamelles qui composent les barbules des plumes, et brisent la lumière avec force.

Si les climats chauds ont le monopole des fleurs les plus éclatantes, ils possèdent aussi celui des oiseaux à couleurs très-brillantes, ce qui vient probablement de ce qu'ils leur offrent une nourriture bien plus abondante que celle que la nature a mise à la portée des oiseaux de nos climats. La preuve en est que le pelage de nos animaux domestiques varie ses teintes d'une manière très-extraordinaire, et souvent en rapport direct avec les aliments qu'on leur fournit ; de là vient que les chevaux bruns sont tout spéciaux à une localité, les vaches noires à une autre, les poules blanches à une troisième, et ainsi de suite. Bien plus, il paraît que la mobilité des colorations est un des cachets de la domesticité des animaux. De ce côté-là, la puissance de l'homme est cependant enfermée dans de certaines

limites, comme pour les formes qu'il peut communiquer aux animaux auxquels il donne ses soins. Chez
les animaux domestiques, la couleur des téguments est
en rapport direct avec l'état de leur santé ; plus elle
est foncée, plus aussi l'animal est fort ; ceux qui les
ont blancs sont faibles et débiles, par conséquent peu
propres au travail, mais éminemment aptes à l'engraissement. De là vient que les bœufs de labour sont habituellement de couleur foncée, tandis qu'on recher-
che ceux de couleur claire pour les engraisser. On
doit cependant éviter d'avoir des pièces de gros bétail
noires, parce qu'elles sont toujours couvertes de mouches en été, de préférence à toutes les autres ; c'est ce
qui force les paysans à n'avoir jamais des bœufs de labour tout à fait noirs.

Les os sont des organes solides, formés par l'union
de sels calcaires insolubles avec de la gélatine ; ils sont
durs, parcourus par des artères et des veines, mobiles
les uns sur les autres à l'aide d'articulations artistement disposées, et destinés à porter rapidement les
animaux supérieurs d'un endroit à un autre, à mesure
que, sous l'influence des nerfs, ils sont mis en mouvement par les muscles qui s'attachent à eux. Les os
des mammifères sont en général creux et remplis par
une substance molle appelée moelle quand elle occupe les os qui ne sont pas en rapport direct avec la
tête ; moelle allongée quand elle est contenue dans les
os qui forment la colonne vertébrale, et cerveau lorsqu'elle occupe la boîte osseuse du crâne : ce sont les
os qui donnent à tous les mammifères leur forme générale. Ces organes ne sont pas indispensables à l'exis-

tence des animaux, puisqu'il y en a beaucoup qui,
comme les vers et les limaces, n'en possèdent pas, et
chez lesquels ils sont remplacés par un énorme développement des forces musculaires, possible chez de
petits animaux comme eux, mais impossible chez
ceux qui sont grands, à cause de la longueur qu'elle
aurait nécessitée dans leurs muscles, dont la présence
des os permet à la fois le fractionnement et le jeu simultané, absolument comme chez les êtres privés
d'os.

On trouve quelquefois des animaux chez lesquels la
peau endurcie, et devenue cornée, joue le rôle des os ;
c'est ce qui arrive pour tous les insectes.

La forme générale des animaux varie avec la densité du milieu qu'ils habitent ; ceux qui vivent constamment dans les eaux ont le corps aplati sur les
flancs et étroit, afin de pouvoir mieux résister à l'action des vagues, dont l'extrême force de leurs muscles leur permet de combattre la violence ; ceux qui
vivent à la surface du sol ont des formes en général
assez lourdes, tandis que celles des oiseaux, destinés à
fendre l'air, ressemblent un peu à celles des poissons,
et que les animaux qui, comme les vers, passent leur
vie sous terre, ont un corps mou, cylindrique et fort
contractile, qui leur permet de se mouvoir facilement
dans ce milieu si dense.

Les organes destinés à reproduire les animaux ont
des formes très-variées ; ils sont toujours placés dans
l'intérieur du corps, et ne deviennent partiellement
visibles au dehors que chez les mammifères. Réunis
quelquefois chez les animaux inférieurs, les sexes sont

constamment séparés chez les animaux des classes su-
périeures, où l'on trouve toujours l'un d'eux chargé
de la formation et l'autre de la fécondation des œufs.
Il n'y a pas moyen d'expliquer le dernier de ces ac-
tes, qui est un des plus mystérieux secrets de la nature,
et qui devait l'être puisqu'il porte avec lui le secret de
la vie. Les femelles de tous les animaux, sans aucune
exception, élaborent des œufs qui sont pondus et se
développent au dehors de leur corps, chez les animaux
ovipares, ou bien dans leur ventre même chez les animaux vivipares. Le contenu des œufs est simple : c'est de
l'albumine ou du mucus chez les animaux qui n'ont pas
d'os ; il est double chez tous ceux qui ont des os, qui
sont vertébrés. On y découvre une partie centrale, le
jaune, et une autre qui l'enveloppe, le blanc ; celle de
ces parties qui se forme la première, et qui contient
toute la graisse nécessaire à la respiration du jeune
animal, est le jaune, dont on trouve toujours un ou
plusieurs exemplaires sur l'organe sécréteur des œufs
appelé ovaire ; dans le jaune, sur lequel se développe
le germe reçu du mâle, on trouve tous les principes
essentiels de la vie, à tel point qu'on peut compren—
dre l'existence d'œufs formés seulement par cette substance. Le blanc qui entoure le jaune, et qui est fort
aqueux, semble être là seulement pour le protéger et
empêcher son eau de s'évaporer. Nous allons voir cependant que le blanc d'œuf a aussi des fonctions chimiques, bien qu'elles puissent, à la rigueur, ne pas être
prises en considération. L'œuf des vivipares se développe, comme le bourgeon des arbres, sur le corps
de la mère, tandis que celui des ovipares vit, comme

les graines des plantes, pendant quelque temps aux
dépens de sa propre substance, savoir de l'huile contenue dans le jaune, avant d'être assez fort pour recevoir ou aller chercher une autre nourriture.

Tous les œufs ont besoin, pour se développer, d'une
chaleur d'autant plus grande que la température de
l'animal qui les a pondus est plus élevée. Les œufs
des escargots, des poissons et de tous les animaux à
sang froid se développent à la température ordinaire,
tandis que ceux des oiseaux ont besoin pour cela
d'une chaleur artificielle que leur procure leur mère
en se couchant sur eux, en les couvant. A mesure
que les œufs se développent, on voit le germe s'étendre à la surface du jaune, qui devient de plus en plus
solide, tandis que de l'eau et de l'acide carbonique
passent au travers des pores de la coquille. La consistance du blanc change également; il s'épaissit, et,
lorsque le petit est formé et prêt à sortir de sa prison,
on retrouve en lui toute l'albumine qui existait dans
le jaune et le blanc de l'œuf; mais la graisse du jaune
et l'eau du blanc ont disparu. Il y avait donc déjà
une véritable respiration de l'animal dans l'intérieur
de l'œuf; avant donc qu'il fût formé, la force destructrice qui s'oppose à la vie et manifeste partout sa présence agissait déjà sur lui. Nouvelle et puissante
preuve à l'appui de ce que nous avons dit ailleurs sur
l'immense importance de la respiration, dont nous
avons fait la première, la plus indispensable des fonctions animales.

Relativement à leur mode de développement, on
voit que les animaux inférieurs et ceux à sang-froid se

rapprochent des plantes, dont les graines et les bourgeons éclosent, comme leurs œufs, à la température
ordinaire, tandis que tous les animaux supérieurs ont
besoin pour cela d'une température plus élevée : en
sorte qu'on peut dire avec quelque raison que plus un
être s'élève dans l'échelle des animaux, plus il se per-
fectionne, plus aussi la force destructrice qui domine
sur lui, la respiration, agit avec énergie et tend à l'a-
néantir rapidement. Il faut faire ici une exception
pour les oiseaux, dont la chaleur est plus grande que
celle de l'homme, et dont la respiration est par conséquent aussi plus active que la sienne ; mais cette
exception n'est qu'apparente, à cause du mode de respiration anormale que présentent ces êtres, dont tout
le corps n'est qu'un vaste poumon. En effet, l'air ne
pénètre pas seulement dans leurs poumons, dans toute
la cavité de leur abdomen, mais jusque dans leurs os,
en produisant partout sur son passage une combustion
si active qu'elle donne aux oiseaux une chaleur bien
plus grande que celle qui leur est assignée par leur rang
dans l'échelle des êtres.

La durée de la vie moyenne des animaux est d'autant plus longue que leur développement est plus lent.
C'est pour cette raison que les moineaux, qui sont
adultes en peu de mois, ne vivent pas longtemps, et
que le cheval, qui n'atteint ce même point qu'à deux
ans, a la vie si longue, tandis que les poissons, dont
le corps ne cesse point de s'accroître, vivent si longtemps qu'on ne connaît pas le terme de leur carrière. Toutes choses égales d'ailleurs, la durée de la
vie des animaux augmente avec l'abondance de leur

nourriture, ce qui est bien connu et facile à concevoir.

La vie est cachée dans les œufs des animaux, où il n'est possible de supposer sa présence que lorsqu'elle s'y développe, et on s'en étonne, quoiqu'on ait l'habitude de voir chez les animaux adultes son action chaque jour plus ou moins suspendue sous l'influence du sommeil, cette étrange léthargie qui se manifeste aussitôt que la volonté cesse d'agir sur le corps. Il semble que le sommeil soit produit par la fatigue qu'éprouve le corps lorsqu'il obéit à la volonté, comme la volonté se lasse quelquefois d'obéir à la raison ; mais ici on touche plus que partout ailleurs la différence existant entre la matière et les forces morales qui la régissent, puisque, après leur avoir obéi tout le jour, elle a besoin d'un repos absolu pendant la nuit, absolument de même que l'épileptique tombe harassé de fatigue après ses cruels accès. Étrange et sublime mystère que cette puissance des facultés morales sur le corps, puissance qui se développe avec leur perfectionnement, et qui augmente sans cesse, jusqu'à ce qu'elle arrive enfin à l'homme, qui peut, seul entre tous les animaux, gouverner ses passions et assujettir sa chair au point d'être mort matériellement avant que son âme ait quitté son corps. L'inverse a lieu chez les fous, où, la mort de l'âme permettant à la vie du corps d'agir avec énergie, on voit fréquemment toutes les passions charnelles se développer avec puissance, et une extrême obésité venir couronner le triomphe de la matière sur les facultés morales.

Arrêtons-nous maintenant, pendant quelques instants, sur les matières qui forment le corps de tous les animaux. Ce qui frappe d'emblée, c'est leur petit nombre. Elles sont les mêmes pour tous et établissent entre eux une uniformité chimique aussi grande que possible, et telle qu'envisagé sous ce point de vue-là on pourrait appeler le règne animal : règne de l'unité, et les deux autres : règnes de la variété. Les animaux ne sont variés que dans leurs formes, tandis que les plantes et les minéraux le sont aussi dans leur composition chimique.

Les matières qui forment la plus grande partie du corps des animaux sont : la fibrine, l'albumine et la caséine, trois modifications isomériques de la protéine, comparables au ligneux, au sucre et à la dextrine, les trois modifications isomériques de l'acide pectique que nous avons vues constituer la majeure partie des végétaux.

Les animaux ne peuvent point former la protéine $C_{40} H_{56} N_5 O_{12}$, que leur fournissent les plantes, dans lesquelles nous l'avons vue se développer, p. 202. Quoique cette substance n'ait encore été rencontrée dans aucun fluide animal, on peut cependant y admettre son existence momentanée, et la regarder comme prenant la forme de l'une ou l'autre de ses modifications au moment où, en contact avec les organes contenant l'une d'elles, elle est appelée à contrebalancer leurs pertes ou bien à augmenter leur volume. La fibrine constitue la chair musculaire et les globules du sang ; l'albumine se retrouve dans tous les fluides nourriciers du corps, et tout spécialement dans le sérum du sang et dans le blanc d'œuf, tandis que la caséine n'existe que dans le lait des mammifères. On voit l'albumine se

transformer en fibrine lors du développement de l'œuf,
et la fibrine produit de l'albumine lorsqu'au contact
de l'air les muscles disparaissent en donnant naissance à
du pus. D'autre part, on voit la caséine passer à l'état
de fibrine dans le corps des jeunes animaux qui vivent
de lait, tandis que la caséine doit provenir elle-même
de la fibrine, puisque le lait où elle se trouve est formé
par les glandes qu'on appelle mamelles, aux dépens
du sang qui les entoure et les baigne. La fibrine étant
insoluble dans l'eau, qui dissout, au contraire, la caséine et l'albumine, on trouve là la raison qui ne fait
employer que ces deux dernières à la nutrition des
jeunes animaux. De même que dans les végétaux l'a-
cide pectique est toujours accompagné par la protéine,
on voit aussi chez les animaux les corps gras suivre
constamment la protéine, sauf dans le blanc d'œuf, où
l'albumine est absolument seule. Toutes les parties du
corps sont plus ou moins chargées d'une graisse formée, chez les mammifères, de margarate margareux,
ou acide stéarique $C_{68} H_{68} O_7$, et chez les oiseaux de
l'oxyde supérieur, ou acide margarique $C_{54} H_{54} O_4$.
Tous les deux sont combinés à la glycérine, ou plutôt à
son radical l'acroléine $C_5 H_2 O$, qui joue peut-être vis-
à-vis des acides gras le rôle de corps favorisant leur
altération, soit parce qu'il s'en sépare, soit parce qu'il
leur communique le mouvement qui l'anime lorsqu'il
se décompose.

On trouve aussi dans les graisses animales, et surtout dans celle des mammifères marins, une assez forte
proportion de l'acide gras liquide que nous connaissons déjà sous le nom d'acide oléique $C_{56} H_{54} O^4$. Bien

plus facilement combustible que ses congénères solides, c'est aussi lui qu'on rencontre dans toutes les substances destinées à nourrir de jeunes animaux, et tout spécialement dans le lait et surtout dans le jaune d'œuf.

La protéine ou ses dérivés et les acides gras sont les substances qui forment la presque totalité du corps des animaux. Les matières qui, comme les os, sont spéciales à certaines de leurs classes, sont assez rares ; mais il y a des produits de décomposition de leurs tissus tellement répandus parmi eux tous qu'on doit les examiner. Ce sont : la gélatine, l'urée, l'acide urique et les déjections alvines.

La gélatine $C_{13} H_{10} N_2 O_5$ paraît constituer sous ses différentes modifications les tendons, les cartilages et la peau des animaux, ainsi que leurs divers téguments. Cette substance, qu'on retrouve aussi dans les os, et qui a la propriété de se gonfler beaucoup dans l'eau sans s'y dissoudre, quand elle n'est pas altérée, paraît se former aux dépens de la fibrine sous l'influence d'une oxydation lente qui, en enlevant à chaque équivalent de fibrine 6 équivalents d'hydrogène, qu'elle remplace par 3 équivalents d'oxygène, donne naissance à 3 équivalents de gélatine. La gélatine est donc de la fibrine oxydée, ce qui était facile à prévoir. C'est elle qui constitue les poils, les plumes et les écailles, que le sang ou les dérivés de l'acide urique sont chargés de colorer. La gélatine n'est jamais libre ; on la trouve toujours combinée à des quantités variables de phosphate ou de carbonate calcaire, ainsi que d'acide silicique dans les plumes.

La composition chimique des os varie avec la r.our

riture des animaux. Ceux qui se nourrissent de chair, comme les bêtes féroces, les ont formés presque uniquement de phosphate calcique, tandis que ceux qui vivent d'herbes, comme les vaches et les chevaux, ont des os qui contiennent presque la moitié de leur poids de carbonate calcique. En général, les os les plus flexibles renferment plus de phosphate calcique que ceux qui le sont moins. Ici se présente la grave question de la nécessité de la présence du soufre, du phosphore, des alcalis et des terres, ainsi que du fer, dans l'économie animale. Dans l'état actuel de la science, on ne peut pas nier que ces principes ne soient utiles aux animaux, puisqu'on les retrouve chez eux tous; mais il est impossible de décider s'ils leur sont indispensables. On ne sait pas même encore s'ils font réellement partie de leur corps ou s'ils contribuent seulement à en faciliter les fonctions. Un travail complet sur le rôle que jouent ces diverses substances minérales dans le corps peut seul décider cette question, d'ailleurs fort difficile à résoudre, parce qu'elles n'existent habituellement qu'en très-petite quantité dans les tissus. C'est tout spécialement le cas des deux plus importantes, du phosphore et du soufre, qui accompagnent avec une remarquable constance les trois dérivés de la protéine. La soude est l'alcali qu'on trouve le plus répandu dans les animaux, comme la potasse est celui qu'on rencontre habituellement dans les plantes. Il paraît y jouer le même rôle que cette dernière, c'est-à-dire saturer les acides à mesure qu'ils se produisent dans l'organisme, pour les empêcher de lui nuire. La chaux paraît pouvoir remplacer la soude dans certains cas,

et il est positif qu'elle peut entrer dans le sang, puisqu'on ne voit les os se former que lorsqu'on donne
aux animaux des sels calcaires avec leur nourriture.
Sans eux les os restent gélatineux, et l'animal ne tarde
pas à périr.

Les substances spéciales aux diverses familles d'animaux sont encore plus rares que celles qui sont l'apanage de classes entières. On range parmi elles le venin
des serpents et de certains insectes, la corne des vaches, l'ivoire des éléphants, le musc et plusieurs autres
matières analogues.

Les déjections alvines, qui représentent à la fois les
parties de la nourriture qui n'ont pas été assimilées par
l'individu et les substances nées de la décomposition
de son corps, offrent un puissant intérêt scientifique ;
le beau travail de M. Liebig sur l'acide urique l'a suffisamment prouvé. Les déjections sont d'autant plus
abondantes que les aliments sont moins nourrissants
ou d'une digestion plus difficile. On n'y rencontre, chez
les animaux carnivores, dans la partie solide que du
phosphate calcique, et dans la partie liquide que de
l'acide urique et de l'urée, parce que la chair dont
ils se nourrissent est totalement assimilée, moins les
os, dont ils rejettent les parties constituantes minérales. Les produits de la décomposition de leur chair
sont éconduits par les urines et par les poumons. Chez
les herbivores, les produits de la digestion qui n'ont
pas été assimilés sont bien plus nombreux. On compte
parmi eux du ligneux, des graines trop petites pour
être broyées sous les dents, et d'autres matières encore. Leurs urines sont peu chargées d'urée ou d'a-

cide urique, et cela devait être, puisque les aliments
qu'on leur donne contiennent fort peu de protéine, et
que celle-ci doit au moins équilibrer les produits de
décomposition de la chair. La décomposition du corps
est donc plus lente chez les herbivores que chez les
carnivores ; leur respiration est aussi beaucoup moins
active. D'ailleurs nous sommes disposé à croire que
la chair privée de graisse des carnivores se putréfie
beaucoup plus aisément que celle des herbivores, que
cette substance protége contre l'action destructrice
de l'oxygène de l'air. C'est aussi ce qui est bien
connu.

Les déjections liquides des animaux supérieurs ne
contiennent que de l'urée lorsqu'ils sont herbivores,
de l'urée et de l'acide urique quand ils sont carnivores
ou omnivores ; il est bien positif que la quantité d'a-
cide urique que sécrètent les reins augmente avec la
masse de viande qui entre dans l'alimentation, tandis
que la proportion d'urée qui l'accompagne n'est pas
en rapport direct avec elle. L'urine solide des oiseaux
et de plusieurs amphibies ne renferme presque que de
l'acide urique, et on pourrait croire que la formation
de cet acide précède celle de l'urée dans les reins,
lorsqu'on voit la putréfaction de ce corps donner lieu,
comme celle de l'urée, à une abondante formation de
carbonate d'ammoniaque. On n'a cependant pas encore découvert la présence de l'acide urique dans le
sang ; mais nous ne doutons pas qu'on ne l'y rencontre dès qu'on l'y cherchera ; peut-être est-ce à l'une
de ses nombreuses modifications qu'il doit la teinte
rouge qui le caractérise. On ne retrouve donc pas

l'urée dans les déjections de tous les animaux ; ce n'est guère que dans celles des animaux dont l'urine est liquide, tandis que l'acide urique existe dans l'urine d'eux tous, depuis l'homme jusqu'à l'insecte et au mollusque. Donc la relation qui existe entre la décomposition de la chair et la formation de l'acide urique est bien plus importante à étudier que celle qui existe entre elle et l'apparition de l'urée.

L'odeur propre à tous les animaux paraît être due à une matière grasse, volatile, en dissolution dans le sang, et qui s'exhale par les pores de la peau. Elle est saillante surtout chez certains carnivores, tels que les fouines, les renards et les hérissons.

CHAPITRE II.

Formation.

Tous les animaux naissent d'un œuf, qui, chez les grands animaux domestiques, se développe sous l'influence d'une incubation intérieure, ainsi que chez les autres vivipares, tandis qu'elle est extérieure chez les ovipares. Nous avons vu déjà que le petit naît de l'œuf en brûlant l'huile du jaune, et en s'assimilant l'albumine de cet organe, ainsi que celle du blanc qu'il transforme en fibrine. Une fois qu'il a atteint un certain degré de développement, l'embryon se fixe sur l'utérus de sa mère dans les vivipares, et il commence à consommer l'huile du jaune dans les ovipares, sur lesquels nous allons continuer à suivre son développe-

ment. Dès que le poulet a acquis assez de force pour
vivre dans l'air, il brise sa coquille et reste pendant
quelques heures sous sa mère, où il achève de digé-
rer le reste du jaune qui se trouve dans ses intestins;
ensuite il va chercher lui-même ses aliments et se
nourrit comme l'animal adulte, à ceci près que la
force assimilatrice est beaucoup plus grande chez les
jeunes animaux que chez ceux qui sont plus âgés. De là
l'extrême difficulté d'engraisser des bestiaux âgés. Nous
ne reviendrons pas ici sur les phénomènes de nutrition
qui ont été déjà suffisamment étudiés; disons seulement que les aliments des herbivores doivent être riches en dérivés de la pectine et de la protéine, et que
ceux des carnivores et de l'homme doivent contenir
abondamment de la protéine et des graisses, ou, ce
qui revient au même, des dérivés de l'acide pectique.
Le mode d'accroissement des animaux est le même
que celui des plantes : il se fait par l'intérieur, mais
l'aide d'un système circulatoire bien plus parfait que
celui des végétaux. Ce qui distingue nettement les
animaux supérieurs d'avec toutes les plantes, même
de celles qui sont les plus parfaites, c'est cette chaleur
qu'ils dégagent, et qui est due à la combustion qui
s'effectue dans leurs poumons, et dont l'effet est perceptible au dehors, ce qui n'a que bien rarement lieu
chez les végétaux, si tant est qu'on trouve en eux
un phénomène analogue. La combustion qui s'effectue
dans ces êtres doués du même degré de vitalité semble être l'effet d'une action toute physique plutôt que
physiologique; elle rappelle la putréfaction du bois
mort.

On trouve parmi les plantes des individus qui peuvent ne vivre que de substances minérales : ce sont, par exemple, les joubarbes et les pins, tandis que d'au_tres ont besoin de débris organiques, comme les pois, les bruyères ; enfin il y en a d'autres qui vivent sur les plantes vivantes et s'approprient leur suc : c'est le cas du gui. Eh bien, on retrouve toutes ces classes d'êtres parmi les animaux : les herbivores ne vivent que de végétaux ; les ours, les singes et surtout les hommes vivent de végétaux, spécialement de fruits, et de la chair des herbivores ; puis enfin les carnivores ne se nourrissent qu'avec la viande de ces derniers. Ainsi, correspondance remarquable encore sous ce rapport entre les deux règnes animés.

CHAPITRE III.

Division.

Les animaux domestiques se partagent, suivant les produits qu'ils fournissent, en trois groupes, comprenant : l'un, les animaux dont l'homme tire des aliments ; l'autre, ceux auxquels il emprunte ses vêtements, et le troisième, ceux dont il utilise les forces.

Au premier groupe appartiennent le colimaçon, l'abeille, les poissons, les oiseaux de basse-cour, le porc et le lapin. Au premier et au second, le mouton et la chèvre ; au premier et au troisième, le bœuf, le cheval et le chien ; aux trois groupes, le lama ; au second groupe, le ver à soie. On voit par là que la plupart des animaux domestiques sont employés à deux fins, et qu'au besoin un seul, parmi eux, pourrait les remplacer tous : c'est le lama, dont on cherche depuis quelques années, et avec tant de raison, à acclimater la belle variété appelée alpaca. Les déjections de tous les animaux domestiques sont un produit indirect dont il faut bien tenir compte, puisqu'il est tellement indispensable à l'agriculture que sans bétail elle devient impossible, parce qu'elle n'a pas assez d'engrais, ni des engrais convenables.

Relativement à la nature du sol, les animaux domestiques se partagent en deux groupes : l'un comprenant ceux qui conviennent aux terres basses ou humides ; ce sont les vaches, les poissons et les oiseaux d'eau, tandis que les autres semblent appartenir plutôt aux collines et aux plaines sèches. La ligne de démarcation qui les sépare n'est cependant pas fort tranchée pour ce dernier cas, la puissance de l'homme lui permettant de violer dans certaines occasions les lois de la nature ; mais ce n'est pourtant jamais avec une parfaite impunité. Les chevaux de marais ne valent point ceux des montagnes, ni les bœufs des montagnes sèches ceux de la plaine, et ainsi de suite.

L'homme exige donc des animaux les mêmes produits que des végétaux, savoir : de la nourriture, des vêtements, des engrais, et, de plus, des forces capables de suppléer aux siennes ; il va même jusqu'à se servir de leur intelligence pour compléter la sienne : c'est dans ce but qu'il emploie le chien, dont l'agilité, l'odorat si fin et la docilité, ainsi que la force, ont fait pour lui un être au-dessus de tous ceux qui sont animés de la vie. Le chien, doué effectivement d'une intelligence très-extraordinaire, mérite, sous bien des rapports, de conserver la place qu'il occupe dans tous les pays civilisés.

CHAPITRE IV.

Soins spéciaux.

Comme nos animaux domestiques sont des produits d'art analogues aux végétaux qui couvrent nos champs, ils ont besoin, pour rester tels que nous les avons formés, d'autres soins que ceux que la nature leur offre. Il faut que l'homme vienne au-devant de leurs forces vitales pour en faciliter l'action et en multiplier les effets. Ces soins changent de nature avec le produit qu'on exige des animaux, quoi qu'en principe on puisse établir que, pour être en bonne santé, ils doivent avoir tous de l'air pur, de la lumière et de la nourriture en abondance; puis, assez d'espace pour donner du mouvement à leurs membres.

Premier groupe. L'éducation de l'escargot est très-facile, puisqu'elle se borne à fournir des feuilles en abondance à ce mollusque qu'on enferme dans des petites cours mûrées et grillées, qu'on a soin d'entretenir un peu humides et chaudes. On peut aussi ajouter à leur régime des fruits et du pain; mais cette éducation est si peu lucrative qu'elle n'est plus guère usitée

21

que dans certains couvents pour la nourriture des religieux. Il est bon de recouvrir ces animaux d'un ou deux pouces de terre ou de feuilles pendant l'hiver, afin qu'ils ne souffrent pas trop du froid.

Les abeilles sont, dans tous les pays, un objet d'exploitation assez lucratif, à cause de la grande quantité de miel et de cire qu'elles produisent lorsqu'elles sont convenablement soignées. La culture de ces insectes n'est pas encore fort avancée, puisqu'elle se borne à enlever leurs provisions après avoir fixé les abeilles dans des ruches de paille au lieu de leur laisser habiter le tronc des vieux arbres. On ne leur offre aucune espèce de nourriture; aussi la production du miel est-elle en rapport direct avec l'abondance des fleurs qui entourent le rucher, et avec la multiplicité des miellées de l'été; en sorte qu'on a parfois beaucoup de miel, et que d'autres fois il se passe souvent des années sans qu'on puisse en obtenir. Il serait cependant facile de régulariser la production du miel en offrant aux abeilles un sirop de sucre de raisin fait avec de la fécule et de l'orge germée; ce qui permettrait d'avoir chaque année une quantité à peu près toujours égale de miel et de cire. On a cru pendant longtemps que la cire des abeilles provenait des plantes sur lesquelles elles vont butiner; mais il n'en est rien, et on a acquis la conviction qu'elles la forment directement avec le sucre dont elles se nourrissent. Il serait bien intéressant et fort utile de connaître combien de cire les abeilles fabriquent avec un poids donné de sucre. L'étude de ces utiles insectes a fait découvrir une chose bien étrange, encore unique en son genre, et qui pourrait cependant bien avoir des analogues chez les animaux supérieurs : il est relatif à la formation des bourdons et des reines. La population d'une ruche se compose d'ouvrières, qui n'ont pas de sexe, d'une femelle, la reine, et des mâles ou bourdons, dont l'existence est bornée à quelques jours. Dès que la reine a été fécondée, elle dépose un œuf dans toutes les cellules vides des rayons ; puis les ouvrières viennent et augmentent le diamètre des cellules où doivent se former les bourdons, qui sont plus gros qu'elles. Elles donnent surtout leurs soins à une ou deux cellules qu'elles agrandissent beaucoup, et au-dessus desquelles elles bâtissent une espèce de capuchon avec une ouverture cylindrique, et dans lesquelles se forment les reines. Tous les œufs des abeilles ont la même forme et se développent de même ; puis ils passent à l'état de larve que les ouvrières nourrissent avec soin. Les observateurs prétendent les avoir vu apporter peu d'aliments aux larves dont elles veulent faire des ouvrières, davantage aux mâles, et beaucoup aux reines. C'est ce qu'on pourrait mettre en doute si un fait très-avéré ne venait pas soutenir cette assertion, et prouver que le sexe des abeilles varie avec la quantité de nourriture qu'elles apportent à leurs larves ; je veux parler de la formation d'une reine artificielle. Quand une ruche a perdu sa reine, tous ses habitants ne tardent pas à périr s'il n'y a plus d'œufs dans ses rayons. Dans le cas contraire, on voit les ouvrières bâtir une cellule de reine, et y apporter un œuf, qui ne tarde pas à se transformer en femelle. Bien plus, quand on s'aperçoit, à l'inquiétude des abeilles,

que leur reine est morte et qu'elles n'ont pas d'œufs,
il suffit de déposer dans une de leurs cellules vides
un seul œuf, pris dans une autre ruche, pour que les
abeilles bâtissent immédiatement sur lui une cellule
de reine, d'où une reine sort effectivement, dans tous
les cas qui ont été observés jusqu'ici. Il n'y a donc
plus à en douter, le sexe des abeilles dépend de la
nourriture qu'elles reçoivent. Reste à prouver que le
même principe est applicable aux autres animaux.
On serait tenté de le croire juste pour les moutons,
dont les femelles produisent en général plus de brebis
que de béliers lorsqu'elles sont dans de gras pâturages,
que sur d'arides montagnes, où pullulent alors les béliers.

Les seuls poissons qu'ait utilisés l'agriculture sont
la tanche, la carpe, et quelquefois le brochet ; les deux
premiers sont essentiellement herbivores. Le brochet
est uniquement carnivore ; il n'est guère employé que
pour détruire les petits poissons, quand ils se multiplient excessivement dans les étangs. On tient les car-
pes et les tanches dans des étangs au fond desquels
on laisse une couche de vase où elles aiment à se reposer et à chercher des vers. On fait traverser la pièce
d'eau par un ruisseau ou bras de rivière assez fort
pour qu'elle ne puisse jamais trop s'échauffer, même
dans les plus brûlantes chaleurs de l'été. Il est bon de
planter dans la vase quelques végétaux aquatiques,
tels que des nénuphars, sous les feuilles desquels les
poissons vont se mettre à l'abri des rayons du soleil.
Quand on ne le fait pas, on atteint le même but en
jetant quelques larges planches à la surface de l'eau.

La nourriture qu'on donne aux poissons consiste en grains d'orge ou de froment qu'on fait gonfler dans l'eau chaude, et dont on leur porte chaque jour une quantité suffisante quand l'étang est petit; lorsqu'il est grand et plein de végétaux aquatiques, ils n'ont pas besoin de ce supplément de nourriture, et vivent avec les substances organiques qui sont constamment à leur portée. L'éducation des poissons est beaucoup trop mise de côté dans les fermes qui possèdent des ruisseaux, et auxquelles elle assure une abondante quantité de chair à fort bon marché.

La respiration des poissons et de beaucoup d'autres animaux aquatiques ne s'effectue pas par des poumons, mais par des branchies placées sur les côtés de la tête; ce sont des lamelles parcourues en tous sens par des vaisseaux sanguins; elles sont constamment traversées par l'eau qu'avalent les poissons, et qui leur cède tout l'oxygène qu'elle dissout en assez grande quantité; du reste, les branchies remplissent les mêmes fonctions que les poumons, et rejettent, comme eux, de l'acide carbonique.

Les oiseaux de basse-cour se divisent en oiseaux de terre, d'air et d'eau : aux premiers appartiennent la poule et le dindon; aux seconds les pigeons, et aux troisièmes les oies et les canards. Les poules et les pigeons se nourrissent essentiellement de grains; les dindons et les oies, d'herbe, et les canards, de grains et de chair; car ils ont un goût très-prononcé pour elle. Tous ces oiseaux veulent avoir assez d'espace pour prendre leurs ébats, et recevoir une nourriture abondante, sans l'être trop, parce que, dans ce dernier cas, ils s'engraissent et ne produisent plus d'œufs, absolument comme on voit les arbres cesser de donner des fruits lorsqu'on fume trop fortement le sol sur lequel ils croissent. Pour engraisser ces oiseaux, on leur donnera des aliments féculents, du son, de l'orge moulue et autres substances analogues; et pour les faire pondre, aussi des aliments féculents, mais un peu échauffants, tels que l'avoine, accompagnés de substances azotées, comme le lait, la viande hachée, les vers, et une dissolution de colle avec laquelle on imprègne leur pâtée de son de froment. Le revenu le plus net à retirer des volailles vient de leurs œufs, qui constituent un aliment à la fois sain et nourrissant, ainsi que de leurs plumes, parmi lesquelles il n'y a guère que celles d'oies et de canards qui soient usitées. Toutes les fois que les oiseaux de basse-cour ne trouvent pas à leur portée du carbonate de chaux ou craie, ils pondent des œufs sans coquille; on devra donc leur offrir constamment cette substance. Quoiqu'on regarde le blanc de tous les œufs comme étant identique, ils s'en faut beaucoup qu'il ait pour tous les mêmes propriétés. L'albumine des œufs de canard se coagule à une chaleur bien inférieure à celle qui est nécessaire pour solidifier celle des œufs de poule, ce qui fait que les cuisinières les rejettent pour la confection des sauces, qu'ils font, comme elles disent, trancher. Les œufs de plusieurs oiseaux sont tachés de différentes couleurs, qui leur viennent sans doute du sang ou des produits d'altération de l'acide urique qui se déposent sur eux quelques instants après qu'ils ont été revêtus de la coquille.

Les porcs représentent dans la ferme la production
en chair; aussi les soins qu'on leur donne sont-ils
très-bien entendus, et leur nourriture varie-t-elle avec
la nature de la chair qu'on veut leur faire produire.
Quand on ne leur demande que de la chair, on leur
donne des légumes et de la viande de cheval lorsqu'on peut s'en procurer, tandis que pour former
leur lard et leur saindoux on leur fournit en abondance des farineux, tels que de la farine de pois ou
d'orge délayée avec de l'eau chaude. Quoique ces
animaux recherchent les endroits humides et fangeux
leur écurie doit être très-sèche et tenue bien proprement, sans quoi ils tombent malades et peuvent même
périr; néanmoins, il faut bien distinguer ici l'étable
du porc à l'engrais d'avec celle du porc destiné à la
reproduction, d'après des règles qui sont les mêmes
pour tous les animaux domestiques. Rappelons-nous
d'abord que la respiration est d'autant plus active que
l'atmosphère est plus froide, et que la masse du corps
se détruit bien plus rapidement chez les animaux qui
se meuvent que chez ceux qui sont immobiles, et nous
trouverons que les porcs à l'engrais doivent être tenus
dans des étables étroites et chaudes. On doit leur éviter tout espèce de dérangement, et, par conséquent,
les priver de la vue des objets extérieurs, en ne donnant pas de jour à leur loge. Les autres précautions indispensables à la réussite de l'engrais consistent à
donner la nourriture à des heures régulières et à la
varier fréquemment, surtout vers la fin de l'engraissement, où l'appétit du porc se fatigue quelquefois.
La régularité dans les heures des repas est la condi-

tion indispensable d'une bonne digestion, si nécessaire à la complète assimilation des aliments. Au commencement de l'engrais, les repas peuvent être très-copieux, et assez espacés entre eux, tandis que, vers sa fin, il est nécessaire de les rapprocher beaucoup plus, et de donner assez peu à la fois pour que le porc consomme de suite ces aliments, sans quoi il en mange un peu et gaspille le reste, ce qui le dégoûte et cause d'ailleurs une véritable perte. Quand l'appétit du porc semble diminuer, on le relève en salant un peu ses aliments, en le laissant même jeûner pendant quelques heures. Cependant on ne peut employer ce moyen que lorsque le sel est resté sans effet, parce que le jeûne fait toujours perdre à l'animal quelque peu de son poids. Enfin il arrive un moment où l'animal est à son plus haut point de graisse ; on doit alors se hâter de le tuer, sans quoi il cesse de manger avec appétit, et maigrit rapidement sous l'influence d'une maladie causée par son excessif embonpoint, et qui amène ordinairement sa mort. C'est pour prévenir ce grave danger qu'on a soin de tenir bien en chair, sans jamais les engraisser, les bestiaux destinés à la reproduction. D'après tout ce qu'on vient de voir, on doit sentir que l'excessif embonpoint qu'on se propose d'atteindre par l'engraissement est une maladie qu'on provoque par des soins anormaux, puisqu'on entrave la respiration, qu'on surcharge l'estomac de nourriture, et qu'on paralyse le mouvement des membres pour atteindre le but, qui est ici d'enrayer la destruction du corps prescrite par les lois naturelles, et de surexciter par contre au dernier degré les forces assimilatrices; aussi ne faut-il pas s'étonner si les bêtes grasses sont réellement malades. Le régime indiqué pour l'engraissement du porc est à suivre pour tous les autres animaux domestiques, et tout spécialement pour le bœuf. Ajoutons encore qu'au commencement de l'engraissement on peut donner aux porcs des tourteaux de graines oléagineuses; mais non pas vers sa fin, parce que l'odeur de cette substance se communique au lard, qui devient alors souvent très-mauvais.

Le logement de tous les animaux domestiques destinés à la reproduction doit être vaste, afin qu'ils y soient à leur aise, et accompagné d'une cour où on puisse les lâcher quelquefois, afin que leurs membres ne perdent pas leur souplesse; il doit-être percé de nombreuses fenêtres, parce que la lumière est indispensable à une bonne nutrition. Il semble que, dans l'obscurité, les animaux s'étiolent comme les plantes; au moins leurs tissus restent-ils mous, flasques et blancs, au point de prouver qu'ils sont dans un véritable état de maladie. Enfin les étables doivent être aérées avec le plus grand soin, afin de fournir constamment aux poumons de l'oxygène avec abondance; aussi, en été, fait-on bien de tenir toutes les fenêtres ouvertes, tandis qu'en hiver, où il faut maintenir une douce chaleur autour des animaux, on ne donne de l'air que quand la température s'élève, en ouvrant des soupiraux percés dans les murs, au-dessus du bétail, afin que l'air froid ne puisse pas frapper contre leur corps et le refroidir brusquement, ce qui a presque toujours des suites fâcheuses, dont on ne peut pas s'expliquer la cause. Il semble cependant qu'elle gît dans la suppression de la transpiration cutanée, qui est si indispensable à la vie de tous les animaux qu'on peut tuer la plupart d'entre eux en bouchant les pores de leur peau. De là vient le grand danger que présentent les brûlures étendues et toutes les maladies cutanées, qui sont si fréquemment mortelles. On oublie trop souvent que le nettoiement de la peau est une condition de santé; les bains sont indispensables au porc; on fait bien de les faire prendre en été à tous les bestiaux à poil ras. Quant à ceux dont les poils sont longs, on y supplée par de soigneux peignages ou par la tonte, qui les fait rentrer dans la catégorie des bestiaux à poil ras. Les bains sont nuisibles aux bestiaux à longs poils, parce que, l'eau restant fixée par eux sur la peau, elle en empêche le jeu, et la refroidit considérablement en s'évaporant au dessus d'elle. On se gardera donc bien de laver les brebis à dos quelques jours avant la tonte. Si cette opération est nécessaire, on ne doit la pratiquer qu'au moment où on veut enlever la toison. Encore le ciel doit-il être bien clair, afin de permettre à la peau de se sécher rapidement. Si les bains sont indispensables pour le porc, on peut, au besoin, les laisser de côté pour la plupart des autres autre animaux domestiques, dont on nettoie la peau avec le peigne, l'étrille et l'éponge. Il est d'ailleurs bien clair que les bains ne doivent être permis que pendant la saison chaude.

L'eau qu'on donne à boire au bétail mérite d'attirer toute l'attention du cultivateur; sa température doit être constamment celle de l'atmosphère dans laquelle

vivent les animaux domestiques ; il vaut même mieux
qu'elle soit tiède que froide, cette dernière pouvant
causer de dangereux refroidissements. C'est peut-être
à elle qu'on doit attribuer la fréquence de la phthisie
pulmonaire chez les vaches à l'étable, auxquelles on
fait boire en hiver de l'eau souvent glacée. Quand on
n'a à sa disposition que de l'eau très-froide, on y jette
une poignée de son délayé dans de l'eau bouillante, et
on la porte alors au bétail, qui la boit avec avidité et
sans aucun inconvénient. Les eaux de source ne présentent jamais de grand danger du côté des sels
qu'elles dissolvent. Il est rare qu'elles contiennent,
comme les eaux de puits, du sulfate calcique. Quand
cela arrive, on doit les décomposer avec du carbonate
sodique, en suivant le procédé indiqué à la page 172,
parce que les eaux chargées de gypse paraissent agir
d'une façon délétère sur tous les animaux, dont elles
enflamment plus ou moins fortement l'estomac. Les
eaux de source tiennent constamment en dissolution
des sels alcalins qui facilitent la digestion, et des sels
calcaires qui favorisent la formation des os. Pour produire tout leur effet utile, les eaux doivent être chargées d'oxygène, et c'est le cas de toutes celles qui proviennent de sources. Quant aux eaux de puits, elles
doivent être exposées pendant quelques heures au
contact de l'air, afin de se charger de ce gaz avant que
le bétail ne les boive. Quand les eaux de puits sont souil-
lées par des matières organiques en décomposition, ce
qui arrive malheureusement presque toujours, à cause
de leur voisinage des habitations, et ce qu'il est facile
de reconnaître à leur odeur et à leur saveur, qui rap-

pelle celle des poissons, on doit les rejeter ; elles peuvent agir comme poison, et provoquer une foule de ces maladies connues sous le nom de fièvre putride, charbon, et autres encore. Ces principes sont applicables à tous les animaux domestiques.

Les porcs ne doivent point coucher sur la terre nue, ce qui les salit et les expose à se refroidir. On jette sur le sol en pierre de leur étable de la paille longue, qu'on change toutes les fois qu'elle est sale ou humide. Peu abondante en été, la masse de la litière doit s'augmenter avec le froid, de manière à bien garantir le bétail de ses atteintes, auxquelles il est beaucoup plus sensible pendant le sommeil que pendant la veille. On soigne de même la litière des autres animaux domestiques.

La nourriture du porc, qu'on lui administre à des heures très-réglées, et ordinairement trois fois par jour, est en général liquide et fermentée. On la prépare en cuisant avec les eaux de lavage de la vaisselle des feuilles, des racines et du son, qu'on jette ensuite dans un tonneau défoncé par un bout, où elle ne tarde pas à fermenter. Ainsi préparé, cet aliment est d'une digestion facile, pourvu que la fermentation ne soit pas trop avancée et ne l'ait pas fait aigrir, ce qui peut le rendre dangereux et capable de déranger l'estomac en le surchargeant d'acides. Cette pratique est fort bonne et devrait être suivie dans la préparation de la nourriture des autres bestiaux. Nous l'avons vue appliquée à la fabrication du foin, et nous avons reconnu tout ce qu'elle a de bon. Tant que les porcs sont jeunes, on peut les nourrir avec de l'herbe tendre, comme

le trèfle, qu'on emploie de concert avec les aliments
liquides et fermentés.

Le lapin n'exige, comme soin spécial, qu'une étable
extrèmement sèche et des aliments peu aqueux, à
cause de la facilité avec laquelle il contracte la diarrhée, qui l'emporte en peu de jours. Cet animal est
fort intéressant à cause de la facilité avec laquelle il se
passe, comme le mouton, de boire. Néanmoins on doit
tenir à sa portée de l'eau bien limpide, quoiqu'il en
fasse peu d'usage. Quand une garenne est soignée,
elle produit beaucoup et devient une ressource pour
le paysan, qui y trouve la chair qu'il hésite souvent à
aller chercher à la boucherie.

On nourrit le lapin avec des feuilles vertes ou du
foin et du son légèrement salé et humecté avec de
l'eau, de manière à former une pâte épaisse.

Le mouton et la chèvre produisent à la fois de la
laine, de la chair, du lait et du cuir. En général, la
chèvre ne se trouve guère que chez le pauvre, auquel
elle fournit son lait. Ces deux animaux, remarquables
par leur excessive sobriété, craignent beaucoup l'humidité, et semblent avoir été créés pour les montagnes, dont leur pied sûr leur facilite l'exploitation.
Avides des feuilles des arbres, ils les broutent sans re-
lâche, ce qui a fait croire que leur dent les empoison-
nait; mais il n'en est rien, et elle ne leur fait du mal
qu'en enlevant leurs feuilles, et, par conséquent, les
bouches qui les nourrissent. Ils vont même plus loin,
et mangent l'écorce des jeunes arbres, ce qui achève
de les tuer; aussi doit-on les exclure des jeunes forêts et des vergers récemment plantés. On a telle-

ment l'habitude de voir ces animaux errer dans les
pâturages qu'on croit impossible de les garder dans
les étables. Rien n'est cependant plus facile et plus
utile à leur santé ; c'est ce qu'a prouvé l'expérience de
bien des années. Il n'y a pas si longtemps qu'on agi-
tait la même question pour le gros bétail, qu'on ne
voit plus maintenant que dans les étables partout où
peut passer le soc de la charrue, parce que l'expérience
a appris que tel pré, qui, à l'état de pâturage, nourris-
sait une vache, en entretient dix quand il est soigné,
et qu'on tient le bétail à l'étable. Partout où on peut
avoir des vaches, on abandonne les chèvres et les moutons, dont l'élève est bien moins profitable, et le mal ira
croissant jusqu'à ce que le prix des laines se soit élevé au
point de rendre leur production lucrative. Jusque-là
elle restera le monopole des sols arides, des montagnes
sèches et des plaines privées d'eau. C'est à peine si on
rencontre encore dans quelques fermes cinq ou six moutons qu'on lâche dans les étables pour leur faire manger le fourrage que le gros bétail laisse tomber à terre.
Les moutons passent l'été au pâturage, où ils restent
constamment dehors, et ne rentrent dans les étables
qu'au moment où la neige commence à couvrir la
terre. On les y nourrit avec du foin, des tourteaux et
tous les fourrages à bon marché. On va même jusqu'à
leur donner les feuilles sèches tombées des arbres.
Le cultivateur est forcé de faire cette triste économie,
parce que le mouton ne paie pas sa nourriture d'hiver
quand elle est convenable. Il est donc indispensable
de réduire pendant ce temps ce ruminant à la ration
d'entretien, c'est-à-dire à la quantité de fourrage stric-

tement nécessaire pour l'empêcher de mourir de faim.
Elle est d'à peu près 4 pour 100 du poids de l'animal
vivant, pour tous les animaux domestiques, quand la
nourriture consiste en bon foin, ou son équivalent
d'une autre nourriture. On appelle équivalent, en fait
de matière alimentaire, la quantité qu'il faut de l'une
pour remplacer un poids donné d'une autre, et, afin
de pouvoir établir une comparaison exacte sous ce
point de vue entre les divers aliments, on est convenu
de prendre l'un d'eux, qui est le bon foin des prairies, pour type, et de le représenter par le nombre
100 ; puis on a trouvé, par exemple, qu'il faut 400
d'herbe verte pour nourrir autant que 100 de foin, et
ainsi de suite. L'aliment le plus nutritif est le grain.
On devrait donc conclure qu'un bœuf alimenté avec
un peu de grain s'engraisserait plus facilement et plus
vite qu'un autre nourri avec son équivalent en foin.
C'est ce qu'on a essayé de faire ; mais, sous l'influence
de ce régime, l'animal a rapidement déchu, et serait
mort si on l'avait continué. C'est qu'on avait oublié
que son estomac n'avait pas l'habitude d'un aliment
aussi nutritif, et qu'on changeait complétement par
là son mode d'action. Tant que le veau tête, son estomac est fort peu volumineux ; mais il atteint rapidement un développement énorme dès qu'il se nourrit d'herbes, qui contiennent sous une grande masse
peu de substance alimentaire. Une fois habitué à ce
genre de nourriture, il est si dangereux de le changer qu'on ne doit l'essayer que peu à peu. Une transition brusque est presque toujours mortelle. De là
vient qu'il n'y a que peu d'animaux sauvages qui vi-

vent facilement sous l'influence du régime de la domesticité, contraire presque en tous points avec leurs
habitudes.

La nourriture d'été du gros bétail est l'herbe ; celle
d'hiver, le foin et les racines, ainsi que les grains ;
mais, comme ces aliments sont d'une digestion assez
difficile quand ils sont crus, on a l'habitude de les
cuire à la vapeur, ce qui vaut mieux qu'à l'eau, parce
qu'on ne perd rien de leurs sucs, et qu'on ne les surcharge pas d'eau. Il vaut encore mieux faire fermenter
ensemble ces divers aliments ; ce qui est bien facile
lorsqu'on les hache ensemble, et qu'on jette le tout,
humecté avec suffisante quantité d'eau, dans des caisses
où il entre rapidement en fermentation, en s'échauf-
fant assez pour que les grains et les racines soient
parfaitement cuits. On donne alors ce mélange au bétail avec du foin, et on le maintient ainsi dans un
aussi bon état que s'il était alimenté avec de l'herbe.
Alors, la digestion étant parfaite, rien n'est perdu, et
toute la partie active des aliments est fixée : aussi n'a-t-
on pas besoin d'en employer beaucoup.

Tous les fourrages verts n'ont pas les mêmes propriétés. Les plus nutritifs sont, en général, les plus
succulents ; ce sont, par exemple, ceux que fournissent le trèfle, la luzerne et le sainfoin ; mais l'usage
des deux premiers n'est pas sans danger, parce que,
lorsqu'on les emploie seuls, ils fermentent dans l'estomac, et dégagent une telle abondance de gaz que
l'animal peut mourir par la rupture de ce viscère ou
par la compression qu'il exerce sur les poumons. On
obvie à ce danger en n'administrant ce fourrage qu'a-

près l'avoir mêlé avec le quart ou la moitié de son volume de foin. Quand il se présente, on peut en diminuer l'effet en donnant à boire aux vaches malades une bouteille d'eau de chaux bien limpide, qui, absorbant l'acide carbonique, fait disparaître la cause du mal. Ce gonflement ne se présente jamais avec l'esparcette, non plus qu'avec l'herbe des graminées, qui ne contiennent pas assez d'eau pour permettre à la fermentation de s'établir si rapidement. Il faut se garder de faire passer brusquement le bétail de la nourriture verte à celle qui est sèche, et l'inverse, parce qu'on dérange ainsi, à coup sûr, le jeu de ses organes digestifs. La transition de l'un de ces régimes à l'autre doit être rendue aussi peu sensible que possible, par leur mélange dans des proportions toujours croissantes pour celui auquel on veut arriver.

La nourriture d'hiver est composée essentiellement d'herbe desséchée ou de foin. Le plus nutritif est le plus délié; celui de graminées, à la suite duquel vient celui de sainfoin; puis de trèfle et de luzerne, dont les longues tiges ligneuses échappent souvent à la mastication imparfaite des vaches; aussi réserve-t-on ces deux derniers presque uniquement aux chevaux, ainsi que le foin de marais, qui ne vaut cependant rien pour tous les animaux domestiques, tant à cause de sa saleté que de la dureté des plantes qui le composent.

Les racines étant fort aqueuses, elles sont employées de concert avec le foin, pour lui rendre l'eau qui lui manque. Les plus utiles pour ce but-là sont les raves et les betteraves, tandis que, lorsqu'on veut nourrir avec ces racines, on emploie les pommes de terre et les carottes, en tenant bien compte des propriétés spéciales à ces racines, et qui sont, pour les pommes de terre, de n'être bien digérées que quand elles sont cuites, et, pour les carottes, de n'être pas administrées aux femelles pleines, dont elles provoquent assez souvent l'avortement. Elles conviennent, par contre, beaucoup aux chevaux, à cause de leur nature excitante, qui permet de les employer concurremment avec l'avoine. Les topinambours se placent à côté des raves, ainsi que les rutabagas ou navets de Suède. Ce sont ces deux seules racines qui supportent les hivers les plus rudes sans geler. Les feuilles des topinambours augmentent beaucoup le lait des vaches. Elles constituent un aliment parfait pour tous les herbivores, et méritent à cette plante une place distinguée parmi les fourrages.

Les grains et les fruits qu'on donne au bétail ne sont pas fort nombreux; ce sont : l'orge, l'avoine, le son de froment et de seigle, le maïs, les vesces, les glands, les marrons, les courges et les fruits gâtés qui tombent dans les vergers. L'orge constitue un des aliments les plus nutritifs : elle est à la fois rafraîchissante et saine ; on ne peut trop en recommander l'usage pour l'alimentation des jeunes bestiaux, des vaches à lait et des oiseaux de basse-cour ; on l'emploie cuite, ou en farine et délayée dans de l'eau. L'avoine, qu'on administre ordinairement crue, n'est usitée que pour les chevaux, à cause de ses propriétés échauffantes, qui ne sont utiles que pour cet animal, auquel on demande des forces et point de chair. Il s'en perd toujours beaucoup, parce que ses grains, durs et lisses, échappent

aux dents des chevaux, et vont tomber dans l'estomac, qui les laisse sortir sans y avoir touché. Pour
éviter cette perte, on cuit l'avoine, ce qui, en augmentant sa force nutritive, ne lui ôte rien de sa faculté
excitante, qui paraît provenir d'une espèce de résine
cachée dans son enveloppe.

Le son des différentes espèces de céréales est fort
usité : il constitue un excellent aliment lorsqu'on l'administre avec du foin, après l'avoir transformé en
pâte épaisse avec suffisante quantité d'eau salée. Le
son nourrit bien, et convient spécialement aux jeunes
bêtes, ainsi qu'aux vaches à lait.

Le maïs n'est guère usité à l'état de farine que pour
la nourriture de l'homme, et sous celui de grains que
pour l'engraissement des volailles, qu'il pousse à la
graisse d'une façon remarquable, tant à cause de sa
fécule que de la grande quantité d'huile qu'il contient, dans la proportion de 7 pour 100 de son poids
total.

Une longue habitude fait employer le sel comme
complément indispensable de la nourriture du bétail,
qui montre pour cette substance un appétit bien marqué, et qui doit avoir sa source dans un besoin réel,
comme celui de manger de la terre et de la chaux est
provoqué chez les animaux par le manque, dans les
aliments, des substances calcaires nécessaires à la formation des os. Des expériences toutes récentes, et con-
duites avec beaucoup d'habileté, semblent prouver
que le sel ne favorise pas l'engraissement du bétail ; et
cela peut être admis, puisque l'engraissement est un
fait anormal dans la vie de l'animal ; mais nous ne pou-

vons admettre que le sel soit absolument sans effet sur l'économie animale, quand on retrouve la soude, c'est-à-dire sa base, dans le sang et dans tous les fluides nutritifs. Est-ce le sel seul qui lui fournit la soude dont elle a besoin? C'est là une question à résoudre.

La construction des étables est si coûteuse que bien des agriculteurs hésitent à troquer celles qu'ils possèdent déjà, et qui cependant sont mauvaises, contre d'autres qui seraient parfaitement saines, mais qu'il faudrait construire. Voyons s'il n'y aurait pas moyen de lever plus ou moins complétement cette difficulté financière.

Toujours placées dans la partie la plus sèche du domaine, les étables doivent avoir de solides fondements en pierre, sur lesquels on élève des murs en terre battue dans des formes et desséchée au soleil. Les constructions qu'on fait avec ce pisé sont assez durables, et surtout très-chaudes. Sur ces murs on place une légère charpente, sur laquelle on cloue, de manière à ce qu'elles se recouvrent les unes les autres, des feuilles de carton qu'on a rendu imperméable à l'aide de la préparation suivante : on applique sur le carton une couche de colle-forte, qu'on se hâte de saupoudrer avec du sable fin ; puis, quand elle est sèche, on passe sur elle, avec un grossier pinceau, deux ou trois couches d'un vernis fait en broyant de l'huile de lin cuite avec de l'ocre ou du charbon en poudre fine. Les toits de carton sont très-solides, chauds, secs, et surtout si légers que les frais de confection de charpente, qui sont habituellement si forts, se réduisent à

bien peu de chose. Il est fort à désirer que l'usage du
carton imperméable se répande rapidement, puisqu'il met à la portée de tous un moyen sûr et facile de garantir leurs habitations contre l'humidité.
Le sol des étables sera fait avec de larges dalles de
pierre, ou bien avec du mortier hydraulique coulé
sur le sol auparavant bien nivelé. Ce mortier est facile à fabriquer en broyant de la chaux éteinte avec de
la bonne glaise desséchée et pulvérisée, ou bien avec de
la poudre de briques. Une fois qu'il est sec, il est aussi
dur que du roc et bien plus solide que lui, parce que
tout le sol de l'étable ne forme qu'une seule et même
pièce.

L'air des étables est constamment chaud et humide,
ce qui amène la destruction rapide des bois avec lesquels on les construit ; il est rare que leur plafond
dure plus de dix ans. On s'oppose à l'action délétère
de cet air en appliquant sur ces bois le vernis que
nous avons conseillé pour le carton, et en en passant
plusieurs couches sur les jointures de toutes les pièces,
dont les anfractuosités retiennent l'eau avec plus de
facilité que les autres parties. Avant d'appliquer ce
vernis, on doit s'assurer que le bois est parfaitement
sec, et le dessécher quand il ne l'est pas, sinon le
vernis se fendille, et le bois se décompose tout à fait
comme s'il était resté exposé au contact de l'air.

On a l'habitude de mettre le foin au-dessus des étables, ce qui concentre sur la poutraison l'eau qui provient de la respiration du bétail et celle qui se dégage
du foin qui fermente, en sorte qu'on accélère beaucoup son altération ; de plus, comme le foin reçoit

toutes les émanations de l'étable, il prend un goût et une odeur qui rebutent souvent le bétail, et peut même se moisir. Il faut donc ne rien mettre sur le plafond des étables, et conserver le foin dans des meules garanties par un toit de carton contre les intempéries de l'air, et placées à portée des étables.

On a essayé, à plusieurs reprises, d'importer en Europe les chèvres d'Angora, dont la magnifique toison aurait été bien précieuse pour la fabrication des draps; mais on a échoué, et cette race s'est, dit-on, rapidement abâtardie, parce que le climat ne lui convenait pas. Nous ne pensons pas que telle soit la cause de la disparition de la laine de cet intéressant animal; il doit l'avoir perdue parce qu'on lui a demandé trop de lait. On a trait ces chèvres comme les nôtres, et en surexcitant la sécrétion de leurs mamelles on a détruit celle de leur peau, ce qui devait arriver, parce qu'on ne peut surexciter à la fois, et au même degré, toutes les sécrétions des animaux. C'est un fait connu de tous les agriculteurs que la laine des moutons qu'on trait diminue de finesse ainsi que d'abondance, et que les juments qui allaitent sont faibles; qui ne sait d'ailleurs qu'il est impossible d'engraisser une bonne vache laitière, parce que ses mamelles attirent à elles toute la nourriture qui devrait se fixer dans son corps pour en augmenter la masse? Il faut donc tenter derechef l'introduction en Europe de cette chèvre asiatique, et favoriser la production de sa belle laine, si longue, si abondante et si blanche, en n'exigeant d'elle qu'une très-faible production de lait. Le lait des chèvres a beaucoup d'analogie avec celui des vaches, tandis que celui des brebis est infiniment plus gras.

La laine des moutons est imprégnée d'une espèce de savon liquide qui lui communique un toucher gras et onctueux fort utile, en ce qu'il en facilite beaucoup le lavage et qu'il la préserve de l'atteinte des insectes. La production de la laine est d'autant plus abondante, et sa qualité d'autant plus supérieure, que les moutons sont mieux nourris, mieux soignés, et tenus plus souvent et plus longtemps sous le toit des étables. Comme ces animaux sont garantis contre le froid par une épaisse toison, leur étable n'est fermée qu'au nord, pour les garantir des vents froids, et à l'occident, pour les préserver de la pluie; à l'est et au sud, le bâtiment n'est clos qu'avec des barrières à claire voie. Les chèvres, dont la peau est presque nue, veulent au contraire être logées très-chaudement; il y a d'ailleurs pour elles une autre raison de le faire, qui est de favoriser la sécrétion du lait : de là vient que les paysans tiennent avec raison à placer leurs vaches dans des étables chaudes, afin que les mamelles reçoivent toute la graisse que les poumons n'ont pas besoin de brûler pour produire de la chaleur. Les chèvres laitières boivent beaucoup, et donnent d'autant plus de lait qu'elles sont plus tranquilles à l'étable et qu'elles reçoivent une nourriture plus succulente et plus abondante. Dociles et peu exigeantes sur le choix de la nourriture, elles sont devenues la ressource du pauvre, dont toutes les terres sont quelquefois limitées aux bornes d'un petit jardin ou à la lisière des routes. Ce qui fait rejeter cet animal par la grande agriculture, ce sont les soins qu'il demande et qui se multiplient avec les individus, en sorte que cinq chèvres causent cinq fois plus de peine qu'une seule vache, sans rapporter davantage qu'elle.

Ces animaux, bien plus robustes que les moutons et les bœufs, sont rarement atteints par les épizooties qui sévissent avec tant de violence sur ces derniers, et tout spécialement sur les moutons. La chair des chèvres a beaucoup d'analogie avec celle des moutons.

Le bœuf, le cheval et le chien sont employés à produire de la chair et de la force ; le chien n'est guère usité cependant, puisqu'on ne le mange que dans les îles de la mer du Sud, et qu'on ne l'emploie comme bête de somme qu'au Kamtschatka, où son pied sûr autant que rapide le rend très-précieux pour les voyages sur la glace. La nourriture du chien est très-variée ; on doit éviter d'y faire entrer la viande pour une trop large part, à cause de l'affreuse odeur qu'elle communique à sa peau et à son haleine en favorisant la décomposition de son corps, parce qu'elle s'oppose à la formation de la graisse. Elle peut consister en pain trempé dans de l'eau coupée avec du bouillon ou du lait. Les os ne lui conviennent pas non plus quand ils sont trop gros, parce qu'ils brisent ses dents. De là vient que les vieux chiens ont en général toutes les incisives cassées. Le chien est le seul animal chez lequel on voie se développer spontanément l'affreuse maladie connue sous le nom de rage ; elle paraît être due à une altération du système nerveux née d'une alimentation vicieuse, et surtout de la privation des rapports sexuels. La rage peut se communiquer à tous les autres animaux.

Les soins à donner au bœuf, comme producteur de chair, sont les mêmes que lorsqu'on en exige de la force ; ceux que réclame la vache ont été développés plus haut pour la chèvre. Considéré comme bête de somme, le bœuf, à cause de la sûreté de son pied et de sa force prodigieuse, rend beaucoup de services à l'agriculteur, pour lequel il remplace le cheval, toutes les fois qu'on ne lui demande pas de la rapidité. En effet, ses mouvements sont en général lents et lourds, et le développement de son intelligence reste bien au-dessous de celui du cheval, sur lequel il a l'énorme avantage d'être utile à cause de sa chair encore après sa mort. Le bœuf de trait exige une nourriture saine, abondante et excitante ; on ne lui donne jamais l'herbe seule, mais mélangée avec du foin, et il reçoit une abondante ration de son salé. On devra ajouter à ce régime de l'orge ou de l'avoine cuite, chaque fois qu'on l'emploie à des travaux longs et pénibles. Les bœufs de trait n'engraissent pas, parce que la force aussi est une sécrétion ; le mouvement use le corps, et nécessite un accroissement d'autant plus grand, dans la masse des aliments, que la fatigue est plus forte et plus soutenue. Il faut souvent doubler pour les bœufs au travail la ration qu'ils reçoivent pendant le repos. Ces animaux sont excessivement tourmentés en été par les mouches, qu'on en éloigne en passant chaque matin sur tout leur corps une éponge imbibée d'une solution d'herbes amères, telles que de la germandrée, de l'absinthe ou de la tanaisie. On prétend que l'infusion des feuilles du noyer réussit mieux encore. La température de leur étable ne doit pas être trop élevée ; l'air en sera pur et sec, afin de donner aux muscles des bœufs du ton et de la vigueur, que l'atmosphère lourde et humide des étables à vaches en bannit bientôt.

Les veaux qu'on élève seront mis dans l'étable à bœufs et nourris avec soin. Il faut se garder de les engraisser ; car, une fois que la nourriture a pris sa marche vers la production de la chair, il est difficile de la diriger plus tard ailleurs. De là vient que les veaux gras donnent des bœufs mous et difficiles à engraisser, et des vaches mauvaises laitières et stériles quelquefois.

Après le chien, il n'y a pas d'animal domestique qui varie plus que le bœuf sous l'influence de la nourriture, du climat, du sol et des soins qu'on lui donne. On voit sa taille se rapetisser jusqu'à celle de la brebis dans les chétifs pâturages de l'Écosse, et s'élever d'une façon gigantesque dans ceux de la Gruyère, ou bien sous l'influence du régime de l'étable. Les vaches des pays chauds sont plus petites que celles des climats tempérés ; elles sont d'autant plus belles, plus fortes et plus dociles, qu'elles sont mieux soignées. Enfin les vaches des terres sèches ont l'allure beaucoup plus légère et le port bien moins lourd que celles qui habitent les plaines marécageuses.

Le cheval n'est pas directement très-utile à l'agriculteur, qui le vend dès qu'il peut servir, c'est-à-dire à deux ans. Cet animal supporte moins la fatigue que le bœuf, sur lequel il a l'avantage de la rapidité. C'est ce qui fait qu'on le rencontre dans les pays plats, dont la facile exploitation peut lui être confiée, parce qu'elle n'est pas fort pénible, tandis qu'il semble banni des pays de montagne, dont la laborieuse culture est tout entière abandonnée au bœuf. L'alimentation du cheval doit être basée sur l'emploi du grain et du foin, ou plutôt du grain et de la paille. L'usage de l'herbe et du foin seul engraisse le cheval sans lui donner des forces, et gonfle son ventre d'une façon très-disgracieuse. C'est ce qui fait qu'on ne lui donne jamais de l'herbe lorsqu'on l'emploie. On laisse cet aliment aux juments poulinières et aux jeunes chevaux. Le cheval de trait reçoit du foin mêlé de paille d'avoine et de l'avoine en grains ou de l'orge, et encore mieux seulement de la paille et du grain. On sait que les Arabes ne donnent à leurs coursiers que de l'orge en épis, avec sa paille coupée à un travers de main au-dessus du sol. Ce mode d'alimentation est parfait, puisque, sans remplir le ventre, il nourrit bien et entretient les forces sans échauffer, ainsi que le fait l'avoine. L'écurie des chevaux doit avoir, comme celle des bœufs de trait, une température douce, et être parfaitement bien aérée. Les chevaux craignent beaucoup l'humidité, qui leur donne facilement des rhumatismes et fait périr ceux qui sont jeunes en leur causant l'hydropisie des articulations.

La chair du cheval n'est usitée qu'en Danemark, et à tort à ce qu'il paraît, puisqu'elle est saine.

Le llama, qui habite les hautes Cordillières, y est usité à la fois comme bête de somme et comme producteur de chair, de lait et de laine, quoique son lait

ne soit pas, à ce qu'il paraît, fort abondant. Son utilité est fort grande, parce qu'il permet de tirer parti
de pâturages si escarpés qu'aucun autre animal domestique ne pourrait s'y nourrir ; aussi mérite-t-il à ce
titre d'être introduit dans toutes les hautes montagnes
de l'Europe. Comme bête de somme, il est indispensable pour les transports de marchandises au travers
des gorges étroites des montagnes, dans lesquelles la
sûreté de son pied lui permet de marcher sans aucun
danger ; mais sa force, qui n'est pas très-grande, limite
beaucoup l'usage qu'on en peut faire. La finesse de
sa laine varie beaucoup, ainsi que sa couleur, avec ses
différentes variétés, comme le prouvent tous les nombreux échantillons que nous avons reçus du Pérou.
Les plus beaux sous tous les rapports appartenaient
au paco blanc ou alpaca, qui remplace le mouton dans
ce pays-là.

La vigogne, beaucoup plus petite que le llama, n'a
pas encore pu être amenée à l'état de domesticité. Il est
fort à désirer qu'on y parvienne ; car la finesse de sa
laine égale celle des plus beaux cachemires, dont il ne
lui manque que la blancheur. Elle est toujours brun
clair, mais beaucoup plus longue que celle des chèvres du Thibet.

Le ver à soie est le seul animal qu'on soigne uniquement pour en retirer une substance propre à la confection des vêtements ; c'est aussi le seul dont la nourriture soit uniforme et l'existence multiple. Quelle
différence, en effet, de l'œuf à la chenille, de celle-ci
à la chrysalide, et de la chrysalide au papillon ! C'est
à n'en pas croire ses yeux, et presque à faire admettre

que la forme des animaux ne signifie rien ; que les espèces, les races et les classes sont des fictions. Heureusement que l'étude de l'histoire naturelle indique cet écueil, contre lequel la raison humaine ne peut cette fois aller se briser. On sait, en effet, que les insectes, et quelques autres animaux appartenant aux classes inférieures, ont seuls le privilége de se métamorphoser, ou, si l'on aime mieux, de posséder plusieurs vies, qui ont si peu d'analogie entre elles que chacune d'elles entraîne avec soi des habitudes et une nourriture toutes spéciales. La larve du cousin vit dans l'eau, celle du hanneton dans la terre, et les deux insectes, parfaits, dans l'air. L'œuf du ver à soie se développe sous l'influence d'une certaine chaleur, et produit une petite chenille qui, après avoir trois fois changé de peau, constitue le ver adulte, dans la tête duquel s'amasse, sous forme de deux gros cordons, la substance destinée à fabriquer la soie lorsque la chenille la pousse au dehors par ses filières. Extraite de ses réservoirs et desséchée, la soie constitue une substance brillante, translucide et cassante comme du verre. C'est à son extrême division qu'elle doit sa flexibilité. La soie a toutes les propriétés des résines les plus pures. Lorsqu'on analyse la soie, on la trouve composée d'un fil intérieur qui a la composition de la fibrine, et qui est enveloppé par un vernis auquel elle doit les propriétés qui la font rechercher, en lui communiquant un éclat que ne possède nulle autre matière textile. La soie est donc une espèce de laine vernie avec une certaine résine qui peut être enlevée par le ver à sa nourriture, ou bien être produite par lui absolument de même que les abeilles fabriquent de la cire avec du sucre.

Quoique le ver à soie puisse se nourrir avec plusieurs espèces de feuilles, il ne prospère cependant que lorsqu'on lui donne celles du mûrier, et surtout celles du mûrier blanc, dont l'action semble favoriser le développement de la finesse de la soie ; c'est ce qui peut faire croire que la soie provient des feuilles du mûrier, et n'est pas formée de toutes pièces par l'insecte. Les vers à soie n'ont donc qu'une seule et même nourriture. On voit par là combien la nature des insectes diffère de celle des vertébrés, dont l'estomac exige, au contraire, des aliments variés. On assure avoir beaucoup favorisé la production de la soie en saupoudrant les feuilles de mûrier avec de la farine de froment, et nous le croyons d'autant plus volontiers que cette substance est très-riche en fibrine, qu'on retrouve dans le cœur des fils de soie ; mais, si tant est que les vers mangent cette farine, on ne doit l'administrer que pendant la troisième et dernière mue, afin de ne pas engraisser ces insectes, ce qui les empêche de faire leur cocon, en portant tous les sucs sur les chairs, et non pas sur la sécrétion capitale ici, qui est celle de la soie. Nous avons vu ailleurs qu'il serait facile de continuer l'éducation des vers à soie pendant toute l'année en les nourrissant avec des feuilles de mûrier séchées, puis ramollies à la vapeur d'eau.

Le local dans lequel on conserve ces insectes doit être propre, sec et bien aéré, sans être froid. La chaleur excessive tue les vers, qui supportent en échange très-bien les nuits fraîches. Il leur faut de l'air, sans

lequel ils périssent en proie à une foule de maladies
dont la plus meurtrière est la muscardine, qui jusqu'ici
n'a sévi que dans les pays méridionaux, où elle paraît
avoir été provoquée par la grande chaleur, et peut—
être aussi par le manque d'air et de soins de propreté
convenables.

Quand le ver à soie a accompli toutes ses mues, ses
intestins se vident totalement, et, comme il cesse alors
de manger, il acquiert une demi-transparence ; puis il
s'établit entre les branches de bruyère qu'on lui présente, où il tisse fort artistement un beau cocon dont
la teinte peut être prévue à l'avance, puisqu'elle correspond toujours à celle des pieds du ver. Une fois le
cocon fini, le ver change dans son intérieur une dernière fois de peau, et passe à l'état de chrysalide, qui
bientôt se métamorphose en papillon, dont l'estomac,
plein d'un liquide très-alcalin qu'il déverse par la bouche sur un point donné du cocon, lui aide à dissoudre
la soie, au travers de laquelle il ne tarde pas à passer
en la rompant à coups de tête répétés. Les papillons
de sexe différent se recherchent, puis meurent sans
avoir rien mangé, après avoir fécondé et pondu leurs
œufs.

De prime abord, on pourrait croire que la vie de
l'intéressant insecte qui nous occupe comprend quatre
époques aussi différentes entre elles pour le fonds que
pour la forme ; mais son anatomie prouve qu'il n'y en
a réellement que deux, comme pour tous les autres
animaux : l'état embryonnaire, et celui qui mène à
l'animal complet. En effet, en ouvrant la chenille, on
y rencontre les vestiges de la chrysalide, et dans celle-

ci on découvre la trace du papillon, en sorte qu'on
peut dire avec raison que le ver à soie est un papillon
né d'un œuf. Toutes ses formes transitoires ne lui sont
pas spéciales, puisqu'on en retrouve les analogues chez
la plupart des animaux dans les changements de poils
et de plumes, et surtout dans ce perfectionnement lent
et graduel de l'organisme qui constitue chez l'homme
l'enfance, la puberté et l'âge adulte. Le passage de
l'enfance à l'âge adulte est dangereux pour tous les
animaux, mais tout spécialement chez les oiseaux, où
il est caractérisé par des phénomènes bien saillants,
tels que la poussée de l'aigrette pour le paon, la coloration en rouge des barbillons chez le dindon, et ainsi
de suite.

CHAPITRE V.

Maladies.

Elles peuvent se diviser en deux classes : les maladies essentielles et celles qui sont accidentelles. Les
premières dépendent de la viciation des sucs nourriciers ; elles sont fort nombreuses et trop difficiles à étudier pour que nous puissions examiner chacune d'elles
en particulier. Les maladies accidentelles comprennent les maladies chirurgicales et les épizooties. C'est
un devoir pour l'agriculteur de prévenir autant que
possible les unes et les autres, ce qui est bien plus fa-

cile que de les guérir. On y parviendra sans peine en mettant en pratique les préceptes détaillés aux divers articles de l'alimentation et de l'habitation.

Il arrive assez fréquemment dans les fermes qu'une bête tombe malade après avoir mangé des herbes malsaines, telles que les fanes de pomme de terre, de la mercuriale et d'autres plantes encore ; on fait disparaître sur-le-champ ces phénomènes toxiques avec un purgatif.

Une autre maladie, connue sous le nom de cocotte, attaque surtout les bêtes à cornes ; elle est caractérisée par une grande acidité de toutes les humeurs. On la guérit par l'usage des boissons légèrement alcalisées avec les cendres, et en baignant les sabots des bêtes malades dans de faibles lessives de cendres.

La phthisie pulmonaire, caractérisée par l'appétit désordonné des vaches qui en sont attaquées et par la difficulté de leur respiration, est provoquée par le passage subit de l'air chaud des étables à l'air froid des cours. Cette maladie, qui se guérit rarement, est fort dangereuse, parce qu'elle peut se communiquer à l'homme.

Le ramollissement des os ne sévit guère que sur les vaches qui sont nourries avec les résidus trop aigres des distilleries ; on y pare en mettant à leur disposition de la craie pilée, qu'on leur donne avec du son et du sel, à la dose d'une petite pincée chaque jour, tant que dure ce régime acide, qu'on devrait éviter en n'employant les résidus de distillerie que lorsqu'ils sont frais et neutres.

L'inflammation des mamelles, due à l'âcreté du

sang, est facile à combattre avec un purgatif, dont on aide l'action par l'emploi de boissons tièdes faites avec de l'eau et de la farine d'orge. Les bêtes malades seront tenues chaudement et garanties avec soin des brusques changements de température; on ne devrait jamais laisser sortir en hiver les vaches laitières, afin d'éviter à leurs mamelles nues des coups de froid qui les engorgent avec une déplorable facilité lorsqu'elles sont vides.

La gale et toutes les éruptions cutanées, nées spontanément ou communiquées, nécessitent l'usage d'étables chaudes et d'une température constante; on ne doit jamais les supprimer brusquement par des purgatifs, dans la crainte de porter sur les intestins l'irritation de la peau. Les éruptions cutanées ordinaires sont combattues avec les aliments rafraîchissants, l'eau blanchie avec de l'orge, l'usage des racines cuites et de la paille. Quant à la gale, elle nécessite un traitement spécial pour tuer l'insecte qui la produit, et qui meurt lorsqu'on oint la peau des animaux attaqués avec une mixtion préparée en broyant de la fleur de soufre avec du savon vert. L'action du soufre et des substances alcalines est mortelle pour la plupart des animaux parasites appartenant aux classes inférieures.

Les maladies accidentelles sont les plus dangereuses, parce qu'à leur tête se placent les terribles épizooties qui souvent dépeuplent des contrées entières; contagieuses au plus haut degré, elles sont presque toujours mortelles, et naissent en général dans les lieux bas et humides; presque toutes sont caractérisées, comme le choléra et la peste chez les hommes, par la putréfaction du corps de l'animal encore vivant. La chair des animaux atteints par une épizootie est en général mortelle pour tous les animaux supérieurs.

Les maladies vermineuses sont accidentelles et provoquées par une mauvaise nourriture, par la faiblesse des animaux, ou par le séjour dans des endroits peuplés de mouches à vers, telles que les œstres, dont les œufs déposés dans le nez des moutons engendrent des vers qui, en se glissant jusqu'au cerveau de ces animaux, produisent la terrible maladie appelée tournis, et sous l'influence de laquelle les moutons sont en proie à des accès de délire qui ressemblent à ceux de l'épilepsie la plus violente. Les animaux qui ont des vers sont faibles et maigres ; ils ont l'appétit capricieux, et souvent les yeux faibles et pleins de larmes. On les guérit en leur faisant avaler des pilules composées de poix triturée avec de la fleur de soufre.

On tue les poux des bestiaux qui en sont atteints en les oignant avec la pommade désignée plus haut contre la gale, ou bien en les lavant avec de l'eau dans laquelle on a dissous une forte quantité de savon vert. On laisse la solution en contact avec la peau pendant une ou deux heures, dans un endroit à l'abri des rayons solaires, qui la dessécherait trop rapidement ; puis on lave avec soin les animaux malades, en ayant la précaution d'empêcher l'eau de savon de couler dans leurs yeux, qu'elle irriterait très-fortement.

Les plaies se ferment spontanément quand elles sont bien soignées, et leurs lèvres se réunissent parce que le sang vient bientôt reformer la chair enlevée ou

détruite; les soins se bornent ici à empêcher, autant
que possible, l'air et les insectes d'arriver jusqu'aux
plaies, qu'ils irritent beaucoup et enveniment d'autant
plus facilement qu'elles sont plus étendues.

Les fractures sont des accidents toujours si graves,
surtout pour les gros animaux, qu'on les fait ordinairement tuer dès qu'ils se sont cassé un membre, et
on a tort lorsqu'il s'agit d'une bête de prix, puisque les os se reformant sans cesse, comme la chair, il
n'y a pas de fracture qui ne puisse se guérir, même
chez les gros animaux dont le poids a jusqu'ici fait
croire que les fractures étaient incurables. Il s'agit,
dans ce cas-là, de les suspendre un peu au-dessus du
sol, afin d'empêcher le membre malade d'y toucher,
et d'obtenir d'eux ce que font les petits mammifères
lorsqu'ils ont une jambe blessée, c'est-à-dire son inac-
tion complète. On remet le plus vite possible dans leur
rapport normal les deux parties de l'os fracturé, on
enlève tous les poils, et on applique sur la partie bri-
sée plusieurs tours d'une large bande de toile très-
forte enduite d'empois d'amidon. A mesure que l'empois se dessèche, il se durcit, et au bout de peu
d'heures la bande de toile est si solide qu'elle forme
comme un os extérieur, qui permet à l'animal blessé
de se servir du membre malade comme des autres.
Pour enlever ledit bandage, on n'a qu'à l'humecter
avec de l'eau tiède; il ne tarde pas alors à se détacher
de lui-même.

La castration est une opération qui a pour but de
détourner, au profit de la formation de la chair, les
sucs qui se portent vers les organes génitaux. Les ani-

maux qui l'ont subie sont faibles et mous, mais fort dociles et très-aptes à prendre la graisse. Ils ont tous l'intelligence assez obtuse et diffèrent souvent beaucoup de leurs congénères. La castration fait perdre aux béliers leurs cornes, aux coqs leur voix, aux chevaux leur fougue excessive, et aux poules la faculté de pondre des œufs.

Pour compléter ce chapitre, examinons les causes qui produisent la taille des différentes races d'animaux domestiques ; nous avons déjà vu ailleurs qu'elle dépendait essentiellement de l'abondance de la nourriture. Mais, on ne doit pas s'y méprendre, il y a d'autres causes qui l'influencent aussi ; l'une des plus actives est la nature de l'espèce. Les poneys, ou chevaux nains de la Corse, conservent leur petite taille sous l'influence d'une bonne alimentation, de même aussi que les petits chiens, quoique la taille de ces derniers soit due à un singulier artifice, qui consiste à leur faire boire de l'eau-de-vie lorsqu'ils sont encore à la mamelle ; quelle que soit la grosseur de leurs parents, les chiens ainsi traités ne grandissent plus, et conservent la taille qu'ils avaient lorsqu'on leur a administré ce breuvage. C'est certainement à la même cause qu'il faut rapporter la petite taille des populations adonnées au déplorable abus de l'eau-de-vie, dont l'effet direct, lorsqu'on l'emploie en grande quantité, est de paralyser toutes les forces vitales.

Une des petites races d'animaux domestiques qui conserve son identité avec le plus de persévérance est celle des poules naines ou pattues, dont les formes, assez distinctes de celles des autres poules, semblent faire une espèce à part et dont les caractères sont nettement tranchés.

Si les petites races conservent souvent assez long-temps leur caractère, même dans les circonstances les plus propres à les effacer, c'est qu'elles sont en général créées par la nature et spontanées, tandis que les grandes espèces d'animaux domestiques, fabriquées, pour ainsi dire, à l'aide d'aliments exceptionnellement nutritifs, s'effacent bien vite pour revenir au type primitif quand on cesse de les nourrir avec la même abondance; elles peuvent même périr dans ces circonstances-là. C'est au changement dans l'abondance de la nourriture que les vaches suisses doivent de ne pouvoir se naturaliser que dans les endroits où elles trouvent des herbages succulents comme ceux de leur patrie, et surtout des vachers habitués à les leur donner avec la même profusion que leurs anciens pâturages.

CHAPITRE VI.

Produits.

Les animaux fournissent à l'homme des peaux, des poils, des plumes, de la soie, du miel, de la chair et des graisses, du blanc d'œuf et du lait.

Comme toutes les substances animales sont éminemment putrescibles, puisqu'elles sont essentiellement formées par des substances capables de jouer le

rôle de ferments, elles sont bien plus difficiles à préserver de la décomposition que les substances végétales ; mais les principes de conservation sont les mêmes pour toutes : absence de chaleur, d'air, d'eau, ou
emploi d'une matière antiseptique, telle que le sel de
cuisine.

Rien de plus facile que de conserver les peaux,
puisqu'il suffit, après les avoir bien nettoyées, de les
plonger dans une solution, très-étendue d'eau, de
chlorure zincique ; elles sont alors aussi stables que
des planches et aptes à toutes espèces d'usages. Les
pelleteries ainsi préparées ne perdent plus leurs poils
que par un usage assez long pour les couper et les
râper.

Parmi les poils d'animaux domestiques, on n'utilise
guère que ceux des veaux, qui servent à bourrer les
selles ; on assure leur conservation en les passant dans
une solution étendue de chlorure zincique et en les
desséchant ensuite. On fait bien de manier ce composé
avec précaution, parce qu'il jouit d'énergiques propriétés émétiques. Les crins sont toujours assez re-
cherchés ; on les lave fortement dans de l'eau de savon, puis dans de l'eau claire, pour les dégraisser, et
on les dessèche ensuite afin d'enlever les œufs d'insectes qui peuvent s'y être attachés. On prépare de
même les plumes des oiseaux domestiques.

Dans les cocons, les fils de soie sont collés les uns
aux autres par une espèce de gomme qu'on leur enlève facilement en les faisant tremper dans de l'eau
chaude qui la dissout, et permet de les dévider avec la
plus grande facilité ; la soie n'exige pas de soins de

conservation spéciaux, parce qu'elle est fort peu altérable.

Le miel est un fluide sucré et sirupeux qui consiste en une solution aqueuse de sucre incristallisable, unie à certains principes aromatiques. Les miels suisses sont de deux qualités : le blanc, que fabriquent les abeilles avec le suc des fleurs du printemps et de l'été ; puis le brun, qu'elles font avec le sucre des miellées que le mois d'août amène sur les feuilles des arbres. Quand on les expose au froid, le miel blanc se solidifie, parce qu'il passe à l'état de sucre de raisin cristallisé, tandis que le second, préservé du froid par les résines qu'il contient, ne s'altère pas. Le premier s'aigrit quelquefois, surtout dans les endroits humides ; le second, jamais. On doit donc conserver le miel dans des appartements très-secs, et où la gelée ne pénètre point.

La conservation des chairs constitue, à cause des besoins de la marine et de la nécessité des provisions de viande pour les ménages de campagne, une des premières industries agricoles. On préserve les chairs de la putréfaction en les desséchant et en les fumant, en les mettant à l'abri du contact de l'air ou en les salant. Pour sécher les chairs, on les suspend dans des cheminées larges où on allume un feu de bois résineux ; de cette manière on les dessèche et on les fume tout à la fois. L'enfumage les préserve de la putréfaction en les imprégnant d'un des principes nés du bois, la créosote, qui est un des antiseptiques les plus puissants. On pourrait cependant conserver les viandes en les desséchant dans une étuve convenable-

ment chauffée et traversée par un courant d'air sec ;
une fois sèches, on les vernirait avec de la dextrine
qu'on dessécherait ensuite, et on les entasserait alors
dans des barils bien secs, et qu'on fermerait hermétiquement après y avoir brûlé une mèche soufrée afin
d'en détruire l'oxygène.

On conserve des chairs tout apprêtées en les mettant à l'abri du contact de l'air dans des vases hermétiquement fermés, qu'on chauffe au bain d'eau, comme
nous l'avons dit pour la conservation des fruits, ou
bien en les tassant avec le plus grand soin dans des
vases, et en coulant sur elles du beurre fondu qui les
enveloppe de toutes parts et empêche l'air d'arriver
jusqu'à elles. L'opération du salage se fait dans de
grandes cuves où on empile couche par couche, et en
hiver, afin d'écarter la chaleur, qui est une chance de
putréfaction, les viandes et le sel. Ce dernier attire à
lui toute l'eau des viandes, qui s'écoule et tombe au
fond de la cuve, d'où on l'enlève ; on renouvelle le sel
tant qu'il se dissout encore, et quand il reste sec on
nettoie bien les viandes et on les fume, ou bien on les
enferme dans des barils et on verse sur elles une solution chaude et aussi concentrée que possible de sel,
après quoi on ferme hermétiquement ces barils afin
qu'aucune bulle d'air ne puisse y pénétrer.

Les graisses des animaux sont aussi faciles à conserver que celles des plantes ; il faut cependant, avant
de les introduire dans les vases où on veut les garder,
les séparer d'avec le tissu fibreux et charnu dans les
mailles duquel elles sont enfermées, ce qu'il est facile
de faire quand on les fond. On doit bien se garder

de chauffer fortement les graisses lors de cette opération, parce qu'on les décompose en partie et qu'elles
acquièrent alors le même goût âcre qu'ont toutes les
huiles de graines exprimées à chaud.

Les œufs sont bien faciles à conserver ; il suffit pour
cela d'empêcher que l'air ne leur enlève leur eau, ce
qu'on obtient en les vernissant ou bien en les plongeant pendant quelques instants dans de l'eau de
chaux ; puis en les retirant et les laissant se dessécher
au contact de l'air. Il se forme alors à leur surface
une légère croûte de carbonate calcique qui bouche
tous les trous de la coquille, au point qu'au bout d'un
an les œufs sont aussi frais que le jour où ils ont été
pondus.

Le lait ne peut être conservé que cuit au bain d'eau,
ou évaporé et réduit au dixième de son volume primitif sous l'influence d'un courant d'air sec et froid.
Si cette application des courants d'air pouvait être
utilisée en grand sur les pâturages des montagnes, il
assurerait à leurs propriétaires une énorme source de
bénéfices, et aux habitants des villes une grande
abondance de lait pur, sain, et à fort bon marché.

Le lait contient du beurre, de la caséine, du sucre
de lait, de l'eau et plusieurs sels. On en extrait le
beurre par une opération mécanique qui a pour but
de réunir entre elles toutes les parties grasses. Ce qui
reste alors, abstraction faite des sels, c'est de la caséine
et du sucre de lait. Pour séparer la caséine, on met
dans le lait pur, ou après qu'il a été battu, le troisième
estomac ou caillette du veau, frais ou salé, qui ne tarde
pas à en séparer une grande quantité d'une masse

blanche et solide, qui est le caillé. On fait alors bouillir le lait pour donner au caillé de la consistance, et
on le divise en grumeaux qu'on jette sur une toile placée dans une forme où on l'exprime fortement jusqu'à
ce qu'il soit devenu une masse solide et compacte. Il
s'en écoule un fluide jaunâtre, et plus ou moins lou-
che ; c'est le petit lait, dont la saveur douce et agréable est due au sucre de lait qu'il tient en dissolution,
et qu'on obtient en l'évaporant.

Le caillé exprimé est porté sur des planches dans
une cave aérée et fraîche, où on le sale un peu ; il s'y
développe bientôt une légère fermentation qui produit
dans son intérieur des espaces vides appelés yeux.
Alors on sale plus fortement afin d'empêcher la fermentation de continuer, et quand la salaison est suffisante, on laisse le caillé se dessécher ; c'est alors du
fromage. Les fromages gras sont ceux qu'on fabrique
avec du lait pur, et les fromages maigres ceux qu'on
fait avec du lait écrémé ; ces derniers se distinguent
facilement des autres par la petitesse et la grande multiplicité de leurs yeux, ainsi que par leur goût légèrement acide ; ce qui prouve que la fermentation a été
chez eux un peu trop active, parce qu'il n'y avait
pas, en présence de la caséine, un corps gras susceptible d'arrêter ou d'entraver la décomposition.

On appelle serai une espèce de caillé qu'on obtient
en chauffant le petit lait provenant de la fabrication
du fromage, avec quelque peu de lait frais et du petit
lait aigre. Ce caillé, qu'on n'exprime jamais aussi nettement que celui des fromages, pourrait bien avoir
une composition différente de la sienne ; il a toujours

un léger goût acide, fermente mal, et se moisit plutôt qu'il ne se putréfie. C'est le serai qui sert de pain aux habitants des Alpes suisses, et il est probable que c'est à l'usage exclusif qu'ils font des aliments nitrogénés, ainsi qu'à l'exercice qu'ils se donnent, que ces hommes doivent la florissante santé et la vigueur extraordinaire dont ils jouissent.

FIN.

TABLE DES MATIÈRES.

A

B

C

G

II

I

R

T

V

FIN DE LA TABLE.

Paris.— Imprimerie d'A. RENÉ, rue de Seine, 32.

Imprimé en France
FROC021524200120
23227FR00016B/158/P

9 782329 357652